国家社会科学基金项目(09BSH024)

转型期中国城市社会空间重构研究

段进军 著

苏州大学出版社

图书在版编目(CIP)数据

转型期中国城市社会空间重构研究/段进军著. —
苏州：苏州大学出版社，2015.12
国家社会科学基金项目:09BSH024
ISBN 978-7-5672-1605-1

Ⅰ.①转… Ⅱ.①段… Ⅲ.①城市空间-空间规则-
研究-中国 Ⅳ.①TU984.2

中国版本图书馆 CIP 数据核字(2015)第 306569 号

书　　名：转型期中国城市社会空间重构研究
作　　者：段进军
责任编辑：巫　洁
装帧设计：吴　钰
出版发行：苏州大学出版社(Soochow University Press)
社　　址：苏州市十梓街 1 号　邮编：215006
印　　装：宜兴市盛世文化印刷有限公司
网　　址：www.sudapress.com
邮购热线：0512-67480030
销售热线：0512-65225020
开　　本：700mm×1000mm　1/16　印张：19.25　字数：345 千
版　　次：2015 年 12 月第 1 版
印　　次：2015 年 12 月第 1 次印刷
书　　号：ISBN 978-7-5672-1605-1
定　　价：40.00 元

凡购本社图书发现印装错误，请与本社联系调换。服务热线：0512-65225020

前言
PREFACE

中国社会发展正处于转型阶段，转型是一个长期的历史过程，是一个涉及社会、经济、政治和文化等方方面面的大工程，是需要通过史上空前的城镇化来完成的。基于这样的思考，《转型期中国城市社会空间重构研究》首先着眼于城市社会空间的内涵是什么、城市社会空间重构理论基础和战略方向是什么等，这些都是本课题需要研究和回答的重大问题。研究中国城市社会空间重构必须置身于全球化、市场化、分权化、信息化"四化"背景下。首先，全球化对于今天中国的发展具有重大推动作用，但同时全球化也给我们带来了非常多的问题。比如社会经济发展的出口导向型发展模式，即"中国制造、美国消费"的扭曲模式，毫无疑问，这种出口导向型的发展模式是我国城镇化发展的重要驱动力，但随着"人口红利"和"土地红利"潜力逐步消失，我国社会经济和城镇化发展必须转型，我国参与全球化必须要由被动的全球化走向主动的全球化，这是我们的方向。其次，由计划经济体制向市场经济体制的转型是长期过程。总体来看，我们现在还处于"半统治"和"半市场"的过渡阶段，需要走向市场经济和法制经济，改革面临着既得利益集团的阻力，如果不战胜这种阻力，未来就可能演变成一种权贵资本主义。这种过渡性体制已经对我国城镇化产生了深刻的影响，政府主导下的城镇化导致了城镇化的"大跃进"和城市空间的无序蔓延和扩张，城镇化空间已经成为权力和资本的工具，一些被边缘化的群体失去了自己的家园，外来农民工无法获得空间权利成为真正的市民。再次，在这个转型的过程中，分权化也成为重要的趋势，但是回顾这些年的发展，我们可以看到这种分权只是中央政府和地方政府之间的分权，政府向社会分权的力度仍然不够，反而出现了"国进民退"和"国富民穷"等方面的问题，这充分说明分权化仍然进行得不彻底。同时这也构成了十八大提出的国家治理现代化的一个重要问题，即必须要让社会参与国家和城市治理的过程。最后，"信息化"对我国城镇化转型将产生深刻的影响，是我国社会经济和城镇化转型的重大推动力，也构成了转型期城市社会空间重构的重要动力。

在"四化"背景下,我国城镇化和城市社会空间重构的战略方向是什么?首先是"做正确的事",然后才是"正确地做事"。"做正确的事"是战略和方向,方向和战略必须正确。"正确地做事"是操作层面的技巧问题。我们可以把改革开放后我国社会经济发展划分为三个阶段。第一个阶段是经济发展和经济改革的阶段;第二个阶段是社会建设和社会改革阶段;未来第三个阶段是政治建设和政治改革阶段。当然这三个阶段的划分不是绝对的,比如在经济发展和经济改革阶段也伴随着社会改革和社会建设,但从总体上划分三个阶段还是可行的。在相当长的时期内,把城镇化作为实现经济发展和追求GDP的手段,这样的城镇化本身就是一种狭义的经济学和人口统计学上的城镇化。未来中国发展应该步入以社会建设和社会改革为主的新阶段。必须高度重视社会建设,社会建设是我们转变经济发展方式的根本,是启动内需的根本,也是突破"中等收入"陷阱的根本。社会建设的核心内容是建立以中产阶级为主体的社会结构,这是支撑我国社会经济可持续发展的基础,也是为步入政治建设和政治改革即民主化过程奠定良好的社会基础,是避免"劣等民主"的关键选择。认真研究东亚的日本、亚洲"四小龙"可以发现,当社会经济发展到一定阶段,主动地进行社会建设,是避免社会动乱、突破"中产阶级陷阱"的根本选择。基于这样的思考,我国城镇化未来发展应界定在以社会建设为主的新阶段,城镇化要通过社会建设推动社会结构的不断完善,推动社会经济的可持续发展。

城镇化是一个社会空间互动的过程,在这个过程中我们需要一个新的视角去研究我国城镇化问题,即"社会—空间"辩证法和空间生产的视角(这是与制度变迁一致的)。长期以来,我国城镇化的空间是被动的空间,是权力实现政绩和资本获得利润的空间,还没有将空间与社会关联起来,还未充分认识二者之间的统一性。我们必须要基于实证主义研究方法,同时又要突破实证主义研究视角,运用"社会—空间"辩证法和新马克思主义视角去研究中国城镇化和城市社会空间重构的问题。西方空间内涵演变经历了三个阶段,即"被动空间"—"能动的空间"—"行动的空间",我们必须要通过社会建设来均衡权力和资本的力量,使我们由"被动的空间"走向社会和空间良性互动的"能动空间",进而到人们可以维护自己空间权利的"行动空间"。正是因为长期以来空间被作为权力和资本增长联盟的工具,空间重构中社会力量缺失,所以空间出现了重大的失衡,出现了一种大一统空间。这种大一统空间虽然可以带来GDP的增加和工业化的大发展,但它无法满足人们对于空间多元化和多样化的各方面需求,随着很多地区步入后工业社会或者都市化社会,人们对于多元空间的需求更加强烈,包括多元的自然空间和人文空间,以及更加人性化的生活空间。在这样的情况下,只能通过社会的力量来均衡资本和权力的空间。

我国新型城镇化和城市社会空间重构迫切需要建立一种哲学基础,从哲学层面深刻思考中国新型城镇化战略和社会空间重构方向。新型城镇化进程中城市社会空间重构需要从三个哲学维度来思考。第一,功利主义的视角,这种视角将空间视为冰冷的、不带温度的,即工具的空间观,空间是追求GDP的工具,对应着"被动的空间",这也是长期以来我们城镇化所坚持的哲学观。第二,新马克思主义的空间观,即空间和社会是统一的,空间不是铁板一块,空间是断裂的,每个群体都有自己的空间,随着我国城镇化的快速发展,可以看到我国城市社会空间已经出现很大的分异。"空间是社会的表达",城市社会空间出现分异是客观存在和规律使然。第三,人本主义的空间观,也是一种唯心主义的空间观,这种空间观认为空间是"以人为本"的,空间价值应与人关联在一起,更多地表现为一种自然和人文的多元化空间。我们认为,随着我国城镇化的不断发展,传统单一线性思维已经无法指导中国城镇化的健康发展,必须要树立三维视角下的均衡空间观,大一统的空间观需要转型为多元化和多样性的差异空间观。正如哈贝马斯所言,现代社会分为系统世界和生活世界。系统世界是一个以市场和权力为轴心的世界,自由主义理当为系统世界的主人,以权利与契约规范市场,以法治和民主制约权力。而系统世界之外,还有一个非功利的、人与人情感交往的生活世界。

在明晰转型期中国城市社会空间重构的理论基础、哲学基础和战略方向的前提下,本课题着重研究以下重要问题:转型期中国城市社会空间转型的背景缕析;中国城市社会空间转型的理论基础;城市社会空间分异的研究(以苏州市为例);城镇化进行中的城乡社会空间重构研究;都市化与中国城市社会空间重构;地方政府企业化转向与城市社会空间重构;从象征到现实:大学城的空间生产;转型期城市内缘区社会空间重构研究——以苏州工业园区为例;多维视角下的新型城镇化内涵的解读。以上研究内容的重点和难点是建立中国城市社会空间重构的理论基础和解释框架。根据中国的国情和国外相关城镇化的理论,我们认为,城镇化是一个重大区域发展和空间重构的问题,空间重构是和社会结构的重塑关联在一起的,两者之间制度变迁是桥梁,空间重构—制度变迁—社会建设三位一体,是高度统一的,构成我国新型城镇化建设和社会空间重构的深层逻辑,不能割裂三者之间的关系和互动性,否则将会把新型城镇化引向歧途。我国城镇化仍然需要从大的结构主义的角度找出空间重构的理论基础,课题从规范和实证角度研究得出这一结论:我们需要根据中国的国情将空间生产和"社会—空间"辩证法的理论作为城市空间重构的理论基础,只有这样才能揭示城镇化和城市空间重构的深层机制。同时在研究尺度上需要将宏观的城乡社会空间重构、中观城市的空间分异和微观尺度的大学城和城市的内缘区有机地结合起来。这也是本课题和其他研究的重要区别，我们需要将宏观和微观有机地结合起来，其结合起来的基础就在于空间生产和社会—空间辩证法，以及空间重构、制度变迁和社会建设逻辑线索。大学城和城市内缘区是典型的社会空间，也是城镇化进程中空间生产的典型，我们需要揭示其内在的深层机制和社会结构的问题，所以它们也成为本研究的重要内容。最后明确提出多维视角下中国新型城镇化内涵解读，以期为中国新型城镇化的发展指出明确的方向。

综上所述，本研究的突出特色就是从空间生产和社会—空间辩证法的角度分析转型期中国社会空间重构的实践问题，其对于当前新型城镇化的建设和城市社会空间重构的理论提出和实践具有重大指导意义。中国新型城镇化虽然提出了"人的城镇化"的理念，但仍然具有模糊性，更多是一种理念层面的东西，我们需要从理论层面和操作层面，以及从哲学的高度对"人的城镇化"的内涵进行深入界定，我们认为必须将城镇化的方向导向以社会建设为中心的方向，这又必然要求在理论指导上必须将空间生产理论和社会空间辩证法的理论导入城镇化的理论研究，也必然需要从哲学高度将单维的功利主义导向下的城镇化转型到三维目标下即功利主义、人本主义和新马克思主义相互作用和均衡下的新型城镇化。但将社会—空间辩证法、空间生产等理论和中国新型城镇化的实践结合起来进行研究是一项重大的课题，在国内还未见到更多的系统研究成果。所以本研究可能在深度上还未能更加深刻地揭示中国新型城镇化的内在机制，但尽管如此，本研究尝试提出了一种方向性的东西，也就是未来中国新型城镇化的内在机制或者说驱动力已经从单一的权力和资本支配下的城镇化走向一个权力、资本与社会三元合力驱动下的新型城镇化的方向，就这一点来讲，与中国提出的由"土地的城镇化"走向"人的城镇化"的方向是一致的。我们反对将社会力量排斥到城镇化的进程之外，也就是呼唤中国的城镇化尽快由权力和资本主导下的城镇化走向由社会主导下的城镇化这一伟大的转型。

目录 CONTENTS

第一章　中国城市社会空间重构的背景缕析 / 1
　　第一节　世界城市化进程与城市空间重构 / 1
　　第二节　转型期的中国城市化发展 / 17

第二章　城市社会空间的理论综述与研究进展 / 31
　　第一节　国外社会空间重构的研究进展 / 31
　　第二节　国内社会空间重构的研究进展 / 43

第三章　中国城市社会空间重构的理论基础 / 50
　　第一节　空间的内涵与空间转向 / 50
　　第二节　社会空间的基础理论 / 52
　　第三节　社会空间理论 / 54
　　第四节　空间理论的三个阶段 / 59
　　第五节　社会空间理论综合化趋势 / 64
　　第六节　中国新型城镇化空间转型 / 71

第四章　城镇化进程中的城乡社会空间重构 / 75
　　第一节　城乡协调发展是城镇化发展到一定阶段的必然要求 / 75
　　第二节　国内外城乡一体化的经验解读 / 79
　　第三节　我国城镇化面临的严重问题——城乡空间不协调 / 86
　　第四节　城镇化转型——由规模导向转向制度导向 / 92
　　第五节　城乡社会空间融合的新思维 / 96

第五章　空间生产与中国城市社会空间重构 / 103
　　第一节　空间生产与中国城镇化阶段 / 103
　　第二节　权力与资本主导下的空间生产及其问题 / 111

第三节　中国城镇化的新阶段——都市化 / 126
第四节　都市化进程中的产城融合 / 133
第五节　都市化进程中的社会空间转型 / 140

第六章　地方政府企业化与城市社会空间重构 / 149
第一节　地方政府企业化 / 149
第二节　地方政府企业化主导下的城市社会空间结构 / 159
第三节　地方政府企业化治理转向 / 171
第四节　苏州城市公共管理协同创新中的"五政"模式 / 178

第七章　城市社会空间分异的实证研究
　　　　——以苏州为例 / 200
第一节　引　言 / 200
第二节　研究区、基础数据和研究方法 / 202
第三节　研究结果 / 203
第四节　苏州市社会空间结构主因子分析 / 207
第五节　苏州城市社会区类型划分及空间分布特征 / 216
第六节　苏州城市社会空间分异分析 / 220

第八章　转型期城市内缘区社会空间重构研究
　　　　——以苏州工业园区失地农民聚居区为例 / 234
第一节　研究问题与核心概念 / 234
第二节　理论根据与实证研究 / 240
第三节　结论与讨论 / 261

第九章　从象征到现实：大学城的空间生产 / 265
第一节　大学城与空间生产 / 265
第二节　大学发展的空间隐喻与大学城 / 267
第三节　仙林大学城的空间生产 / 270
第四节　权力、话语与仙林大学城的空间生产 / 276

第十章　多维视角下的新型城镇化内涵解读 / 280

主要参考文献 / 290

后记 / 298

第一章 中国城市社会空间重构的背景缕析

城市是人类文明的标志,是人们经济、政治和社会活动的中心。21世纪是城市的世纪,城市将主导未来的人类生活。在全球化、市场化、分权化和信息化等国际、国内双重环境发生巨大变化的基础上,中国城市发展环境已经出现转型。改革开放30年多来,中国城镇人口比重已由1978年的18.6%提升到2011年的51.27%,预计到2020年将达到60%左右,接近中等发达国家的水平。可资对比的是,从20%提升到40%的水平,英国用了120年,法国用了100年,美国用了40年,而中国仅花费了22年。国外许多学者因此称中国的城镇化是西方国家当年所经历过程的"浓缩形态",但事实上中国的转型环境比当时西方国家的发展环境要复杂得多,这造成了中国转型期城市发展问题的复杂化、矛盾的尖锐化、短期的集中化,而这些问题在相当程度上又通过城市空间表现出来。因此,只有对中国城市发展所处整体环境转型和背景做深入的分析,才能科学地揭示城市社会空间演进的内在机制和规律。

第一节 世界城市化进程与城市空间重构

一、世界城市化的总体进程

人类发展史,也是一部城市不断兴衰和发展的历史。城市孕育了文明,也促进了工业革命的产生及生产力的发展。早在约5500年前,城市和城市文明便在世界的许多不同地区相互独立地出现。世界上最早的一批城市存在于美索不达米亚、尼罗河谷、印度河流域及黄河流域。城市的数量从中世纪开始迅速发展,但城市的规模依然偏小。那时的人口主要生活在农村地区,并且所有人都必须投身于农业耕种之中。到1850年,城市居住的人口比重不过总人口的4%~7%。

1. 世界城市化进程不断加速

19世纪中期以来,随着工业革命的发展和资本主义生产方式的确立,大量的人口开始向城市集聚。工业革命所带来的变革促进了科学、教育、政治及军事等各方面的巨大变革,也使得城市的社会和生态秩序发生了巨大变化。这一时期欧洲成为世界城市化的中心,进入了城市化快速发展期。1951年,英国城市化水平率先超过50%,并于19世纪末基本完成城市化,法国、德国也分别用了80年和70年时间将城市化率提高到50%以上。1800年世界的城市人口占总人口的比例仅为3%,1900年上升为13.6%,100年里世界人口增长了70%,城市人口增加了340%。20世纪以来,特别是二战以后,世界城市化进程大大加速。1950年世界城市化水平为20.8%,2000年上升到47.2%,世界城市人口从7.5亿增加到28.6亿。2010年世界城市化平均水平已超过50%。世界城市化率进程见图1-1。

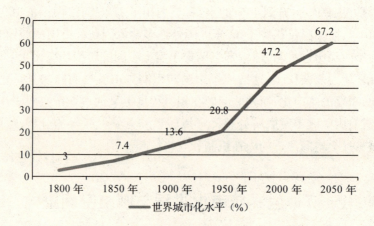

图1-1 世界城市化率进程(2050年为预测值)

2. 发达国家的城市化经历了漫长的过程

包括欧洲、北美、日本等在内的发达国家和地区的城市化早在19世纪初就已经开始。二战后,随着产业结构重心向工业和第三产业转移的速度加快,城市化过程加速,20世纪50—70年代是发展速度最快的时期。1950年—1975年,发达国家和地区的城市化率从54.5%提高到68.7%,城市人口的增长速度达到年均2.51%。1975年以后,城市化速度趋缓,1975年—2010年,城市人口的平均增长速度降至年均0.94%,2010年城市化率为77.5%。根据联合国的预测,今后20~30年,发达国家和地区的城市人口的增长将更加缓慢

(0.56%),2030年城市人口将由2010年的9.57亿增加到10.64亿,城市化率将达到82.1%。事实上,目前西欧和北美的大部分国家已经有超过80%的人口生活在城市。可以说,发达国家和地区的大规模城市化进程已经结束。世界发达国家和地区城市化率及预测见表1-1。

表1-1 世界发达国家和地区城市化率及预测(单位:%)

地区	1950年	1970年	1990年	2010年	2030年
北美	63.9	73.8	75.4	82.6	85.8
欧洲	63.8	71.5	74.1	79.5	84.2
日本	54.4	71.9	77.3	90.5	96.8
澳大利亚/新西兰	76.2	84.5	85.3	88.6	90.7

资料来源:United Nations Population Division: World Urbanization Prospects(the 2011 Revision).

3. 发展中国家成为世界城市化主流地区

从地区角度来审视世界城市化进程,欧洲和北美长期以来一直是城市化水平最高的地区。1800年世界65个10万人口以上的城市只有21个在欧洲,到1900年,世界10万人口以上的城市增加到301个,欧洲就占了148个。从1800年—1925年,世界发达地区的人口占世界总人口的比重由27.9%上升到36.7%,而城市人口占世界城市总人口的比重由40%上升到71.2%,城市化水平从7.3%上升到39.9%。二战以后,特别是20世纪50年代中期以来,随着亚非拉民族解放运动的普遍胜利,世界城市化的主流地区由发达国家转向发展中国家,特别是东亚和非洲的城市化进程尤为迅速。由于发达国家在20世纪初已基本完成城市化,加上人口自然增长率趋缓,城市人口所占比重从高峰趋于回落,而发展中国家的城市人口数量急剧上升。1950年,全世界60%的城市人口居住在发达国家,而40%居住在发展中国家。到1975年,超过一半的世界人口都已居住在发展中国家。照此趋势,到2025年全世界将有80%的城市人口居住在发展中国家。世界人口增长速度及在城市和农村的分布见表1-2。

表1-2 世界人口增长速度及在城市和农村的分布

分布	人口(10亿)				增长率(%)	
	1950年	1970年	1990年	2010年	1950年—1990年	1990年—2010年
总人口	2.52	3.69	5.31	6.89	2.76	1.49
发达国家/地区	0.81	1.01	1.14	1.24	1.01	0.05
发展中国家/地区	1.71	2.69	4.16	5.66	3.58	1.80

续表

分布	人口（10亿)				增长率(%)	
	1950年	1970年	1990年	2010年	1950年—1990年	1990年—2010年
总城镇人口	0.73	1.35	2.28	3.59	2.12	2.87
发达国家/地区	0.42	0.67	0.83	0.96	2.44	0.78
发展中国家/地区	0.3	0.68	1.45	2.61	9.58	4.00
总农村人口	1.79	2.34	3.02	3.33	1.71	0.51
发达国家/地区	0.39	0.36	0.32	0.28	-0.45	-0.62
发展中国家/地区	1.41	2.01	2.71	3.06	0.23	0.64

资料来源：United Nations Population Division: World Urbanization Prospects(the 2011 Revision).

4. 大城市和城市群成为人口和产业集聚区

20世纪以来，大城市人口在城市人口中的比重在不断提高，世界10万人口以上的城市1900年仅为38座，1950年为484座，1970年增至844座。百万人口以上的大城市1950年为71座，1960年为73座，1970年为160座，1980年达234座，2011年为411座。与此同时，城市规模等级越来越高，人口的发展速度也越来越快。1970年—2000年，世界城市人口以2.7%的年增长率增长，而农村人口的增长率只有1%。过去30年里，城市人口增加了100%，百万人口的城市人口增加了150%，超级都市人口更惊人地增加了450%。到2008年，城市人口中有40%居住在百万以上人口的大都市。许多城市已经和区域融为一体，若干城市组成大都市区，多个都市区的互相交错，形成城市区域的连绵地带。美籍法国地理学家戈特曼通过对美国东北海岸城市与区域空间结构特征的观察，提出了大城市连绵区的概念。大城市连绵区一般是指呈带状分布、规模很大的城镇集聚区。以若干个数百万人口以上的大城市为中心，大小城镇连续分布，形成城市化最发达的地区。[1] 许多大都市带首尾相连，形成了若干个人口超过几千万的城市群。世界公认的城市群有6个，分别是美国东北部大西洋沿岸城市群、北美五大湖城市群、日本太平洋沿岸城市群、欧洲西北部城市群、英国以伦敦为核心的城市群和以上海为中心的长江三角洲城市群。这些城市群的规模庞大不仅在于集聚了大量人口，还在于其强大的经济实力和所积聚的资金、人才资源。以美国东北部大西洋沿岸城市群为例，它集中了美国全国人口的20%，创造了全国制造业产值的30%，不仅是美国最大的商业贸易中心，而且也

---

[1] 戈特曼.大城市连绵区：美国东北海岸的城市化[J].李浩,陈晓燕,译.国外城市规划,2007(6).

是世界最大的国际金融中心。世界六大城市群概况见表1-3。

表1-3 世界六大城市群概况

城市群	面积（万平方千米）	人口（万人）	主要城市
美国东北部大西洋沿岸城市群	13.8	4500	波士顿、纽约、费城、巴尔的摩、华盛顿
北美五大湖城市群	24.5	5000	芝加哥、底特律、克里夫兰、匹兹堡、多伦多、蒙特利尔
日本太平洋沿岸城市群	10	7000	东京、横滨、静冈、名古屋、京都、大阪、神户
英国以伦敦为核心的城市群	4.5	3650	大伦敦地区、伯明翰、谢菲尔德、曼彻斯特、利物浦
欧洲西北部城市群	14.5	4600	巴黎、阿姆斯特丹、鹿特丹、安特卫普、布鲁塞尔、科隆
中国长江三角洲城市群	10	7600	上海、南京、杭州、宁波、苏州、无锡、常州

二、世界城市化发展中的城市空间重构

20世纪70年代以来，世界城市发展背景发生了巨大变化，基于福特制的经济发展模式和凯恩斯主义影响下的福利政策发生转型，表现为新自由主义的抬头和对福利制度的怀疑与摒弃。城市化深入发展，全球城市、巨型城市开始形成，郊区化和多中心城市区域产生，大都市里的贫困、种族主义、犯罪、住房和财政危机层出不穷，加之经济全球化、信息化背景下的"时空压缩"，使得社会分异在空间上放大，城市空间面临重构。

1. 全球城市体系的重构

全球化为一些城市和区域提供了发展机遇，但也对区域空间结构产生了明显的非均衡效应。这主要表现在世界层面上全球城市或国际性大都市的成长，以及全球城市等级体系向国家内部的延伸。在全球化的进程中，城市功能的变化重新定义了城市等级，而由于并不是所有的城市都能承担生产、管理、贸易、政治等职能，因此这势必导致全球层面城市等级体系的形成。

世界城市的概念最早是帕特里克·盖迪斯（1915）在其著作《进化中的城市》中提出的。[1]彼特·霍尔（1966）从政治、贸易、通信设施、金融、文化和技

---

〔1〕 Park R E. Human Ecology [J]. American Journal of Sociology, 1936(13): 1-15.

术等方面对世界城市进行了研究。他指出,全球城市等级体系包括了少数无可争议的全球城市,如纽约、伦敦和东京。之后是一群20个左右的次级全球或区域性的中心,它们服务于主要的世界性区域。这些城市中有少数城市发挥着一些全球性作用,如巴黎、洛杉矶、旧金山等,因此对现有的全球城市构成某种程度的竞争。[1]萨森(1991)提出了全球城市假说,并认为这些城市存在以下特征:①世界经济总部高度集中;②金融和专业服务公司取代制造业而成为主导经济部门;③是主导产业的创新源地;④具有新兴的产品和创新市场。可见,全球城市的成长是通过发展总部经济、高端服务业和开发创新产品而不断积累的。[2]

弗里德曼(1986)从"核心—边缘"结构理论出发对全球城市等级结构进行了深入的剖析,提出了衡量全球城市等级的7种指标:主要的金融中心、跨国(包括区域)公司总部、国际性机构、快速成长的商业服务业部门、重要的制造业中心、主要的交通运输节点、人口规模,并依照已有的世界银行的标准,将全球城市按核心与半边缘国家(地区)区分为主要和次要两大类。[3]弗里德曼划分的世界城市等级体系见表1-4。

表1-4 弗里德曼划分的世界城市等级体系

等 级	城 市
核心世界城市	纽约、伦敦、东京、巴黎、洛杉矶、芝加哥、悉尼、莫斯科、苏黎世、鹿特丹
半边缘世界城市	北京、香港、里约热内卢、新加坡
次级核心世界城市	旧金山、休斯敦、迈阿密、多伦多、马德里、米兰、维也纳、法兰克福、墨西哥城、约翰内斯堡
半边缘世界次级城市	上海、加尔各答、布宜诺斯艾利斯、首尔、台北、曼谷、马尼拉、孟买

伴随着全球化和城市化的进程,高等级城市的综合实力与全球影响力的提升成为世界城市化的突出表现。2010年,全球前25位的城市个体,拥有超过全球50%的财富。这些高等级城市通过相互间的要素联系与紧密互动,构建出了以世界城市为节点的网络体系。金融危机后,世界城市网络在整体影响力提升

---

[1] Castells M. The rise of network society[M]. Oxford: Blaekwell,1996.
[2] Sassen S. Global inter-city networks and commodity chains: any intersections [J]. Global Networks, 2010(1): 150-163.
[3] Friedmann J. The world city hypothesis[J]. Development and Change,1986(17):69-83.

的同时,网络内部节点也发生了新的变化。这种结构的变化,不仅反映出世界城市个体间地位的此消彼长,也折射出世界经济格局的变化。

金融危机后,世界城市网络和体系内部结构的变化主要体现在两个方面:第一是网络节点数量增加;第二是中等层级的世界城市数量增加。这种变化趋势使世界城市网络中传统的"金字塔形"结构逐步向以中低等级城市个体为主题的"钟形"结构发展。在中等层级世界城市数量增长的同时,高等级世界城市的数量与实力仍然稳定地得到了保持。GaWC 城市排名(2000 年—2010 年)变化超过 5 个位次的城市见表 1-5。

表 1-5　GaWC 城市排名(2000 年—2010 年)变化超过 5 个位次的城市(单位:位)

排名跌幅前 8 位	跌幅	排名升幅前 7 位	升幅
洛杉矶	-30	北京	+20
旧金山	-30	首尔	+19
法兰克福	-18	上海	+17
芝加哥	-12	莫斯科	+17
阿姆斯特丹	-10	华沙	+14
台北	-10	布宜诺斯艾利斯	+7
圣保罗	-5	悉尼	+5
雅加达	-5		

资料来源:GaWC 排名(2000 年—2010 年)。

经济全球化在深度和广度上的增强,使得大量新型城市不断被整合到以全球生产链为核心的网络中去。这些崛起的城市一方面与高等级的世界城市进行纵向交流,另一方面,更加频繁地与同层级世界城市进行经济、技术、文化、社会、政治互动。此类城市还对区域内的次中心城市产生辐射作用,使周边城市也逐渐进入世界城市网络。这种城市之间的垂直—水平—深度的多方位互动,不仅使中等层级世界城市的数量和实力不断提升,而且进一步催生了新的节点域与城市,成为世界城市网络规模扩大的重要动力。因此,世界城市网络层级结构方面的"钟形"变化,事实上是节点城市规模扩大、网络形态趋于扁平的表现。

2008 年全球金融危机后,高等级的世界城市普遍受到重创,其实现恢复仍需时日,而中等层级城市由于经济结构更为多样化,城市发展的弹性较大,因此所受冲击相对较小。此消彼长下,两个层级城市间的差距缩小,部分区域性中心城市有望进一步成长为全球城市。若上述变化得以持续深化,从更长的时间段来看,世界城市网络的等级结构将有可能从"钟形"进一步演变为"鼓形"。

根据美国著名咨询机构麦肯锡公司全球研究所发布的报告,对全球经济贡献率最高的 600 个城市在 2015 年将拥有世界人口的 1/5。更为重要的是,在未来 15 年里,今天世界城市前 600 名中有 136 个发达国家的城市将跌出排名,取代的都是发展中国家的城市;当中有 100 个城市是中国的城市,13 个来自印度,拉丁美洲有 8 个入围。与全球城市相比,中等层级城市 2007 年—2025 年将迅速成长,其人口与人均 GDP 的超平均水平将起到助推作用。到 2025 年,600 个城市中的 577 个中等层级城市将贡献全球经济增幅中的 50%。其中,人口在 15~500 万的中小规模城市将提供最大份额,即全球 GDP 增幅的 19%。由于中等层级城市增长迅速,2025 年将有 13 个城市跨过 1000 万人口大关成为世界城市。除了芝加哥外,其余的城市均属于发展中国家。这 12 个城市仅中国就有 7 个,分别是成都、东莞、广州、杭州、深圳、天津与武汉。2020 年全球的十五大城市预测见表 1-6。

表 1-6 2020 年全球的十五大城市预测

排名	GDP	人均 GDP	GDP 增速	总人口
1	纽约	多哈	上海	东京
2	东京	澳门	北京	孟买
3	上海	华城	纽约	上海
4	伦敦	牙山	天津	北京
5	北京	奥斯陆	重庆	德里
6	洛杉矶	布里奇波特	深圳	加尔各答
7	巴黎	迪拜	广州	达卡
8	芝加哥	丽水	南京	圣保罗
9	莱茵-鲁尔	秋明	杭州	墨西哥城
10	圣保罗	卑尔根	成都	纽约
11	深圳	圣何塞	武汉	重庆
12	天津	昆山	伦敦	卡拉奇
13	达拉斯	张家港	圣保罗	金沙萨
14	华盛顿	蔚山	洛杉矶	伦敦
15	休斯敦	嘉义	佛山	拉各斯

资料来源:麦肯锡公司全球研究所报告《城市世界:城市经济影响力布局》。

2. 城市与区域的形成与成长

同全球化趋势相伴的是新的区域化浪潮的兴起。随着全球化和信息化的快速发展及其在社会生活中日益广泛的应用,区域在全球经济格局中日益发挥着关键作用,微观区域而不是国家成为地方管治创造财富的主要政治经济单元。因此,理解城市生长的最佳方式就是它的区域尺度概念。[1]今天,我们工作、购物、就学、娱乐,以及在日益多样化的场所从事休闲活动,所有这一切全都在一个扩张着的大都市地区内。而在每个大都市核心区内,经济和人口又高度集聚在由主要城市和主要发展轴线组成的巨型区域地带。

就城市景观而言,城市已经和区域融为一体,若干城市组成大都市区,多个都市区互相交错,形成城市区域的连绵地带。城市的基本形态已经不是被郊区和农村包围着的枢纽性的中心,而是由城市和郊区的景观形态、经济产业以及社会体制交互连接而成的整体,形成一种一体化的力量,或者说正在塑造这种一体化的力量。因此,国家和地区的发展已经不是由个别城市所主导的城市化,而是依托着城市与其所在的广大腹地区域,在内部存在密切的分工协作,通过产业链条形成协作和互补关系,构成相互关联的生产网络和城市网络,并在这样一个整体平台上,经济和社会的活动得到呈现和展开,共同推动了城市区域化、区域城市化的发展,大都市区成为支撑区域增长的主要空间单元,并由此产生了都市圈、全球城市区域、全球性巨型城市区、巨型城市区等各种城市群体空间集聚的地域景观。1990年—2010年美国人口最集中的大都市区域见表1-7。

表1-7 美国人口最集中的大都市区域(1990年—2010年)

大都市区域	1990年（千人）	2000年（千人）	2010年（千人）	1990年—2000年变化(%)	2000年—2010年变化(%)
纽约—新泽西—长岛	16846	18323	18897	8.8	3.1
洛杉矶—长滩—圣安娜	11274	12323	12829	9.7	3.7
芝加哥—乔利埃特—内珀维尔	8182	9198	9461	11.2	4.0
达拉斯—沃斯堡—阿灵顿	3989	5162	6372	29.4	23.4
费城—卡姆登—威尔明顿	5436	5687	5965	4.6	4.9
休斯敦—舒格兰—贝敦	3767	4715	5947	25.2	26.1

---

[1] Gottmann J. Megalopolis or the urbanization of the northeastern seaboard[J]. Economic Geography, 1957(33): 189—220.

续表

大都市区域	1990年(千人)	2000年(千人)	2010年(千人)	1990年—2000年变化(%)	2000年—2010年变化(%)
华盛顿—阿灵顿—亚历山德里亚	4122	4796	5582	16.3	16.4
迈阿密—劳德代尔堡	4056	5008	5565	23.5	11.1
亚特兰大—桑迪斯普林斯—玛丽埃塔	3069	4248	5269	38.4	24.0
波士顿—剑桥—昆西	4134	4391	4552	6.2	3.7

资料来源：美国人口普查局《美国统计摘要》，2012年。

20世纪90年代后半期以来，在全球化的浪潮下，由于信息技术的融入而呈现出生产和消费活动的相互作用逐渐分散的发展方向，但活动的中心数量趋于减少并在空间上进一步集中，这一经济活动的空间特征表现为：经济活动在区域与城市的分布是逐渐扩散的，但经济中心在主要大都市地区的集中是十分明显的。[1]

以日本三大都市圈为例，承担生产职能的工厂进一步从都市圈扩散到地方圈，甚至从地方圈转移到中国、印度、越南等国家。而承担金融、研发和高端服务功能的东京圈的作用进一步加强，人口再次向东京聚集。[19] 同时，人口郊区化和人口逆城市化的迅速发展，使城市与乡村的界限越来越难以区别，都市圈半径扩大，最终太平洋沿岸大都市圈（巨型城市带）形成，其人口情况见表1-8。

表1-8 日本三大都市圈的人口情况（2000年）

地　区	人　口		面　积		人口密度(人/平方米)
	数量(千人)	比重(%)	数量(平方米)	比重(%)	
首都圈	41317	32.55	36346	9.62	1137
中部圈（除北陆）	16990	13.39	41012	10.85	414
近畿圈（除北陆）	20855	16.43	27168	7.19	768
三大都市圈小计	79162	62.37	104526	27.66	757
新潟北陆	5606	4.42	22114	5.85	254
其他的地方圈	42151	33.21	251215	66.48	168
全国	126919	100.00	377855	100.00	336

资料来源：阿部和彦，2001。

---

〔1〕 郭巧华.拯救中心城市的尝试——从"开放郊区"到"没有郊区的城市"[J].国外城市规划，2011(1).

3. 创新驱动与城市化转型

2008年以来,全球金融危机的负面影响持续聚焦于第三产业,并通过全球金融体系传导,导致纽约、伦敦等产业结构倾向于"服务业化"和"国际化"的高等级世界城市遭受重大打击。在规模增长减缓与劳动力减少的综合影响下,世界城市产业结构过于依赖经济全球化的作用,结构系统缺乏区域布局深度和多样化发展弹性的负面影响暴露无遗。基于此,国际城市纷纷寻求经济和产业转型,依靠创新驱动实现经济结构和城市化的转型。

迈克尔·波特根据产业所依赖的资源层次以及创造这些不同层次资源的能力与机制,将产业升级分成要素驱动、投资驱动、创新驱动以及走向衰退的富裕驱动四个阶段。回顾城市发展史,结合当前世界城市化的阶段性特征,"创新"已经越来越多地被国际城市视为促进经济和产业转型的推动引擎。从"后危机时期"的发展趋势来看,城市经济体系正由工业经济、信息经济向知识经济和创意经济跨越。创新要素作为知识经济的基础,在城市经济的转型中被视为重中之重。

当前,全球新的经济增长长波正在形成,世界产业革命正孕育新突破,"低碳化"和绿色增长趋势日益增强,新一代信息技术、生物技术、纳米技术等成为新兴产业发展的突破方向。因此,世界经济正进入创新竞争的时期,城市产业经济功能也日益呈现由传统产业转向高新产业、制造转向研发、生产转向服务并迈向创新创意发展的趋势。城市特别是大都市成为信息、技术、知识和人才等创新资源的载体和集聚地。打造具有高度创新能力的国际科技转向城市和文化创意城市,正成为各国占领新的科技制高点进而控制全球经济、政治与文化的主要方式。旨在把以文化创意产业闻名的伦敦建设成"世界知识经济领头羊"的《伦敦创新战略与行动纲要》中指出,要把各个创新主体联合起来支持创新,以此作为推动经济增长的主要动力,创新是经济发展的心脏,它是充分利用集聚在城市各种潜能的关键。

经过多年发展,到2012年伦敦文化创意产业产值已达到300亿英镑,超过金融服务业成为最大的产业部门。目前,全球超过200家报纸、3500家出版社、1/4知名游戏研发工作室将总部设在伦敦。历史文化名城的深厚人文积淀,使伦敦迅速成为"创意之都"。伦敦创新战略与举措见表1-9。

表1-9 伦敦创新战略与举措

伦敦远景	三大战略	重点举措
把伦敦建设成世界领先的知识经济型城市	在所有伦敦组织机构中培育创新文化	提升创新理念、培育创新人员 构建创新导师网络——"知识天使" 制订伦敦"青年远见"计划 促进技能与人员的流动 制订主要地区的产业部门的创新计划
	鼓励与帮助伦敦企业实现创新	提供意见与支持 为小企业创新融资 增强企业创新中心服务功能 加强企业网络与集聚 协作落实与创新
	整合伦敦世界水平的知识基地资源,使伦敦企业受惠	荣誉高校指导与支持 加强科技园区与孵化器的建设 加强中小企业与知识基地的联系 促进研究合作与成果商业化 促进种子资金融资和商业化 提高管理技能

资料来源:《伦敦创新战略与行动纲要(2003—2006)》。

经济结构调整是促进经济转型的另一条道路。而大力发展第三产业成为经济转型的主要趋势。但由于金融危机的冲击,过度依赖单一服务经济的城市,其内部冗余度及抗风险能力令人担忧。因此,经济结构的均衡性与多样性成为城市经济转型的主要方向。以金融业发展著称的纽约虽然其制造业经历了由鼎盛到衰败的过程,但从内部结构来看,制造业比例的下降仅仅是表象,改造后的制造业是在更加集约化、高端化的层次上获得了新的发展,传统制造业不断向外转移,而新型制造业则在改造、提升中保留与发展。

4. 城市社会空间的分异

城市社会空间作为一种特殊的城市社会地域系统,是城市社会"等级结构"在城市空间上的外在表现。其分异的过程,实质就是城市社会经济关系分化推动物质环境分化的过程。在人类社会发展的不同历史阶段,城市的社会体制、经济发展状况、文化意识形态、社会心理及价值体系等的变化,导致了城市社会等级结构体系的不同,最终反映为城市社会空间结构的差异。全球化深刻地改变了城市发展的社会基础和社会结构,也进一步加剧了城市社会空间的分异。

在发达资本主义国家,随着产业转型和城市功能的提升,城市居民的社会分层也日趋明显。伴随着郊区化和去工业化的不断发展,出现了逆城市化现象。大量人口和活动搬离大城市,内城逐渐衰落并成为有色人种、贫困人口的集居地。白人和富人居住在郊区,已形成多中心的区域发展模式,也造成了居住空间分异的马赛克结构。社会结构两极分化趋势加强,种族隔离、犯罪、贫困等方面问题频发,给社会治理带来了巨大挑战。在一些发展中国家,资本的流入带来了城市规模的快速扩张和城市经济的迅猛增长,但由于自身制度不完善和政府短期的政绩驱动,在城市空间急剧扩张的过程中,问题也层出不穷。一些非洲和拉美国家被经济对外依赖性高、产业结构不合理、城市贫民窟等问题所困扰。[1]

当代中国城市的社会空间转型正日益表现出分异的趋势。面对从计划经济体制到市场经济的转轨,改革开放和市场经济建设为中国城市的发展提供了巨大机遇,同时也将中国置于全球化和市场化的双重时代背景之下。随着全球化的影响和社会经济结构的重新分化,社会分异和空间分化同时发生。福利住房的取消把居民推向商品房市场,房地产市场的发展使居民拥有更多住房选择的同时失去了对原有组织的依托。快速的城市化和频繁的城市更新改变了中国原有的城市空间景观和人口的社会分布,高档的别墅区、豪华的 CBD 和低矮的平房、破旧的棚户区、城中村同时出现。城市社会空间分异成为当代中国城市转型的主要特征。[2]

三、世界城市化面临的问题和挑战

1. 发达国家城市的转型与再工业化

金融危机使得过于依赖金融服务业等虚拟经济的西方发达国家正在重新尝试发展实体经济。美国正逐渐推进"再工业化",美国政府也正强力推动"制造业回归"。2009 年—2012 年,奥巴马政府先后推出了《制造业促进法案》《五年出口倍增计划》《内保就业促进倡议》等多项政策来帮助美国复兴制造业,并逐渐体现出了政策效果,2011 年美国制造业新增 23.7 万名就业岗位,制造业投资恢复明显,根据制造商协会的预计,美国制造业将在 2013 年增长 3.5%,高于同期的美国 GDP 增长预期。

最新数据显示,美国制造业劳动力成本正在下降。尽管中国制造业时薪远低于美国的水平,但中美之间的成本差距正在逐步缩小。2010 年,美国制造业生产率提升了 6.1%,单位劳动力成本降低了 4.2%,从 2002 年至 2010 年,美国

---

[1] 张京祥,罗震东,何建颐. 体制转型与中国城市空间重构[M]. 南京:东南大学出版社,2007.
[2] 顾朝林,胡秀红. 中国城市体系现状特征[J]. 经济地理,1998(1):21-26.

制造业单位劳动力成本累计降低了10.8%。而相比之下,中国的劳动力报酬增速比生产率增速要快得多,从2005年至2010年,工人的工资水平以每年19%的速度递增,而同期美国制造业工人的全负荷成本只增加了4%。一向靠要素价格低廉取胜的中国制造业面临巨大挑战。

为提高美国制造业吸引资本和投资的能力,美国政府还通过调整税收政策来降低美国制造业的税收负担,并使暂时性减税措施永久化。与此同时,奥巴马政府开始重新审视和修订北美自由贸易协定、美国哥伦比亚自由贸易协定、美韩自由贸易协定,以促使那些公司把业务回流美国,使其国内制造商能够从政府为促进就业和出口所提供的补贴中获益。

本轮美国制造业的回归,并非简单地为了解决就业而发展低端制造业,而是为了在更加集约化、高端化的层次上依靠技术的创新发展新型制造业。美国2012年财政年度增加了国家科学基金、国家标准和技术研究院实验室等重要科学部门预算,为开发先进制造技术,启动了先进制造技术项目,该项目旨在采用公私合作方式来增加制造业研发投资,缩短从创新到投放市场的周期。

美国再工业化的本质是产业升级,高端制造是其战略核心,美国已经正式启动高端制造计划,积极在纳米技术、高端电池、能源材料、生物制造、新一代微电子研发、高端机器人等领域加强攻关,这将推动美国高端人才、高端要素和高端创新集群发展,并保持在高端制造领域的研发领先、技术领先和制造领先。

对于中国等发展中国家而言,面对美国的再工业化及产业升级,需要继续加快转变经济发展方式,破解技术创新能力和竞争力不足的难题,这样才能在国际竞争中占有一席之地。

2. 全球城市体系中城市的独立发展与依附发展

二战后,先前欧洲中心国家所殖民的广大亚非拉国家先后获得了政治上的独立,建立了拥有独立主权的民族国家。但从经济上分析,这些国家没能形成完整的市场体制,在经济上仍附属于西方发达国家。"二元性"是这类国家城市发展中的主要特征:落后的农业和工业并存、传统产业与现代产业并存、少数城市的快速发展与区域不平衡发展并存等。从外部环境来看,这些国家独立发展的要求与外来国际分工的干预相并存,它们普遍面临独立发展与依附发展的矛盾。

在20世纪80年代以前,发展中国家经济普遍保持快速增长,经济结构趋于合理。但是,20世纪80年代以后,全球经济格局的变化和新劳动地域分工体系的形成,使得许多发展中国家在经济总量、经济结构和发展质量等方面与发达国家拉开了差距,"核心—边缘"体系被强化。

以中国为例,改革开放 30 多年以来,发达国家和地区的资本、技术、信息、管理制度被大量引入,加上东部沿海经济基础较好、交通条件优越、享受优惠开放政策的经济特区和沿海开放城市形成了"外向型"的区域发展格局,许多地区兴办了一批"三来一补"企业和"三资企业"。但是对于核心技术,本土企业并未掌握,绝大多数利润被外商赚走,还造成了生态污染、环境恶化等影响未来可持续发展的严重问题。中国在全球价值链中始终处于底端,只负责生产、加工、制造和组装,利润极其微薄,还对资源环境造成了危害。以每部售价约 700 美元的苹果手机 iPhone5 为例,真正由中国企业提供的零配件,成本仅为约 20 美元,约相当于手机售价的 3%。华泰联合证券对苹果利润的研究报告显示,每部 iPhone 手机,苹果公司占据其 58.5% 的利润,韩、日及其他国家的公司占据约 10% 的利润,而中国大陆劳工成本只占 1.8%。同时,在 iPad 的利润分配中,中国企业所得的利润占比也仅有 2%。近年来,随着人民币升值、要素成本上涨及全球金融危机的影响,这种定位于全球价值链(GVC)底部的增长模式正面临着严峻的挑战。全球化是把双刃剑,发展中国家需要正确处理好独立发展和依附发展的关系。

3. 发展中国家的过度城市化及空间急剧扩张

发展中国家的城镇化水平和进程存在很大的地区差异(表 1-10)。亚洲和非洲国家是世界上城镇化率最低的地区,目前只达到 40% 左右。此外,它们也是世界上人口密度最大的地区。联合国预测,亚洲和非洲是今后世界上城镇化最快的地区,2030 年城镇化率将分别达到 55.5% 和 47.7%。在较短的时间内能否顺利地实现大规模城镇化,使经济实力得以提高,减小城乡差距,是其发展中面临的主要挑战。

与此相对,2010 年,拉美和加勒比地区城镇化率已经高达 78.8%,其中部分国家和地区已达到 80% 以上,但工业化基础薄弱和政府能力不足导致过度城镇化。在这些国家,由农村的土地兼并而导致赤贫和人口过剩,大量农村人口涌入城市。但在城市中获得就业和必要的生活条件非常困难,形成了大量贫民窟,形成"贫困的"城镇化。今后这些国家的城镇人口增长速度将与发达国家一样缓慢,解决由过度城镇化所带来的贫困和就业问题构成其面临的主要难题。[1]

---

[1] 帕迪森. 城市研究手册[M]. 郭爱军,译. 上海:格致出版社,2009.

表 1-10　世界各大地区城镇化率的差异

地区	城镇人口比例(%)				增长率(%)	
	1950年	1970年	1990年	2010年	1950年—1990年	1990年—2010年
北美洲	63.9	73.8	75.4	82.0	0.45	0.44
欧洲	51.3	62.8	69.8	72.7	0.91	0.21
大洋洲	62.4	71.2	70.7	70.7	0.33	—
拉美、加勒比地区	41.4	57.1	70.3	78.8	1.75	0.57
非洲	14.7	23.5	32.0	39.2	2.94	1.12
亚洲	17.5	23.7	32.3	44.4	2.11	1.87

资料来源：United Nations Population Division：World Urbanization Prospects（the 2011 Revision）。

4. 城市化发展的资源环境基础

发展中国家在过去 30 年时间里城市人口普遍增长了 30%～50%，城市化规模远远超过发达国家。2010 年，发展中国家的城市人口是发达国家的 2.7 倍，2030 年，这一数字将可能达到 3.8。发展中国家的农村人口今后也将继续增加。预计发展中国家与发达国家的农村人口的比例将由 2010 的 11 倍扩大到 2030 年的 13.4 倍。由于人口的流出和自然增长率的降低，发达国家从 1950 年开始，农村人口就已经开始减少，而发展中国家在今后较长的时间内，农村人口仍将继续增加。根据联合国的预测，到 2025 年左右发展中国家农村人口才会开始减少。

但是，快速城市化的背后是城市化质量的下降，加上这些国家的经济基础薄弱，城市资源环境面临严峻考验。20 世纪以来，为了解决生存问题和满足城市化快速扩张需求，发展中国家 60% 以上的森林遭到砍伐，并造成严重的水土流失和土地沙漠化。在印度、巴基斯坦有超过 20% 的土地盐碱化，中国 50% 的耕地贫瘠、缺水，北方沙尘暴发生频繁，雾霾天气的影响范围也越来越大，在非洲仅有 5% 的土地可以耕种。全球变暖和极端天气及自然灾害的频发，使得发展中国家和发达国家不得不反思过去的发展道路和方式，真正遵循发展规律，实现可持续发展。

第二节 转型期的中国城市化发展

一、中国城市化发展的进程

城市化水平是衡量一个国家或一个地区经济社会发展水平的重要标志,它是经济结构、社会结构和生产方式、生活方式的根本性转变,涉及产业的转变和新产业的支撑,城乡社会结构的全面调整和转型,庞大的基础设施的建设,资源、环境的支撑,大量的立法、管理,国民素质提高,等等,必然是长期的积累和长期发展的渐进式过程。城市化进程与国家的社会经济发展和重大政治事件密切相关。与其他国家的城市化进程相比较,中国城市化发展进程具有明显的曲折性与波动性,即大致可以划分为:新中国成立初期的稳步发展时期、城市化曲折波动与停滞时期、改革开放后城市化快速发展的新时期以及 20 世纪 90 年代中期开始出现的"冒进"发展时期。国内也有些学者将中国的城镇化划分为 7 个时期或 4 个时期。从我国的基本国情出发,深入考察分析我国经济政治体制发展的特点、工业化发展水平、城镇化速度和空间布局特征,我们认为:我国的城镇化历程可以分为 1949 年—1957 年、1958 年—1978 年、1979 年—1995 年、1996 年—2012 年这样 4 个重要的历史时期(图 1-2),这符合我国城镇化发展的一般规律,但其中从 1996 年以后国内城市化速度过快,有冒进的倾向。

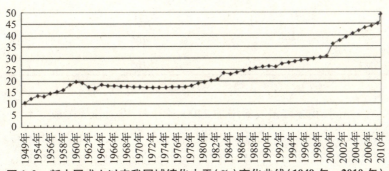

图 1-2 新中国成立以来我国城镇化水平(%)变化曲线(1949 年—2010 年)

1. 新中国成立初期的稳步发展时期(1949 年—1957 年)

新中国成立后,百废待兴,面对国民党政府留下的烂摊子,经过 3 年的经济恢复,我国于 1953 年进入第一个"五年计划"的建设时期,开始了工业化进程。

围绕苏联对中国援建的156个大中型项目,中国城市化进入稳步发展时期。

新中国成立初期,全国的城镇化水平很低,20世纪50年代初的城镇人口仅有5765万人,占全国人口比重的10.6%。全国大中小城市仅有110座,主要分布在沿海地区以及内地人口稠密、有一些工业基础的湖北、四川、陕西、湖南、河南等省份。全国大部分省区,特别是中西部地区,经济基础极为薄弱,城镇很落后,失业人员很多,就是沿海一些城市,城镇规模也不大,工业基础设施落后,以消费性质为主的城市居多。

中央政府当时明确提出:要进行大规模的工业建设,增强城市经济综合实力,要把消费性城市转变为生产性城市,要在充分利用改造和扩建原有的工业基地的基础上,在内地接近原料和市场的地区加快建设新的工业基地。在建设布局上,则将投资重点转移到了内地。一方面,我们国家恢复与改造沿海那些大的工业港口城市,提高工业生产率,重点建设了上海、广州、天津、大连、青岛、宁波、南通、无锡、苏州、南京、烟台等具有一定工业基础的沿海大中城市;另一方面,将有限的投资集中于内地若干资源丰富、开发条件较好的地区,重点发展了邯郸、通辽、平顶山、焦作、株洲、马鞍山、南平等一批据点式的工业城市。1949年—1957年我国大中小城市等级规模变化见表1-11。

表1-11　1949年—1957年我国大中小城市的等级规模变化表(单位:个)

人口数量	1949年	1954年	1957年
>100万	5	11	11
50-100万	7	17	19
20-50万	21	31	39
<20万	77	106	101
合计	110	165	170

资料来源:许学强、周一星等编著,《城市地理学》。

"一五"期间,我国城镇人口增加2400多万人,成为新中国成立后乡村人口向城市转移最快的时期之一。这一时期,全国大中小城市数量有不同程度的增加,据统计,1949年—1958年间,我国新设市净增加60座,年平均递增6个新城市。到1957年时我国城镇人口达到9949万人,城镇化水平为15.4%,城市总人口年平均增长率为7.8%。

2. 城市化曲折波动与停滞时期(1958年—1978年)

20世纪50年代后期,特别是进入60年代,由于我国与美国、苏联两个超级大国关系紧张,出于对国际形势过于严重的估计,当时的领导人犯了"左"倾错误。

在1958年—1960年期间,工业发展以全民大炼钢为中心,农村地区掀起了人民公社化运动,致使城市人口从1957年的9949万猛增到1960年的13073万,3年中城市人口净增31.4%,也使许多城市负担太重,市政建设欠债增多。由于大跃进,1961年全国经济出现倒退现象,城镇发展也处在萧条时期,城镇人口不但没有增加,反而由于城市人口返乡出现负增长。城市数量由1961年的208座下降到1965年的171座;城镇化水平由1960年的19.8%下降到1964年的14.6%,出现了"反城市化"。[1]

1966年文化大革命以后,除了人口自然增长外,我国城市化基本进入停滞时期,从中央到地方都在调整大中城市的发展规模,特别是1968年—1970年,全国有3500万知识青年上山下乡到农村劳动锻炼,城市人口也出现下降的趋势。1966年—1978年,城市人口由9965万人增加到11342万人,年均递增1.21%,低于同期人口自然增长率。

3. 改革开放后城市化快速发展的新时期(1979年—1995年)

1978年十一届三中全会以来,我国实施改革开放和对外开放,城市化进入了一个新阶段,逐步步入了快速发展的轨道。1980年,在中央召开的全国城市规划工作会议上,作为20世纪60年代起控制大城市发展政策的延续,把"控制大城市规模,合理发展中等城市,积极发展小城市"作为国家的城市发展总方针。

这一时期,全国城镇数量与城市化质量有很大提高。城市化水平从1978年的17.9%提高到1995年的29%,17年增长了11%,年均增长0.65%,与第一个五年计划时期相当。新增设的城市与建制镇大幅度提升。1978年我国城市总数有193个,建制镇只有2173个,市镇人口有17245万人,占全国人口的17.92%;到了1985年,城市总数达到324个,8年期间增加了131个,年均新增城市16个,建制镇增加到7511个,8年期间增加了5338个,每年平均增加668个镇。改革开放短短的8年多时间,全国的城镇人口增加到2.5亿人,城市化程度提高到23.7%,农村非农就业人口达5560多万人。1992年比1991年增加38个城市,1993年比1992年增加53个城市,1994年比1993年增加52个城

---

[1] 姚士谋,陈振光,朱英明.中国城市群[M].合肥:中国科学技术大学出版社,2006.

市,这几年是全国设市建置最多的年份。[1]

4. 经济持续高速增长与城镇化加速发展新时期(1996年—2012年)

从1996年以来,我国经济持续高速增长,综合国力和国际地位大幅度提升。到2012年年底,我国GDP总量达到53.41万亿人民币,仅次于美国,位于世界第二位。全国城镇化水平已超过52%,城镇总人口达到7亿人(包括2.5亿暂住人口,即农民工)。城镇化也带动了我国经济与社会的全面发展,在一定程度上改善了居民的工作与生活条件,也相应地支援了农村的社会主义建设。工业化特别是工业开发区与第三产业的迅速发展,推动了我国城镇化的高速发展,城镇数量增加迅速,城镇化水平提高迅速。

到2009年,全国已有城市654个,建制镇1.9万个。在654个城市中,100万人口以上的特大城市已有60个;50万~100万人口的大城市有91个;中等城市(20万~50万人口)有238个;小城市(20万人口以下)有265个。2009年,全国人口超过400万人口的超大城市有上海、北京、武汉、广州、重庆、天津、沈阳、武汉、成都、南京、西安、哈尔滨等16个,人口呈向大城市和特大城市集中趋势。

1996年—2012年是我国城镇化加速发展的重要时期,同时也出现了城镇化"冒进式"发展的现象,年均城镇率增幅达1.47%。这样的速度脱离了循序渐进的原则,超出了正常的城镇化发展轨道,在城镇化进程中人口城镇化率虚高,耕地、水资源、能源等重要资源过度消耗,环境受到严重污染,城镇空间规划建设出现无序化乃至土地失控,这种状况属于冒进式的"急速城镇化"现象,基础设施建设出现了巨大的浪费。

因此,"十二五"规划和党的十八大提出要实施新型城镇化,按照统筹规划、合理布局、完善功能、以大带小的原则,遵循城市发展客观规律,以大城市为依托,以中小城市为重点,逐步形成辐射作用大的城市群,促进大中小城市和小城镇协调发展;要重视自然基础和生态环境对于城市化的基础作用。

二、中国城市化的空间扩张及面临的问题

1. 土地城镇化速度过快

我国城镇化存在严重的空间失控和冒进的倾向,表现为土地的城镇化速度

---

[1] 胡序威,周一星,顾朝林.中国沿海城镇密集地区空间集聚与扩散研究[M].北京:科学出版社,2000.

显著快于人口的城镇化速度。2001年—2010年全国城镇建成区用地年均增长5.97%,而城镇人口年均增长仅有3.78%。特别是"十五"期间,全国城镇建成区用地平均每年保持7.70%的增速,远高于城镇人口年均4.13%的增速。城镇建成区人均用地面积由2000年的117平方米提高到2010年的137平方米,已远超国家规定的上限标准60平方米和发达国家人均82.4平方米的水平,总量更是已达世界第一。但我国的人均耕地面积只有1.38亩,相当于世界人均耕地面积的37%左右,是澳大利亚的1/27,加拿大的1/18,俄罗斯的1/10,美国的1/8,印度的1/2。表1-12可以看出我国一些特大城市快速的空间扩张情况。

表1-12 我国若干特大城市建成区面积及扩展情况(1952年—2009年)(单位:平方千米)

城市名称	1952年	1978年	1997年	2003年	2005年	2009年	扩大倍数(60年间)
上海	78.5	125.6	412.0	610.0	819.0	1160.0	14.8
北京	65.4	190.4	488.0	580.0	950.0	1349.0	20.6
广州	16.9	68.5	266.7	410.0	735.0	927.1	54.9
天津	37.7	90.8	380.0	420.0	530.0	622.5	16.5
南京	32.6	78.4	198.0	260.0	512.0	598.1	18.3
杭州	8.5	28.3	105.0	196.0	310.0	392.7	46.2
重庆	12.5	58.3	190.0	280.0	582.0	783.8	62.7
西安	16.4	83.9	162.0	245.0	280.0	410.5	25.1

资料来源:各市总体规划修编材料。

2. 引发严重的资源环境问题和社会问题

城市的空间扩张引发诸多问题,其中包括严重的资源环境问题和社会问题,也消耗了大量的能源。据测算,近15年来,我国城镇化率平均每提高1个百分点需多消耗4940万吨标煤、645万吨钢材和2190万吨水泥。水利部2011年公布的资料显示,在我国600多个城市中,有400多个城市供水不足,其中严重缺水的城市有110个,城市年缺水总量达60亿立方米,全国200个城市地下水质监测中,"较差—极差"水质比例为55%,与一年前15.2%的比例相比有所下降。同时,2010年我国城市污水处理率虽然达到了82.31%,比2006年飙升26%,但全国城市河流污染情况并未明显好转。可见,我国的城市环境、资源消耗经受不起城市的冒进发展,城镇化发展应有一个适度性。城市空间扩张和蔓延也引发了严重的社会问题。发生在四川什邡、江苏启东、浙江宁波的群体性事件都与环境污染或公众的环境焦虑有关。统计显示,近年来因环境问题引发的群体性事件正在以年均29%的速度递增。此外,城市空间蔓延和扩张还形成了大量失地农民与城市边缘人群。据估计,截至2005年,我国失地或部分失地农民的数量在4000万～5000万人,且这一数字以每年增加200万～300万人的速度递增。照此速度,在未来20～30年的时间里,我国失地农民将会增至1亿人以上。

3. 土地利用结构不合理

我国城镇用地结构和布局不合理,土地利用的效率偏低。科学的城市用地结构和空间布局可以最大限度地发挥土地的潜力和最优效益。根据国家标准《城市用地分类与规划建设用地标准》,合理的城市用地结构是生活居住用地占40%～50%,工业用地占10%～15%,道路广场用地占8%～15%,绿地占8%～15%。而根据对江苏部分城市的调查,生活用地占37%,工业用地占27.5%。可见,江苏的城市工业用地比例偏高10个百分点以上,而住宅、商业、服务等生活用地偏低3～10个百分点。另外,城市用地空间布局不合理,优地没有得到优用。行政办公用地占据城市的黄金地段,以致城市中央商务区的土地产出率低,造成土地价值得不到充分发挥。相关资料显示,我国的几个大城市的地均GDP与发达国家和地区的城市地均GDP的差距达几十倍。在我国不同规模的城市中,中小城市的地均产出又普遍低于大城市,两者最大的差距达到20倍。

此外,小城镇土地浪费现象严重,乡镇企业布局过于分散。20世纪90年代以来,苏南的江阴、昆山、常熟、宜兴等县级市,小城镇发展很快,但是,一些工业企业或小城镇的建设,土地浪费严重。据统计,苏南部分城镇土地闲置率高达35%,某些开发区虽项目得到落实,但由于地价低廉,缺少经济约束,造成了土地资源的浪费、污染了环境。此外,乡镇企业布局分散,用地浪费。小城镇面广量大,而乡镇企业又集中在这些城镇,工业小区占地严重超标,占用了不少耕地、菜地,工业用地占20%～30%,比国外还超出10%,造成土地资源的浪费[1]。

---

〔1〕 倪方钰,段进军. 基于区域视角下对江苏城镇化模式创新的思考[J]. 南通大学学报(社会科学版),2012(5):11–15.

4. 城镇体系和城镇空间结构的失衡

城市内部的空间蔓延和失控导致城市内部功能配套不完善,从而产生了交通拥堵、住房紧张、环境污染等"城市病"。城市外部空间失衡表现为城乡二元结构和城镇体系不合理等。形成这种失衡的主要原因是受行政区划分割的束缚,割裂了城市与区域之间的关系,忽视了城镇体系和城市群的带动作用。地方政府过于注重对特大城市、大城市的投入和建设,忽视了中小城市和城镇。以2008年市政公用设施建设固定资产投资为例,城市人均投资分别是县城的2.26倍、建制镇的4.48倍、乡的7.27倍和行政村的20.16倍。城镇等级体系和规模结构出现严重失衡。2000年—2009年,我国特大城市和大城市数量分别由40个和54个骤增到60个和91个,其城市人口占全国城市人口的比例由38.1%和15.1%增加到47.7%和18.8%,而同期中等城市和小城市的数量分别由217个和352个变化为238个和256个,城市人口比例由28.4%和18.4%下降到了22.8%和10.7%。城市化的均衡态是中国城市化进行过程中的发展方向,对于促进城市化健康、有效发展具有重要作用。中国城市化的"非均衡"突显、"城市病"出现以及农村"空壳村"问题的显露是"均衡型城市化"的现实动因,在城市进程中以及城市化模式抉择的形势下,实现城市的网络化、寻找最佳城市规模、实行农村"就地城市化"和优化产业空间、促进产业升级,已经成为我国实现均衡型城市化的现实策略选择。[1]

在未来要不断地优化大城市的发展,加快中小城市和重点小城镇的基础设施建设,积极构建以"大和特大城市—中等城市—小城市(包括县城)—小城镇—农村新型社会"为框架的城镇等级体系。要科学推进农村新型社区及中心村的建设,特别是中小城市、小城镇要在城乡统筹发展中发挥重要的作用,以县域城镇化作为未来10~15年中国城镇化发展的重要环节。

三、中国城市化发展的总体转型背景

自1978年改革开放以来,中国开始了全方位的转型过程,主要表现为实行经济体制改革,建立社会主义市场经济体制,赋予企业自主经营权;实施对外开放,建立经济特区、沿海开放区和各类开发区,积极融入全球经济,加入全球产业链条;政府实施分权、放权让利,由管制型政府向市场服务型政府转变;实施社会改革,松动了城乡户籍制度,启动了包括住房制度、农村土地使用制度和医

---

〔1〕 姚士谋,陈振光,朱英明.中国城市群[M].合肥:中国科学技术大学出版社,2006.

疗卫生等制度的改革。但是，与其他转轨期的国家相比，在经济全球化和中国经济自身转型等内外双重压力下，我国的经济社会转型的总体背景更为复杂、任务更为艰巨。

1. 经济全球化对中国城市化的影响

改革开放以来，受益于我国加入世界贸易组织和良好的经济基础，我国沿海地区，特别是三大都市圈（长江三角洲地区、珠江三角洲地区和京津冀地区）在经济全球化的浪潮中迅速崛起，在我国经济和社会发展的整体格局中占据越来越重要的地位。长江三角洲地区 GDP 占全国比重由 1996 年的 19.32% 上升到 2010 年的 21.40%。珠江三角洲地区 GDP 占全国比重由 1996 年的 9.65% 上升到 2010 年的 11.41%。根据 2010 年三大都市圈在全国的经济总量、进出口总额、实际利用外资总额和三次产业比重，可以看出三大都市圈在我国经济社会发展和对外开放中发挥的巨大作用。1996 年—2010 年中国各地区在全国 GDP 中所占比重变化见表 1-13。

表 1-13　1996 年—2010 年中国各地区在全国 GDP 中所占比重变化（单位：%）

年份	东部沿海地区	中部地区	西部地区	长江三角洲地区	珠江三角洲地区	东北三省
1996	50.59	21.40	18.49	19.32	9.65	10.06
1997	52.24	21.92	18.54	19.63	9.78	10.22
1998	53.31	22.08	18.45	20.00	9.97	10.42
1999	55.47	22.15	18.74	20.87	10.33	10.67
2000	57.07	22.14	18.63	21.44	10.81	10.90
2001	58.75	22.44	19.02	22.11	11.10	11.08
2002	59.96	22.45	19.16	22.75	11.23	11.06
2003	62.50	22.47	19.58	23.97	11.62	11.05
2004	64.61	23.44	20.15	24.91	11.72	11.06
2005	60.04	20.34	18.29	22.34	12.22	9.36
2006	55.49	18.68	17.33	20.63	11.42	8.50
2007	55.06	18.94	17.58	20.47	11.36	8.42
2008	54.13	19.21	18.14	19.96	11.04	8.52
2009	53.84	19.32	18.33	19.84	10.81	8.51
2010	49.00	21.41	20.18	21.41	11.41	9.41

注：这里东部地区不包括辽宁省，中部地区包括 6 省，西部地区包括 12 省、自治区、直辖市。

资料来源：根据 1997 年—2011 年《中国统计年鉴》相关数据计算所得。

2010年三大都市区实际利用外资总额924.86亿美元,约占全国总量的84.98%。其中长江三角洲实际利用外资506.19亿美元,珠江三角洲实际利用外资202.61亿美元,京津冀地区实际利用外资216.06亿美元,三者分别占全国的46.52%、19.2%和19.85%,如图1-3所示。

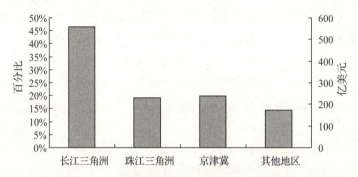

图1-3　2010年三大都市区引进外资额度及所占比重

2010年三大都市区进出口总额为22498.41亿美元,约占全国总规模的75.66%,比上年增长33.81%。其中,长江三角洲进出口总额11514.76亿美元,珠江三角洲8340.06亿美元,京津冀2643.59亿美元,三者分别比2009年增长35.47%、31.96%和32.58%,约占全国总量的38.7%、28%和8.9%,如图1-4所示。

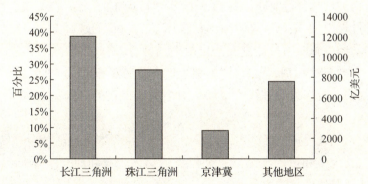

图1-4　2010年三大都市区进出口总额及所占比重

经济全球化是一把"双刃剑",在促进我国经济总量迅速增长和进出口总额提升的同时,也加深了我国对国际市场和外需的依赖,甚至在某种程度上阻碍了产业的转型升级。特别是2008年全球金融危机爆发后,我国传统计划经济体制下的"全套型"产业结构,已经完全裂变成一种"全球供应链型"的产业结构,这在我国东部沿海地区表现得最为突出。这种产业结构主要利用我国廉价的劳动力和土地资源、环境资源,以及各地区城市和区域经济的优惠政策,为发达国家市场生产商品和服务。该模式存在着严重脆弱性和不可持续性;同时,也呈现出一种不对称性和不公平性。一方面,在价值链的利益分割上存在着严重不对称性,发达国家属于价值链附加值高的环节,我们则属于附加值最低的组装环节;另一方面,组装环节的生产又是以限制和挤压工人工资,以及耗费大量自然资源和环境容量为基础的。这种外向型发展模式对我国社会经济已经产生了很强的负面效应,使其产生了一种路径依赖性,无法形成一种内在的发展动力。[1]金融危机后,发达国家的市场容量和结构出现变化,我国产品出口受到很大限制,内需的市场又无法启动,这必然对我国整体的经济发展产生极大的负面效应。

因此,在经济全球化时代必须处理好独立发展和依附发展的关系,要提升自身的核心竞争力,尽早实现产业的转型升级,调整产业结构,更多地依靠城市和区域发展的内生动力,不能过于借助外力,从而实现城市和区域发展的双循环。

2. 市场化对中国城市化的影响

与苏联及东欧国家在转轨期实施的"休克疗法"不同,我国从计划经济向市场经济转型走的是一条渐进式的道路,即在保证宏观经济相对稳定的同时,逐步放开价格和加强各行业间的竞争,最终实现市场化的终极目标。我国在推进市场化的过程中,在很长一段时间内都采用"双轨制"的过渡方式,即允许计划经济和市场经济新旧两种体制在一定时期内并存,逐步实现新旧体制的更替。1992年党的十四大以后,我国确立的建立社会主义市场经济体制的经济体制改革目标,加快了市场化的进程。市场化对中国城市化的影响,主要体现在以下几个方面。

第一,市场化促进了经济主体的转型。计划经济体制下建立的国有企业体系被改造,其规模和范围在缩减。大规模的集体企业和国有企业实行资产重组,生产非消费性产品的指令性工业,逐步让位于生产"商品"的混合经济实体。以自负盈亏为准则,以市场需求为驱动的现代生产和服务性企业,成为经济发展的主体。大量民营企业和外资企业建立和引入,促进了市场的进一步活跃。虽然2008年金融危机后,出现了短暂的"国进民退"和外资撤离,但是我国经济

---

[1] 王宝平,徐伟,黄亮. 全球价值链:世界城市网络研究的新视角[J]. 城市问题,2012(6):9 – 16.

由国企、民企和外资"三分天下"的格局依然存在。[1]

第二,市场化加速了城市化进程,形成了经济发展的新动力。改革开放以来,由于户籍制度的松动,大量人口向城市集聚。城市不再仅仅是生产的场所,而是成为人口、资源、资金等要素的集聚区,客观上带动了城市建设和经济的发展。住房和土地的市场化,使城市成为资本流向房地产业开发的渠道。从20世纪90年代开始,房地产开发推进了城市的消费,并进一步地通过开放城市来增强资金的累积。亚洲金融危机后,房地产市场更是被作为拉动内需的重点。

第三,市场化改变了城市政府的治理方式。由于实行"分税制"财政体制改革和政府政绩考核制度,地方政府在经济发展和招商引资方面展开了激烈竞争。为了获得更多的发展机遇,地方政府和资本结成了"增长联盟",政府利用自己的行政资源和其他垄断优势,演化为"政府企业",形成政府企业化的治理模式。这也导致一些城市在高速发展的同时,面临严峻的社会和资源环境问题。

第四,市场化引起了区域发展不平衡的加剧。由于区位差异、比较优势和竞争优势存在差别,经济发展的不平衡现象普遍存在,东、中、西三大地域的发展差距十分明显。但应该认识到,这是经济发展必须面对的客观现象,要继续缩小各地区之间的差异,不仅要解决区域间的差距问题,还要解决区域内部的差距问题。

3. 分权化对中国城市化的影响

20世纪70年代爆发的经济危机使得凯恩斯主义受到挑战,公众对公共政策产生不满。20世纪80年代以来,由于全球化和新自由主义的影响,西方国家开始了私有化和解除对经济管制的浪潮。发展中国家也逐步解除对经济的束缚,开始了权力的下放。分权的实质是一种制度上的调整,是以多种分权形式在不同政策领域以不同力度进行的政策组合。

中国的改革开放总体上是中央向地方放权的过程。从1979年开始,中央采取了一系列举措扩大地方政府的经济管理权限,如从20世纪80年代开始在全国实行财政"包干制",给予地方政府一定的财政支配权;1994年实行分税制改革,使地方政府有发展的动力;20世纪80年代下放企业管理权限,将大部分企业划归地方直接管理;等等。所有这些被统称为"分权化"改革。

由于中央权力的下放,地方政府独立决策能力上升,成为城市发展的主力,

---

[1] 宣国富.转型期中国大城市社会空间结构研究[M].南京:东南大学出版社,2000.

并采取吸收国内外投资拉动经济增长的发展战略。另一方面,地方政府为了追求自身利益最大化,利用各种优势和垄断资源,以实现税收的增加和经济的增长,而土地成为地方政府的重要资源。因此,加大土地投入以承载投资资本成为政府城市发展的基本思路,并在现实中得以大力实施。

地方政府和经济精英为了实现各自利益的最大化,结成了"权力—资本"的增长联盟。这虽然在客观上促进了城市的快速发展,但由于我国民主化、法制化进程尚在完善过程中,城市市民社会、非政府组织的力量极其薄弱,所以,民众被排斥在城市增长联盟之外,并且这种增长联盟不受监督,导致我国城市化空间扩张和蔓延,带来了一种空间垄断的形成,以及大量社会弱势群体和边缘群体的形成。

4. 社会结构变迁与中国城市化发展

社会结构是指社会各组成部分形成一种比较稳定的关系模式或互动模式,它超越于个人之上,制约和影响社会群体的行为。社会结构的重要性在于人们因所处在社会结构中的位置而习得行为和态度,并据此形成特定的行为模式。城市化是个社会过程,改革开放以来,中国社会结构发生了巨大变化,社会系统对推进城市化发挥了重要作用。

我国社会结构最大的特点是城乡二元结构。计划经济时代,我国通过建立城乡分割的户籍制度人为限制城乡间的人口流动。20世纪50年代以来,我国逐步在户口管理、粮油供应、就业安置、社会保障等方面实施城乡区别对待政策,并以此形成了不平衡的社会结构。以城乡收入为例,1978年城乡居民收入比为2.57∶1,1985年缩小为1.8∶1,1986年以后城乡差距开始反弹,1995年扩大为2.72∶1,2000年为2.79∶1,2012年进一步扩大为3.10∶1。

随着经济体制改革和市场化进程的推进,东部地区成为新的"世界工厂",促进了人口和资源的集聚。大量流动人口的出现,一方面为承接新的全球劳动分工特别是为制造业加工提供了劳动力,另一方面也为中国城市带来了新的社会底层——农民工群体。目前,我国城镇化率已超过50%,而非农业户口人口的比重只有35%左右,中间还有16个百分点的差距。全国有1.59亿在城市工作半年以上、户籍在农村的农民工及随迁人口,并未真正融入城镇、享受城镇居民的公共服务,还不是真正意义上的城镇居民。近十年来,在"经营城市"理念的影响下,地方政府通过低价从农民手中获取土地,以土地财政做大经济总量,其资金用于城市基础设施建设,推高了房价、拉高了地价。这种模式造成了巨大的利益冲突和社会矛盾,越来越难以为继,形成了大量失地农业和"城中村"

现象。城乡二元结构随着人口流动和市场经济的发展转变为城市二元结构,城乡差距正深刻体现在城市内部。

芒福德(1968)指出:"城与乡,不能截然分开;城与乡,同等重要;城与乡,应该有机地结合起来。如果要问城市与乡村哪一个更重要的话,应当说自然环境比人工环境更重要。"[1]现阶段,我们必须打破土地财政制度,增加对农民工教育、医疗、社保等方面的支出,促进农民工市民化进程。改革户籍制度,建立健全户籍和居住证并行、补充衔接的人口管理体系,逐步建立城乡一体、以居住地为依据的人口登记制度,引导人口有序迁移和适度聚集。通过制度创新,构建城乡一体化发展新机制,实现城乡之间人口自由迁徙,要素自由流动,公共服务均衡覆盖,经济社会协调发展。新型的城乡关系将使城市促进农村社会经济结构的变化和生存条件的改善,同时使城市发展获得广泛的支撑,其结果使城市化速度和模式与区域社会和经济发展相协调。

我国社会结构变化还表现为社会极化,即贫富差剧加大、社会结构趋于固化等多个方面。《2011年中国家庭金融调查报告》显示,0.5%的中国家庭年可支配收入超过100万元,有150万中国家庭年可支配收入超过100万元,10%的收入最高的家庭收入占整个社会总收入的57%,说明中国家庭收入不均等的现象已经较为严重。资产最多的10%的家庭占全部家庭总资产的比例高达84.6%,其金融资产占家庭金融资产总额的比例也有61.01%,非金融资产占家庭非金融资产总额的比例更高达88.7%。中国收入最高的10%的家庭,其储蓄率为60.6%,其储蓄占当年总储蓄的74.9%。大量低收入家庭在调查年份的支出大于或等于收入,没有或几乎没有储蓄。下岗职工和进城务工人员成为城市贫困人群的主体,而跨国公司管理者、职员和跨国移民等则成为城市富裕阶层。

社会极化和贫富差剧加大,加速了居住空间的分异。我国大城市旧有的空间格局开始全面重塑,表现出极为多元复杂的社会空间景观。地处城市中心的老社区、"胡同""小巷""弄堂"等建筑在土地财政和政绩工程的驱使下,大量被拆除和改造。以上海为例,1992年—2000年,第一轮旧城改造拆除旧房2787.27万平方米,到2005年前,在第二轮旧改中,上海旧改700万平方米,让28万户受益。但是,随着上海旧城改造向前推进,由于银根紧缩导致筹资困难和房

---

[1] 刘易斯·芒福德.城市发展史——起源、演变和前景[M].宋俊岭,等,译.北京:中国建筑工业出版社,2005.

价上涨促使拆迁成本上升,拆迁的难度越来越大。加上大量原有社区的居民拆迁搬走,这些社区的居民构成被大量改变。所改造地区的原居民多数被政府以市政拆迁的名义赶到了郊区,而政府则坐拥改造后土地的增值收益。此外,在城市中心和近郊,大量商品房楼盘出现,各类配套设施良好,富裕人群、中产阶级等成为此类社区的居民主体。而在近郊,大量集"私密性"和"封闭性"于一体的别墅社区则代表了中国城市社区的最高级别,最富有的人群在这里聚居,更加凸显了城市社会居住空间分异。

社会结构的变迁还体现在人口结构的变化和人口红利的减弱上。未来我国廉价劳动力资源由过剩转变为缺乏,成为制约这种外向发展模式的又一重要因素。统计数据显示,2011年末中国大陆总人口为13.47亿人,其中0—14岁少年儿童人口2.21亿,占16.5%;15—64岁年龄人口为10.1亿,占总人口比重74.4%;65岁及以上老年人口总量为1.23亿。与2000年相比,0—14岁人口比例下降了6.4个百分点,65岁及以上人口比例上升了2.1个百分点,总抚养比由42.6%下降为34.4%,10年间下降了8.2个百分点,人口红利正逐步减少。

可以预期,未来的人口变动将以少年儿童人口规模相对稳定、劳动年龄人口数量递减和老年人口规模迅速扩大为主要特征,人口结构性矛盾日益突出。我国经济发展遭遇"民工荒"不仅是一个短期的周期波动,而且是一个中长期的结构性问题,更多预示着人口拐点的到来。"第一次人口红利"主要是指传统意义上的劳动力丰富和储蓄率高所带来的发展优势。有学者预计,到2015年以后,我国的"人口红利"会出现拐点,但"第一次人口红利"仍有潜力可以挖掘。由于"第一次人口红利"的利用形式主要是劳动力从农业转向非农产业,虽然转换了就业结构和就业身份,但其消费模式、社会身份没有转化,所以消费贡献、对社会公共服务以及城市居住设施提出的需求还没有被充分挖掘。因此,要把推进农民工市民化和公共服务均等化看作对"第一次人口红利"另一半的挖掘。

第二章 城市社会空间的理论综述与研究进展

城市社会空间是指城市内部要素的空间分布及其组合关系,是各种自然和社会经济因素长期综合作用的结果。它是一个涉及跨学科的研究对象,国内外许多学者从城市地理学、城市社会学、城市规划学、建筑学、城市生态学等不同角度进行了研究。而学界对于城市社会空间也有基于不同视角的解读。社会学所指的社会空间,一般侧重于社会阶层的分化以及社会地位、宗教和种族的变化。而地理所指的空间则具有明显的地域特征,它强调空间等级大小和空间分异,包括家庭、邻里、社区及城市区域的空间结构等。

本书认为城市社会空间重构包括三个方面:①城市形态空间的重构,即城市内部各要素包括建筑、土地利用、社会群体、经济活动和公共机构等空间分布模式的转变;②城市社会空间的分异,即邻里、社区和城市三个不同空间尺度上的社会极化及居住空间模式转变;③城市社会空间治理的重构,即由政府管制型政府向公共服务型政府转变,公民社会得到强化。

第一节 国外社会空间重构的研究进展

一、社会空间研究的理论学派

国外有关城市社会空间的研究要追溯到19世纪恩格斯对英国曼彻斯特社会居住模式的研究。他在划分穷人和富人两大阶层的基础上,将其投影到城市空间,揭示了城市社会空间结构模式。经过长期发展,国外城市空间结构形成了许多具有重要影响的理论学派,它们的观点迥异,但为进行城市空间结构的形成与演化研究提供了理论借鉴。

(一) 古典学派

随着资本主义生产方式的确立和工业城市的兴起,面对工业社会在环境污染、贫困、种族歧视等方面带来的社会问题,从19世纪初到20世纪50年代前,人们从社会改良的角度提出了许多理想化的城市模式,著名的有马塔的带形城市、霍华德的田园城市、赖特的广亩城市、沙里宁的有机疏散理论等。

西班牙工程师马塔(1882)认为有轨运输系统最为经济、便利和迅速,因此城市应沿着交通线绵延建设。这样的带形城市可将原有的城镇联系起来,组成城市的网络,不仅使城市居民便于接触自然,也能把文明设施带到乡村。带形城市的规划原则是以交通干线作为城市布局的主脊骨骼;城市的生活用地和生产用地,平行地沿着交通干线布置;大部分居民日常上下班都横向地来往于相应的居住区和工业区之间。交通干线一般为汽车道路或铁路,也可以辅以河道。城市继续发展,可以沿着交通干线(纵向)不断延伸出去。带形城市由于横向宽度有一定限度,因此居民同乡村自然界非常接近;纵向延绵地发展,有利于市政设施的建设。带形城市也较易于防止由于城市规模扩大而过分集中所导致的城市环境恶化。最理想的方案是沿着道路两边进行建设,城市宽度500米,城市长度无限制。[1]

英国城市学家、城市规划学家霍华德(1898)在他的著作《明日的田园城市》中,提出了"田园城市"的构想,第一次把城市的周边城镇及乡村纳入城市规划,把城镇和乡村的再造作为一个统一体来处理。他用三磁体图来论证自己的设想:第一个磁体是城镇,与自然隔绝,但是拥有工作机会;第二个磁体是乡村,社会生活缺乏,但是具有自然美景;第三个磁体是城镇—乡村体,兼具自然美景和社会机会。他认为通过创造第三个磁体,修正这个圆形是可能的:获得城镇的所有机会、乡村的所有品质,而没有任何程度的牺牲。他认为"城镇和乡村必须联姻,从这个快乐的结合中将孕育出一个新的希望,一个新的生活,一个新的文明"。

有机疏散论认为没有理由把重工业布置在城市中心,轻工业也应该疏散出去。许多事业和城市行政管理部门必须设置在城市的中心位置。城市中心地区由于工业外迁而空出的大面积用地,应该用来增加绿地,而且也可以供必须在城市中心地区工作的技术人员、行政管理人员、商业人员居住,让他们就近享

---

[1] Brand R R. The spatial organization of residential areas in accra, ghana, with paticular refrence to aspects of modernization [J]. Economic Geography, 1972(48):284-298.

受家庭生活。很大一部分事业,尤其是挤在城市中心地区的日常生活供应部门将随着城市中心的疏散,离开拥挤的中心地区。挤在城市中心地区的许多家庭疏散到新区去,将得到更适合的居住环境,中心地区的人口密度也就会降低。有机疏散论认为个人的日常生活应以步行为主,并应充分发挥现代交通手段的作用。这种理论还认为并不是现代交通工具使城市陷于瘫痪,而是城市的机能组织不善,迫使在城市工作的人每天耗费大量时间、精力做往返出行,且造成城市交通拥挤堵塞。

在赖特所描述的广亩城市里,每个独户家庭的四周有一英亩土地,生产供自己消费的食物;用汽车作为交通工具,居住区之间有超级公路连接,公共设施沿着公路布置,加油站设在为整个地区服务的商业中心内。这种主张分散布局的规划思想同勒·柯布西耶主张集中布局的"现代城市"设想是对立的。

由于采用古典城市研究方法,这一时期对城市社会空间的研究带有理想主义色彩,也有其方法上的局限性,于是,人类生态学等学派开始兴起。

(二) 人类生态学派

20世纪20—30年代以帕克、伯吉斯和麦肯兹为代表的芝加哥生态学派对一些城市做了大量社会学调查。该学派借鉴达尔文进化论的思想,将人类社会视为一个生态系统,把自然生态学的基本原理和概念应用于城市社会空间中,认为城市社会空间是不同社会阶层通过对空间资源竞争谋求适应和生存的结果,城市社会空间组织的基本过程是竞争和共生的。在此基础上,芝加哥学派先后提出了城市社会空间结构的三大模式——同心圆、扇形和多核心模式。

1. 同心圆模式

同心圆模式又称为伯吉斯模式,是第一个解释社会阶层于城市内的分布的模式。此模式于1924年由社会学家欧尼斯特·伯吉斯基于芝加哥的情况而创建。同心圆模式描绘城市土地利用空间结构形式为5个同心环状地带,核心为中心商务区,其余土地利用从商业中心区由内向外扩张。此模式影响了后来对城市土地利用分布的研究,包括霍伊特模式、哈里斯模式及乌尔曼模式。

伯吉斯以20世纪20年代的芝加哥作为研究对象,其中心商业区(CBD)位于都市中央、邻近密歇根湖畔,白天为繁盛的商业区,夜晚人潮散去,中心商业区几乎没有居民。商业区外是住宅区,首先是少数民族聚集区,是贫民聚集的旧区,之后是高级住宅区,沿着北边的湖畔成圈环状分布,远离工业区。芝加哥的市郊已经有市郊化出现,城市外围环绕着广大的通勤带,每天大量人口进入中心商业区。他通过对芝加哥的研究,而推论出城市土地利用分布的形成。他假设土地利用由生态过程引致,包括竞争、优势、侵入和演替。通过出价地租机制(bid-rent mechanism),地价由市中心向外下降,由于市中心的可达度高,能产生最高的回报,因此土地的竞争最剧烈,是最高地价所在。越远离市中心,运输成本越高,地租越廉宜,出价地租曲线描述两者之间的取舍,产生了随距递减效应(distance-decay effect)[1],见图2-1。

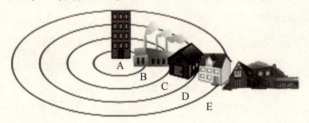

A. CBD　B. 过渡区　C. 工人住宅区　D. 良好住宅区　E. 通勤带

图2-1　同心圆模式

同心圆模式将生物竞争、新陈代谢的观点运用于城市社会研究,动态地分析了城市社会空间结构的形成与演变过程,它为城市空间研究提供了方法论的启示。但同心圆模式也存在一些不足:过于强调人的生物属性而忽略了文化属性,夸大了人与人之间竞争的激烈程度;此外,它是假设基于单一中心的均质平面,而现实中基本不存在,而且没考虑交通可达性对城市空间结构的影响。

2. 扇形模式

扇形模型是关于城市居住区土地利用的模式,其中心论点是城市住宅区由市中心沿交通线向外做扇形辐射。美国土地经济学家霍伊特认为同心圆模式关于均质平面性的假设并不现实,他自1934年起收集了美国64个中心城市房租资料。后又补充了纽约、芝加哥、底特律、华盛顿、费城等大城市资料,画出了平均租金图,发现美国城市住宅发展受以下倾向影响:住宅区和高级住宅区沿交通线延伸;高房租住宅在湖岸、海岸、河岸分布较广;高房租住宅地有不断向城市外侧扩展的倾向;高级住宅地多集聚在社会领袖和名流住宅地周围;事务所、银行、商店的移动对高级住宅有吸引作用;高房租住宅在高级住宅地后面延伸;高房租公寓多建在市中心附近;不动产业者与住宅地的发展关系密切。根据上述因素分析,他认为城市地域扩展呈扇形,并于1939年发表了《美国城市

---

[1] Burgess E W. Residential segregation in American cities[J]. Annals of American Academy of Political and Social Science,1928(140):105-115.

居住邻里的结构和增长》，正式提出扇形模型学说。他认为不同的租赁区不是一成不变的，高级的邻里向城市的边缘扩展，它的移动是城市增长过程中最为重要的方面，这一模型较同心圆模型更为切合城市地域变化的实际，见图2-2。

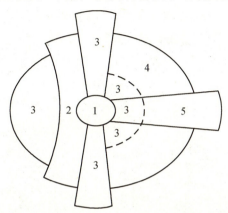

1. CBD　2. 批发、轻工业区　3. 低级住宅区　4. 中级住宅区　5. 高级住宅区

图2-2　扇形模式

扇形模式在同心圆模式的基础上，强调了放射状交通线路对住房租金分布的影响，是对同心圆模式的延伸和发展。该理论的缺陷在于：一是过分强调财富在城市空间组织中所起的作用；二是未对扇形下明确的定义；三是建立在租金的基础上，忽视了其他社会经济因素对形成城市内部地域结构所起的重要作用。

3. 多核心模式

多核心模式认为大城市不是围绕单一核心发展起来的，而是围绕几个核心形成中心商业区、批发商业和轻工业区、重工业区、住宅区和近郊区，以及相对独立的卫星城镇等各种功能中心，并由它们共同组成城市地域，见图2-3。该理论由麦肯兹于1933年提出，1945年经过哈里斯和乌尔曼进一步发展而成。

他们认为，为使城市发挥多种功能，要考虑各种功能的独特要求和特殊区位。一个城市地域结构的形成遵循了以下原则：①各种功能活动都需要某种特定的要求和特殊的区位条件，如工业区要有方便的交通，住宅区需要大片的空地；②有些相关功能区布置在一起，可获得外部规模经济效益，如银行和珠宝店就可就近建设；③有些相互妨碍的功能区不会在同一地点出现，如高级住宅区与有污染的工业区就应隔开一定的距离；④有些功能活动受其他条件的限制，不得不舍弃最佳区位，如家具店因占地面积太大，为了避免支付中心商业区的高地租,常聚集在地租较低的边缘地区。[1]在城市功能复杂的情况下,须保持居住小区成分的均质性,使社区和谐。

多核心模式的突出优点是涉及城市地域发展的多元结构,考虑的因素较多,比前两个模式在结构上显得复杂,而且功能区的布局并无一定的序列,大小也不一样,富有弹性,比较接近实际。其缺点是对多核心间的职能联系和不同等级的核心在城市总体发展中的地位重视不够,尚不足以解释城市内部的结构形态。

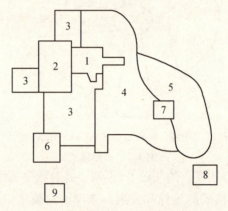

1. CBD 2. 批发、轻工业区 3. 低级住宅区 4. 中级住宅区 5. 高级住宅区
6. 重工业区 7. 公共设施 8. 近郊住宅区 9. 近郊工业区

图 2-3　多核心模式

然而同心圆模式、扇形模式和多核心模式三大经典模式都是在对美国特定时期城市发展的规律基础上总结而成的,对其他国家是否有适用性值得考虑。此后研究的大部分是对三大经典模式在不同历史传统和文化背景下的城市进行验证和进一步修正,形成了一些新的城市社会空间模式,包括曼提出的典型英国中等城市社会空间结构模式和麦吉提出的东南亚港口城市社会空间模式。

总的来说,人类生态学派提出的三大经典模式互相补充,扇形模式和多核心模式以同心圆模式为基础,共同成为描述城市空间结构的模式,在城市社会空间结构中具有基础性地位。随着研究的深入,该学派开始采用社会区分析和因子分析的方法。1955 年谢夫基和贝尔根据因子生态学原理,使用统计技术进行综合的社会地域分析,在此基础上做出的城市地域区计划表明,家庭状况符

---

[1] Harris C D., Ullman E L. The nature of cities [J]. Annals of the American Academy of Political and Social Science,1945(242):7－17.

合同心圆模式,经济状况趋向于扇形模式,民族状况趋向于多核心模式。

(三) 新古典主义学派

新古典主义学派的理论基础是新古典经济学。新古典经济学探讨在自由市场经济理想状态下资源配置的最优化,同时注重个人的需要和喜好。新古典主义学派对城市社会空间的研究注重经济行为和空间特征,引入了空间变量(即交通成本),从最低成本区位的角度,探讨在自由市场经济的理想状态下的区位均衡过程,以解释城市社会空间结构的内在机理。其代表人物是阿隆索、迈尔和穆斯,主要研究方向为城市土地使用的空间模式。

阿隆索的权衡理论影响力最大。1964年,他首先提出了竞租函数的概念,认为各种活动在使用土地方面是彼此竞争的,决定各种经济活动区位的因素是其所能支付的地租,通过土地供给中的竞价决定各自的最适区位。在城市中,商业具有最高的竞争能力,可以支付最高的地租,所以商业用地一般靠近市中心,其次是工业,然后是住宅区,最后是竞争力较低的农业。这样就得到了城市区位分布的同心圆模式。与其他新古典经济学理论一样,该理论的两大前提假设是"理性人"假设和市场均衡假设。在其所建立的两个局部均衡的分析中直接用到的是微观经济学的消费理论、成本理论以及市场均衡理论。在市场均衡条件下得到的主要结论是:①土地使用者的竞价曲线越陡峭,选址离市中心越近;②用地者的边际价格—位置是紧挨其后的用地者的价格—位置。得到市场均衡的特定条件是:①给定可能的区位;②供给者追求最高价而非最大收益;③供给无限制,回避了供求相等的量的问题;④是城市平原的简化。在阿隆索建立的城市竞租模型中,城市是一个无任何特征的平原,所有的就业中心和商品以及服务都在市中心,区位是到市中心的距离表示。阿隆索分析的是地价的形成过程,其地价的内涵是竞标地价,这不同于探讨土地本质问题的地租,也不同于现实地价。阿隆索建立了两个局部均衡和一个一般均衡。在如何将农业竞租模型的分析应用到城市商业土地利用中这个问题上,阿隆索综合采纳了艾萨德和钱柏林的观点,用古典的替代理论分析城市企业区位均衡问题。企业包括零售、批发、办公、财政金融、生产等企业。地价随位置不同而变化,企业在任何位置都获得同等的利润,在任何位置都一样。对居住用地的竞价分析,用无差异曲线和收入约束分析了在效用不变时,不同区位(到城市中心的距离)居民愿意支付的地价,见图2-4。在市场出清时,没有土地使用者会因为移动位置或购买更多或更少的土地增加其利润或效用,没有地主通过改变地价增加收益。

因此，最终形成了低收入家庭居住在城市中心，而高收入家庭居住在郊区的城市社会空间格局。

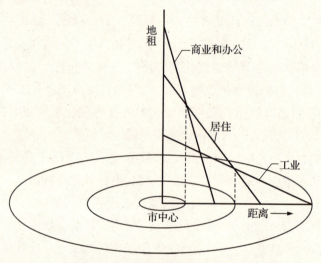

图 2-4　权衡理论

新古典主义学派的权衡理论在一定程度上为分析城市社会空间结构的演变和形成提供了微观经济学基础。但该理论还是存在一些不足，主要表现在：①理论的假设前提过于理想化，如居民可以自由选择住宅并力求达到效用最大化、所有的工作岗位都在市中心、地价总是由市中心向外递减等，这些情况在现实中并不常见；②新古典主义学派关于交通费用和住房价格之间权衡的结论是在西方市场经济条件下得出的，对于我国及其他发展中国家是否适用值得研究；③仅仅将通勤的交通费用成本作为与房价进行权衡的因素，事实上决定居民居住区位选择的因素还有很多，如社区文化因素、就业机会和子女就学因素等，交通成本可能不是居住区选择的首要因素。尽管有缺陷，新古典主义学派关于住房价格与交通费用的权衡依然为我们分析不同社会阶层的居住区位选择行为，探讨城市社会空间结构形成与演变的微观机制提供了参考。

4. 新马克思主义学派

20 世纪 60 年代以来，西方城市发展背景发生了巨大变化，基于福特制的经济发展模式和凯恩斯主义影响下的福利政策发生转型，表现为新自由主义的抬头和对福利制度的怀疑与摒弃，加之经济全球化、信息化背景下的"时空压缩"，社会分异在空间上被放大。因此，在结构主义、新马克思主义等影响下，城市贫困、社会极化等成为城市社会空间研究的重要内容。新马克思主义将资本主义生产力和生产关系与城市社会空间结构的形成联系起来,认为社会制度是影响城市社会空间结构的深层次原因。新马克思主义认为,决定城市空间结构的是隐藏在表面世界后的深层次社会经济结构,其研究重点在于资本主义生产方式对城市形态及发展的制约,其主要代表人物是卡斯特尔、哈维、列斐伏尔等。

卡斯特尔提出了城市社会系统分析的框架,他将城市社会系统划分为经济、政治、意识形态等子系统。经济系统对整个经济结构起决定性作用,它表现为城市的经济空间,政治系统表现为地方政府对城市进行行政管理的制度性空间,而意识形态系统则表现为城市的象征空间。经济系统、政治系统和意识形态系统之间的各系统内部的互相作用和影响决定了城市空间结构的形成及特征。[1]他还提出了"集体消费"的概念,其包括公共住宅、交通设施、医疗卫生、教育、通信设施等社会公共事业。随着城市化的发展,城市劳动者的个人消费日益成为以国家为中介的社会化集体消费,上述社会公共事业成为劳动力再生产的必要投入。城市成为集体消费的主要场所,政府在何种程度上介入集体消费的过程,将对城市住房消费和城市空间形态的演变有极大的影响。

哈维将马克思的地租理论和现代资本主义城市中的社会空间分异的金融机构的地位结合起来,以解释垄断地租存在的根源。[2]哈维提出了资本三级循环流动的观点来解释资本运动与城市空间发展的关系。资本三级循环包括:初级循环,即资本向生产资料和消费资料的利润性生产的投入;次级循环,即资本向物质结构和基础设施的投入;第三级循环,即资本向科教、卫生福利事业等的投入。首先,在资本运动的初级循环内,由于资本主义生产的基本矛盾,正常情况下,资本生产的销售商品总是要超过被消费的商品,因此会出现"过度积累"。其次,由于过度积累,过剩的资本在初级循环内很难获取利润,势必寻求新的出路。再次,资本进入第三级循环是指对科学技术、文化教育、医疗事业和公共福利事业的投资,初级循环和次级循环中的过剩资本在寻找投资机会时,也会考虑这些领域,但是从其本性上讲,私人资本并不情愿向不直接产生利润的第三级循环投资。国家从整个社会出发制定各项政策干预和介入,主要为了提高劳动力再生产的水平,保证劳动力能更多地创造剩余价值,私人资本与国家携手进行投资活动。

---

〔1〕 Castells M. Collective consumption and urban contradictions in advanced capitalist societies [M]. New York: Linderg in Patterns of Advanced Societies,1975.

〔2〕 Harvey D. Social Justice and the City [M]. Oxford:Basil Blackwell,1973.

列斐伏尔也引入了资本循环的思想对房地产市场做了分析。他认为,房地产市场是定居动态的一个特殊状况。房地产投资是资本的第二循环。例如有位投资者选择了一块地产然后买下,土地或者仅仅被持有或者是被开发成某种其他用途,然后它在一个特殊的土地市场中被出售,或为了利润被开发成住房,当投资者获得这个利润并且将它再投资在更多基于土地的项目时,循环完成了。[1] 列斐伏尔认为,资本的第二循环作为投资几乎始终是有吸引力的,因为在房地产中通常有钱可赚。资本投资者或者企业家以及国家考虑空间时关注的是抽象的维度性质——大小、宽度、地方、位置和利润,他称之为"抽象空间"。然而,除此之外,个体使用他们的环境空间作为一个生活场所,列斐伏尔将这个日常空间称为"社会空间"。对他来说,政府和企业提出的抽象空间,可能与现存的社会空间冲突。这是社会的一个基本冲突,并且它与阶段间的分裂冲突并列。

还有许多学者先后研究西方社会转型在就业制度、家庭和人口结构、福利供给等关键领域发生的变化及引起的城市贫困化和社会极化等问题。城市社会极化使城市空间呈现破碎化、分散化、断裂化以及向不确定方向发展,促使学者对城市社会空间的认识进一步深入。总之,相对于以前基于城市社会要素分异的描述和一般性解释而言,当代城市社会空间研究更加注重背后的社会与文化机制阐释,对社会空间形成背后的社会结构、体制、权力等的解析成为主流研究范式。

二、社会空间的实证研究

城市社会空间分异因子及其模式的识别是城市社会空间结构研究的重要内容。美国学者史域奇、威廉斯和贝尔等在20世纪40—50年代开创了城市社会分析方法。60年代以后,计算机技术和计量经济学的发展,使得因子生态分析成为研究城市社会空间分异因子及其模式的主要方法。

1. 发达国家的城市社会空间研究

瑞斯(1969)对芝加哥市区进行了社会空间的因子生态分析。他选取了1324个人口统计区作为研究单元,筛选了教育程度、职业类型、收入水平、年龄结构等12个变量进行因子分析,并提取了社会经济地位、家庭状况、种族状况3个主因子。研究表明,社会经济地位呈扇形分布模式,家庭状况因子呈同心圆

---

[1] Sassen S. The global city [M]. Princeton: Princeton University Press, 1991.

分布模式，种族状况呈多中心簇状分布模式，见图2-5。该研究验证了史域奇和贝尔提出的社会空间影响因子在北美城市具有适用性。

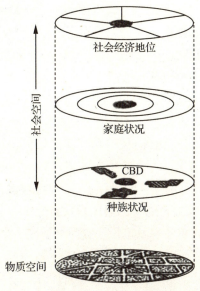

图2-5　城市社会空间模式

山口(1970)对日本札幌的105个空间单元、60项指标进行了因子分析。他根据相关系数矩阵将60个指标分成4组，然后利用主因子载荷的大小找出每个变量的主次关系，根据因子载荷提取出家庭状况和社会地位两个主因子，构造出4类社会空间的分异模式。

波尔多和博德里对蒙特利尔都市区1971和1981年两个时期的城市社会空间结构进行了因子生态分析。两个时期都提取了6个主因子分别反映了家庭状况、社会经济地位和种族状况3方面的因素，每个因素由两个因子构成。家庭状况因素由人口学特征和住房特征所反映；社会经济地位因素由蓝领、白领、上层阶级和下层阶级构成的社会系统组成；种族状况由语言和移民因子所反映。与1971年相比，1981年的因子老龄化程度很高，单亲家庭不再与老年家庭相关，与高就业率相关的地域类型也存在差异。

国外的实证研究表明：北美城市具有比较相似的社会空间结构，社会经济地位的空间分异是城市社会空间结构最重要的表征因素，其空间模式呈现为扇形模式；家庭状况，其空间分布呈同心圆模式；种族状况的空间分布呈多核心模式。

2. 发展中国家的城市社会空间研究

Weclawowics(1979)对华沙1930年和1970年两个时期的城市社会空间进行比较研究。对1930年的华沙提取了社会等级或住房质量、种族、人口学特征3个主因子,呈现出与西方发达国家相同的模式;而对1970年的华沙,则提取社会职业位置、住房与社会状况、经济地位、家庭状况4个主因子。研究发现,华沙的社会空间分异化比1930年前降低了。

博纳德通过对布达佩斯的住房调查发现,随着扩大的住房差异,明显的住房平等开始出现。1989年以前,布达佩斯52%的住房为公有房,但在随后的3年内,其中35%的住房被私有化,但住房私有化的过程本身是不平等的。研究表明,区段的住房质量越来越高、数量越来越多,其私有化的程度就越来越高、速度越来越快。这就造成了选择性的居住动迁,拥有较多社会经济资源的居民开始出现新的迁居行为,而缺乏能力的居民则在新的住房市场上被边缘化。

瑞斯(1972)对印度加尔各答城市社会空间做了因子生态分析。他对80个空间单元和37个变量进行分析后,提取了家庭状况、种族地位、文化程度和居住状况4个主因子,概括出城市社会空间结构的模式,并与美国芝加哥进行比较。两市的同心圆、扇形结构基本相同,但也有所区别。加尔各答的老年低收入阶层仍位于市中心外围,而芝加哥已移向第二环;芝加哥新兴的年轻高收入阶层已转移到外环,而加尔各答的仍位于市中心。出现这种现象的原因是城市处于不同的发展阶段。

博纳德(1972)对加纳首都阿克拉160年的城市社会空间结构进行了因子生态分析,选取了13个有关经济社会、人口学特征、种族方面的变量进行分析,提取出中产阶级移民群体、城中村居民、密度距离衰减、核心区失业人数4个因子。其中,移民地位的影响最为显著,移民目的地之间存在高度分化,精英移民区和本地地区存在显著差异,体现出转型中城市的特征。[1]

20世纪60年代以来,发展中国家普遍经历了由计划经济向市场经济的转型,并伴随着深刻的政治和社会转型,由此引发了城市社会空间的重构。发展中国家由于经济基础、历史文化和所处发展阶段的不同,在城市社会空间转型方面与发达国家存在较大不同之处。

---

〔1〕 Brand R R. The spatial organization of residential areas in accra, ghana, with paticular refrence to Aspects of Modernization〔J〕. Economic Geography, 1972(48):284-298.

第二节 国内社会空间重构的研究进展

国内关于社会空间的研究相比于国外起步较晚,主要伴随着20世纪80年代的改革开放和经济社会转型而开始,早期主要是介绍国外的城市社会空间理论和基本概念。进入90年代中后期后,重点关注住房改革、城市土地利用改革和城市社会分异的深化等,城市社会空间已成为城市地理学、城市规划学等学科的研究热点之一,具体研究内容可分为以下三个方面。

一、城市社会空间结构的研究

此类研究内容包括西方城市形态三大模式的验证、城市社会空间的因子识别和社会空间类型的划分等,既有对北京、上海、广州等沿海大城市的研究,也有对南昌、西安等内陆城市的研究。

1. 对沿海大城市的研究

虞蔚(1986)在城市社会空间基本方法和欧美国家社会空间规律的基础上,最早采用生态因子分析法对上海社会空间和环境地域分异做了研究。研究选取上海中心城市113个街道为研究对象,以32个变量进行了因子分析。结果表明,人口集聚程度、人口文化职业构成是形成社会空间的主因子。人口集聚因子呈以市中心为主要核心的多核同心圆分布,人口、文化、职业构成因子呈扇形分布,与欧美城市类似。通过聚类分析将上海城市社会空间划分为4种类型:高人口集聚度的旧式住宅地域,受低等教育者、体力劳动者集中的生产性地域,低人口集聚度新式住宅地域,受高等教育者、脑力劳动者集中的生活性地域。[1]

李志刚、吴缚龙(2004)选取上海三个典型社区进行实证分析,探讨了上海社会空间分异在微观层次的现状和特征,并对其主要形成机制进行了分析。研究结果表明,社区建设的历史时段对其社会空间构成具有重要影响,社区内部的均质化与社区间的异质化两种趋势正在同时发生,市场因素正逐步成为影响社会空间分异的主要因子。[2]

---

[1] 虞蔚.城市环境地域分异研究——以上海中心城为例[J].城市规划汇刊,1987(6).

[2] 李志刚,吴缚龙,卢汉龙.当代我国大都市的社会空间分异——对上海三个社区的实证研究[J].城市规划,2004(28):60-67.

宣国富、徐建刚、赵静(2010)以上海市中心城区为实证对象,在因子分析的基础上将ESDA方法应用于城市社会空间研究,运用全局Moran's I指数、Moran散点图、LISA等指标和方法,从全局和局部两个层面研究了城市社会空间主因子的空间关联特征。研究数据以上海市第五次人口普查资料为基础,提取人口年龄、流动性、行业与职业、婚姻状况、住房状况等共18类104项指标,与128个街区构成128×10^4的数据矩阵。结果表明,各主因子都存在显著的空间正相关,呈现趋同集聚效应,其中社会经济地位因子和居住条件因子的相关性明显强于其他因子,相近社会经济地位和居住条件的社会群体在空间上的集聚对形成城市社会空间的作用更为显著;各主因子都存在不同于全局的局部空间关联模式,存在显著的"热点"和"冷点"地区,其中社会经济地位因子和居住条件因子呈现出更为明显的"热点"和"冷点",具有显著的"同质集聚""异质隔离"特征。[1]

郑静、许强(1995)利用广州市第四次人口普查的数据,以市区91个街道为对象,选取9类47个变量进行社会空间的因子生态分析,提取了城市开发进程、工人干部比例、科技文化水平、人口密集程度、农业人口比重5个主因子,划分出人口密集、功能混合的旧城区,混合工人住宅区,以交通通信业从业者为主的聚居区,农业人口散居区,干部住宅区,知识分子住宅区,以移民为主的新开发区,等等。研究认为,城市经济发展政策、城市规划、住房制度等背景是形成20世纪90年代城市社会空间的原因。与1989年的研究结果相比,广州市城市社会空间分异现象趋于明显。[2]

顾朝林、王法辉、刘贵利(2003)利用1998年北京街道一级调查数据,以北京城市8区109个街道为研究范围,通过生态因子分析,提取出土地利用强度、家庭状况、社会经济地位、种族状况4个因子,并在此基础上将北京城市社会区划分为远郊中等密度中等收入区、远郊中等密度低收入区、远郊高流动人口制造业区、内城最高密度区、远郊低密度低收入区、远郊少数民族与流动人口集聚区、内城高收入区、内城少数民族与流动人口集聚区9种类型。在形成社会空间的因子中,社会经济地位和种族状况具有一定的影响,但起到的作用不大,土地利用强度则发挥了主要作用。土地利用强度因子呈同心圆分布;社会经济地位因子分布既表现出同心圆特征,也具有扇形结构特征;种族因子在空间分布

---

[1] 宣国富,等.基于ESDA的城市社会空间研究——以上海市中心城区为例[J].地理科学,2010(30).

[2] 柴彦威,周一星.大连市居住郊区化的现状、机制及趋势[J].地理科学,2000(2).

上呈多核心模式。

2. 对内陆城市的研究

吴骏莲(2003)利用南昌市第五次人口普查数据分街道做了生态因子分析。研究表明,转型期的南昌市作为内陆省会城市存在社会区分异现象,主因子包括住房状况、文化与职业状况、家庭状况和外来人口,社会区可划分为最佳住房条件高省内外来人口区、中等住房条件较大家庭规模区、高住房条件最低文化水平区、低住房条件高文化水平主干家庭区、中等住房条件最高文化水平核心区、中等住房条件最少省内外来人口区和最低住房条件最高省内外来人口区7种类型,其社会空间模式为"同心圆"与"扇形模式"的复合结构,社会区分异的形成机制包括社会经济地位的作用、城市用地扩展和城市规划的引导等。[1]

王中兴等(2000)利用西安市1990年第四次人口普查资料和住宅资料的抽样结果,对内陆大城市的城市社会空间进行了因子生态实证分析。研究表明,西安市社会空间分异因子有人口集聚程度、科学技术水平、工人与干部比例、农业人口4个因子。其社会空间结构模式呈"T"字形,是以旧城区为中心的变形的同心圆状与扇形的辐合结构,社会空间形成机制包括政府对城市的管理与调控、城市土地利用的分化和城市社区的过滤。

二、城市居住空间结构、居住区位、居住环境评价的研究

城市居住空间作为物质空间与社会空间的结合体,是城市社会空间研究的重要内容。居民居住区位选择和迁居行为直接影响着城市居住空间结构的形成和演化,对居民的居住区位选择和迁居行为进行研究,可以从个体行为的角度认识城市社会空间的形成、演变机制及发展趋势。

1. 居住空间结构的研究

刘长岐(2003)对北京城市居住空间结构的现状、分化的动力机制进行实证研究,认为自然条件、规划政策的变化、住宅建设和分配政策的变化、城市土地使用制度改革后的地价水平变化是影响北京住宅市场空间分化的动力机制,而住宅价格、交通便捷度、居民对居住环境的客观要求和家庭构成、家庭收入等是影响北京居住空间分异的微观内在要素。[2]

---

[1] 吴骏莲,等.南昌城市社会区研究——基于第五次人口普查数据的分析[J].地理研究,2005(24).

[2] 刘长岐.北京居住空间结构的演变研究[D].中国科学院地理研究所,2003.

李志刚、吴缚龙(2004)对转型期上海社会空间分异的研究就采用了"五普"数据,选取户口、教育水平、职业、行业、失业、住房类型和住房建设年代等指标,计算各指标在街道和居委会两个层面上的分异指数和本地化系数,以分析当前上海社会空间分异程度。计算结果显示,民族、老年人、外来人口、各种职业和行业人口(农业人口除外)的空间分异指数均在0.45以下,表明就人口构成和社会经济条件而言,上海社会空间分异并不严重,但在住房类型和住房建设时间两个指标上表现出明显的分异,而且居委会尺度上计算出的分异度要高于街道层面的计算结果。[1]

王莹、冯宗宪(2009)通过构建基于住房消费偏好的居住空间分异机制的理论模型推理得出:居住空间分异的程度取决于购房者对住宅区位特征的偏好特点及程度,并以西安为例进行实证分析,结果表明购房者对住宅区位类特征的总体偏好显著胜出,从而导致西安居住空间分异不断加剧;消费者对地块所处区域和周边环境质量的偏好胜过对地块距离市中心远近的偏好,因此西安居住空间分异结构以扇形和马赛克式为主,以同心圆和带状为辅。研究还证明政府对居住空间分异的作用大于开发商的作用,要控制或削弱这种态势,必须依靠政府干预。[2]

黄莹等(2011)基于人口统计数据和土地利用数据,以南京都市发展区包括南京11个区为研究范围,其中有6个城区(玄武区、白下区、建邺区、鼓楼区、秦淮区和下关区),5个郊区(雨花台区、栖霞区、浦口区、六合区、江宁区)。运用ArcGIS软件采集每个研究单元各类用地面积,进而获取每个研究单元的居住用地面积M、建设用地面积N、一类居住用地面积R1、二类居住用地面积R2、三四类居住用地面积总和R3。研究表明,受长江和城市主要交通干道影响,南京居住空间由主城区向外拓展时,沿着长江、宁六公路、机场高速路向城市郊区、新市区发展,并呈现一定的带状分布特征。居住密度以主城区为最大,沿着长江和交通走廊逐渐向轴线两端减小;南京居住空间呈现圈层结构特征,郊区化趋势明显。随着南京新市区和新市镇的不断开发建设,南京居住空间结构呈现由圈层结构向多中心组团式结构发展的趋势;南京居住空间结构的主要影响因素包括居民择居行为、社会经济条件、政府发展设想与城市规划、城市交通系统4

---

[1] 李志刚,吴缚龙,卢汉龙.当代我国大都市的社会空间分异——对上海三个社区的实证研究[J].城市规划,2004(28):60-67.

[2] 王莹,冯宗宪.基于住宅消费偏好的西安城市居住空间分异机制的研究[J].当代经济科学,2009(31).

个方面。[1]

南颖等(2012)以城市居住小区为统计单元,研究了吉林市城市居住小区的空间结构和社会结构。通过对吉林市居住小区资料的分析,将其归纳为 5 种类型:传统边缘小区、单位住宅小区、混合住宅小区、中低档商品房小区和高档商品房小区。运用密度分析法、圈层距离分析法和景观格局测度法,分析了各类居住小区的空间形态特征,归纳出目前吉林市城市居住空间的 3 个空间结构层次:中心城区、外围城区和城市边缘区。传统边缘小区主要分布在城市边缘区,在西部和南部边缘有较高的密度;单位住宅小区主要分布在中心城区和外围城区,地块破碎度较小;混合住宅小区数量最多,面积最大,主要分布在中心城区,外围城区也有较多分布;中低档住宅小区数量很多,分布较均匀;高档商品房小区主要分布在中心城区和外围城区交汇处的松花江沿岸,在城市边缘区没有分布。运用叠置分析法分析了吉林市城市居住空间的资源可获性,并将资源可获性划分为 5 个等级,其中混合住宅小区的资源可获性指数最高,传统边缘小区指数最低。通过对小区居民的调查问卷,分析了各个类别城市居住小区内居民的社会结构特征,发现小区的社会分异现象初显,居住小区内居民同质属性越来越弱,居民生活社区化明显,邻里关系淡化,老龄化特征凸显。[2]

2. 居住区位的研究

杜德斌等(1996)从居住区位的需求出发,分析了影响居住选址的收入、家庭和社会文化背景等社会经济因素,以及城市居住分异的基本特征,并将我国城市住户划分为工薪家庭、高收入家庭、单身和夫妻家庭、空巢家庭和外来人口家庭 5 种类型[3]。

张文忠、孟斌等(2004)在实地调研和抽样问卷调查的基础上,借助 GIS 分析手段和统计分析方法,以北京为例探讨了交通通道与住宅空间分布和扩展趋势、交通通道与住宅价格和居民住宅空间选择、交通条件与居民区位选择行为的关系,发现居民住宅区位选择对交通条件具有很高的依赖性。[4]

郑思奇、符育明等(2004)利用北京、上海、广州、武汉和重庆 5 个城市的居住区位调查数据,运用多元 Logit 模型对居住区位选择行为进行实证研究,研究

---

[1] 黄莹,等.基于 GIS 的南京城市居住空间结构研究[J].现代城市研究,2011(4).
[2] 南颖,等.吉林市城市居住空间结构研究[J].地域研究与开发,2012(31).
[3] 杜德斌,崔裴,刘小玲.论住宅需求、居住选址与居住分异[J].经济地理,1996(16).
[4] 张文忠,等.交通通道对住宅空间扩展和居民住宅区位选择的作用——以北京市为例[J].地理科学,2004(24).

结果表明居民家庭特征和住房市场特征都影响着居民的居住区位选择,前者反映了家庭的偏好和支付能力,后者从外部对选择行为施加了约束和影响,我国高收入群体仍偏好在城市中心集聚。

焦华富、吕祯婷(2010)运用评价模型对芜湖市各个片区的居住区位进行了评价,利用问卷调查所获取的资料对芜湖市居民的居住满意度和择居意向进行了分析,并探讨了居住区位优势度对商品房价格的空间分异、居民居住满意度、居民择居偏好区位的影响。结果表明,处于芜湖市中心的城中片区在居住区位方面的优势最高,其次是镜湖北片区,再次是城南片区、城东片区、开发区片区,三山片区最次。可见,对一个中等规模、新区刚刚开发的城市而言,发展历程越久的片区,其区位优势越强,且商品房价格越高,居民的居住满意度越高,更成为居民理想的择居区位。[1]

3. 居住环境评价的研究

柴彦威(1996)以西安市为例,探讨了以单位为基础的中国城市内部生活空间结构,认为中国城市内部生活空间由三个层次组成:①由单位构成的市民基础生活圈;②以同质化为主形成的低级生活圈;③以区为基础的高级生活圈。这种独特的城市生活空间是在社会主义计划经济体制下形成的。尽管随着城市土地使用和住房制度的改革,单位制发生了变化,但单位制组织形式在短时间内不会解体,仍将在形成中国城市社会空间结构过程中起到重要作用。[2]

孙峰华、王兴中(2002)对中国城市生活空间和社区可持续发展的现状做了研究。他们认为,中国城市生活空间和社区可持续发展主要包括以下7个方面:①城市生活空间要素研究;②城市生活空间结构及其基本理论研究;③城市生活空间的质量评价与实践探索;④城市生活空间规划的理论研究与实践探索;⑤城市生活空间适居性研究;⑥城市生活空间发展变化的研究;⑦城市生活空间与社区可持续发展研究。其趋势主要表现在以下6个方面:①城市生活空间与自然的和谐;②城市生活空间结构要素的协调发展和社区系统要素的整合;③城市生活空间的整合和社区融合;④城市生活情境空间和社区情境空间的总体艺术布局;⑤绿色城市生活空间和绿色社区设计;⑥城市生活信息空间

---

[1] 焦华富,吕祯婷.芜湖市城市居住区位研究[J].地理科学,2010(30).
[2] 柴彦威.以单元为基础的中国城市内部生活空间特征结构——兰州市实证研究[J].地理研究,1996(1).

和智能环境社区。[1]

陶静娴、王仰麟、刘珍环(2012)基于空间分析技术,应用生态系统服务理论与环境经济学方法考察城市居住空间生态质量,描述居民生活环境现状,为城市空间规划提供依据。以典型快速城市化地区的深圳市为例进行探讨,研究发现:深圳市呈现出居住空间生态质量以福田为中心向两侧逐渐降低、东部优于西部、北部稍劣于南部的空间格局,这种格局是由城市规划和城市空间演进共同驱动形成的。城市规划是生态质量格局的主要推动力,城市功能的演进影响了最终的空间分布。根据评价结果,东部海岸临近各种旅游景点和城市中心,环境质量较好,可能是非通勤人士较舒适的居住地选择,而罗湖、福田中心和南山蛇口中心则是通勤人士较理想的住宅区域,适宜进行相应的规划。因此,增加湿地和森林等生态用地规划与调整工业结构以消除污染,是改善城市居住空间生态环境,提高人民生活水平的主要政策方向。[2]

三、国内研究评述

国内城市社会空间研究起步较晚,与城市地理学等研究领域相比,研究成果不多。随着我国改革开放和市场化的开始,城市社会空间重构与分异逐步成为国内学者研究的热点,但与国际研究相比仍存在差距,主要表现为:这些研究是对宏观层面的社会空间性机制进行解析而缺乏微观层面的深入论证;重视社会区空间划分但对空间的社会与文化意义剖析不够;方法上过分依赖于自上而下的官方人口普查资料而缺乏自下而上的参与式调查;从研究学者学科分布来看,城市地理学居多,缺乏不同学科对城市社会空间分异的交叉研究;从研究的方法来看,大多成果运用了定性描述和实证研究方法,而对行为方法、结构方法等运用较少;从研究内容来看,对人类个体行为、社会结构与制度以及三者之间的关系研究还很单薄。[3]

---

〔1〕 孙峰华,王兴中. 中国城市生活空间及社会可持续发展研究现状[J]. 地理科学进展,2002(21).
〔2〕 陶静娴,王仰麟,刘珍环. 城市居住空间生态质量评价——以深圳市为例[J]. 北京大学学报(自然科学版),2012(48).
〔3〕 侯百镇. 转型与城市发展[J]. 规划师,2005(1).

第三章　中国城市社会空间重构的理论基础

空间概念具有非常丰富的内涵,它和人们的实践关联在一起,随着实践的不断发展,其内涵也在不断地丰富和发展,但总体来看空间朝着与社会融合的方向发展。空间概念演变大致包括三个阶段,即从被动的空间到主动的空间再到行动的空间。社会空间概念具有一种包容性和综合性,它把人类生态学的技术空间观和新马克思主义的空间观以及人本主义的空间观融为一体。这种三维空间观对于今天中国城镇化发展具有重要指导性,中国传统城镇化一维的空间观需要向三维均衡的空间观转型。

第一节　空间的内涵与空间转向

一、空间内涵

在本体论层面,关于空间本质概念的争论主要有三种重要的观点,著名的马克思主义地理学家大卫·哈维在《社会公正与城市》一书中对空间内涵做了概括:(1)绝对的空间,如果认为空间是绝对的,它就是一个"物自体"(thing in itself),是独立于物质之外的存在;(2)相对的空间(relative space),空间应理解为物体之间的关系,空间存在只是因为物体存在且彼此相互联系;(3)关系空间(relational),这是另一种意义上的相对空间观,它认为空间包含在物体之中,即一个物体只有在它自身之中包含且呈现了与其他物体的关系时,这个物体才存在,更重要的是内嵌于过程之中。[1]

2004年,大卫·哈维在《空间作为一个关键词》一文中,对空间的本质进行

---

[1] 大卫·哈维. 正义、自然和差异地理学[M]. 胡天平,译. 上海:上海人民出版社,2010.

了深入、系统的论述。绝对空间是牛顿和笛卡儿倡导的空间观,认为空间是一个静止的容器或架构,是与外界任何事物无关而永远是相同的和不动的;空间本身是一个真实或经验性的实体。相对空间观是从19世纪开始逐渐系统地建立起来的,它的产生与爱因斯坦的贡献和欧几里得几何学的出现有着密切的关系,这种空间指的是事物之间的关系。相对空间观的空间和时间是密切关联而不可分割的,这超越绝对空间观中的时间和空间分割的概念。关系空间观的原始思想来源于哲学家莱布尼兹的空间观和怀特海的过程哲学思想。关系空间观的核心思想是空间内在于对其界定的过程之中,过程并不发生在空间之中,过程本身就是界定其自身的空间框架。所以,空间内嵌于过程之中,空间与过程是密不可分的。至于空间究竟是绝对的还是相对的抑或是关系空间,这要视情景(circumstance)的不同而定,空间可以成为其中的某一种,也可以同时全部都是。空间问题和实践是密切关联在一起的。大卫·哈维以坚定的马克思主义立场,将一个空间本体论的哲学问题转换为所谓的实践问题,从而将抽象的空间思维置入广阔的社会脉络和人类的实践之中。

二、社会科学的空间转向

在西方现代性的历史中,空间长久以来一直被看作一个空的"容器"或"平台",或者如福柯所言:"空间被看作是僵死的、刻板的、非辩证的和静止的东西。"[1]然而,1970年以来,西方人文与社会科学界开始关注空间问题,重新思考空间、时间与社会之间的本质关系,并对那些带有18世纪启蒙主义的空间观念进行了批判。这股反思与探索空间的认识论和本体论、强调空间化思维(spatial thinking)的学术潮流在20世纪80年代得到了蓬勃的发展,90年代中期达到了顶峰,西方学界把这股学术潮流称为"空间转向"(spatial turn)。与传统空间观念不同,各种空间学者给我们表明了一种基本的空间观念:空间自身是一种生产(production),它通过各种形式的社会过程和人类干预而被塑造;同时,空间又是一种物质力量,它又会影响、引导、限制活动的可能性以及人类在现实世界中的存在方式。

---

[1] 冯雷.理解空间[M].北京:中央编译出版社,2008.

第二节　社会空间的基础理论

在理解社会空间内涵和理论之前,必须理解"空间性"的内涵。关于空间性的内涵,不同学术分支都有不同的理解,但都是对传统空间中性概念的批判。围绕社会空间的内涵,产生了诸多社会空间基础理论,这些理论深刻揭示了空间实践的本质内涵,对于今天社会经济发展和城镇化实践也具有重要的指导作用。

一、空间性内涵

空间性是"空间转向"学潮中的一个重要的概念,空间性概念本身就蕴含着一种关于空间的本体论和认识论。在《人文地理学词典》中,加拿大英属哥伦比亚大学的著名人文地理学家德雷克·格利高里对"空间性"(spatiality)这个词条做了扼要的解释。他指出,人文地理学里所使用的空间性一词主要有4种含义,都指涉了空间的人文与社会意涵,而且分别来自不同的传统。

1. 存在主义和现象学语境下的空间性内涵

美国人文地理学家约翰·皮克尔(1985)在《现象学、科学与地理学与人文科学》一书中提出,地理学作为探寻世界人文现象的科学,它应该明确地奠基于人文空间性(human spatiality)之上。皮克尔借用了存在主义和现象学,特别是海德格尔和胡塞尔的理论,他关注的是本体论意义上的问题,即要理解地方(place)和空间(space),必须以理解人文空间性的普遍结构特征为前提。具体而言,他反对认为"物理学的物质空间(physical space of physics)是唯一的真实空间"的观点,这是人文地理学在1960年年底"空间科学"(spatial science)时期的典型的空间观,约翰·皮克尔认为这种空间观完全不适用于真正的人文地理学。所以,他提出恢复"先于任何科学活动研究主题的原初经验",也就是说,要毫不留情地揭露空间科学所预设(但未说明)的理所当然的世界。他认为我们最直接的经验不是对分离的客体的抽象认知,而是我们在日常活动中遭遇的"关系和意义的集合"。

2. 结构马克思主义影响下的空间性内涵

阿尔都塞曾经指出,不同的时间(时间性)的概念与建构,可以指定到生产方式的不同层次中——"经济时间""政治时间"和"意识形态时间"——而且它们必须从这些不同的社会实践概念中建构出来。但正如历史学家皮埃尔·维拉尔提醒他的那样,历史不仅是时间的交织,也是空间的交错。因此,大致相同的方式,不同的空间(或"空间性")概念,也能被指定到不同的层次中。比如艾伦·利皮耶茨的观点是,空间性包括了空间中的"在场—不在场"的对应关系,以及每一层次中的特殊社会实践系统的"参与—排斥"之间的对应关系。因此,空间结构就是这些不同层次空间性的连接,它是各个社会实践系统的"反应"(reflection)与对它们的"限制"。

3. 后现代地理学家索加的空间性内涵

空间性是空间与社会互为辩证的空间。在《后现代地理学》中,索加总结了空间性概念的内涵:①空间性是一种具体可辨认的社会产物,是"第二自然"的一部分,它社会化且转化了物理空间和心灵空间;②作为一种社会产物,空间性同时是社会行动与关系的中介与结果、前提与具体化;③社会生活的时空结构之结构历程,界定了社会行动与关系(包括阶级关系)如何在物质层次上建构起来与具体化;④这个建构与具体化的过程具有问题框架的特性,充满了矛盾与斗争;⑤矛盾主要源自于空间的双重性质,即它同时是社会活动的结果/具体化/产物,以及中介/前提/生产者;⑥因此,具体的空间性——真实的人文地理形势——是有关社会生产与再生产的斗争的竞逐场域,是企图维持和强化,或重构和剧烈转变现有空间性的各种社会实践的竞争场域;⑦社会生活的时间性,从日常活动的例行事件,到长期的历史创造,都植根于空间的偶然性,就好像社会生活的空间性植根于时间/历史的偶然性一样;⑧对历史的唯物主义阐释以及对地理的唯物主义阐释不可分割地交织在一起,而且在理论上是同进同退的,没有任何一方具有优先性。

4. 后结构主义的空间性

人文地理学第 4 种关于空间性的内涵源于 20 世纪 60 年代以来兴起的后结构主义。主要理论家包括德里达、拉康、福柯等。后结构主义是一个崇尚多元、强调差异、关注权力、复兴空间意识的理论阵营。所有的后结构主义理论家都利用空间隐喻作为表达的工具。正是这种潜在的空间化思维,使得后结构主义和后现代人文地理学之间有了一种共同的价值取向。后结构主义同后现代人文地理学一样都反对将"空间"与"社会"割裂的做法。马克思主义地理学家尼尔·史密斯在《不平衡发展:自然、资本与空间的生产》一书中提出的"深度空间"(deep space)运动的四个阶段,即邪恶地理学(satanic geography)、物质与隐喻的空间(material and metaphorical space)、尺度的生产(the production of scale)、地理学的开始(the beginning of geography),而"深度空间在本质上是社会空间,它是物质性的外延与社会的内涵相融合的空间"。本书提出的空间性内涵主要是指索加提出的空间性观点,以及后结构主义语境中提出的空间性解释。另外,在本书中关于空间性的概念还包括着大尺度的空间生产和哈维的资本的三次循环等理论。

综上所述,以上"空间性"的概念解释了社会与空间的内在统一性。我们可以用两位著名学者的话概括空间和社会的关系。第一位是马西,她曾说:"正如不存在纯粹的空间过程一样,也不存在任何无空间的社会过程。"第二位是尼尔·史密斯,他认为:"建构空间和社会'相互作用'或者空间模式'反映'社会结构的概念,不仅是粗浅和机械的,而且限制了对地理空间的更多洞见。这种空间和社会之间关系的论调在根本上仍然是一种绝对空间概念。只有两件事情首先被定义为分离时,它们才能互相作用和彼此反映。即使有了这种认识,还是第一步,我们也不能自动地从旧概念的牢笼中解脱……'空间生产'概念意味着我们有了迈出第二步的方法,它能使我们不是简单地宣称,而是展示空间和社会的统一性。"上述两位学者的阐述深刻表达了空间和社会的统一性,这是本书分析城镇化空间的重要基础。

第三节 社会空间理论

空间实践不断催生空间理论的发展和变革,空间理论首推列斐伏尔的空间生产理论,另外还有大卫·哈维的历史地理唯物主义及资本的三次循环理论、索加的社会空间辩证法等理论,这些理论具有一定的统一性,但都有不同的侧重点,从总体上看,都揭示了社会空间的重要本质,对现实具有相当的解释力。纵观西方的空间理论和空间实践,大致可以划分为三个阶段,即从被动的空间到能动的空间再到行动的空间。

一、列斐伏尔的空间生产理论

1. 空间的政治性与空间生产

在《空间政治学的反思》(Reflections on the Politics of Space,1970)一文中,列斐伏尔认为,已有的城市理论及其所支持的城市规划把城市空间看成一种纯粹的科学对象,并提出一种规划的"科学",这是一种技术统治论。因为在城市规划中,空间形式被作为既定的东西加以接受,在科学理解空间逻辑的基础上,规划只是一种能带来特定效果的技术干预。也就是说,城市理论及其所支持的城市规划是建立在否定空间的内在政治性的前提下的,完全忽视了形塑城市空间的社会关系、经济结构及不同团体间的政治对抗。政治被他们认为是非理性的因素,是从外部强加给空间的,并不构成空间的固有成分。列斐伏尔认为这样的理论就是意识形态,因为它通过空间问题及对空间的非政治化维持了现状。所以,列斐伏尔指出:"有关城市与城市现实的问题并没有被很好地了解或认识,因为不论它是存在于思想还是实践中,均没有意识到政治的重要性。"

因此,在列斐伏尔看来,城市经验现象所展现的不是纯客观的事实,而是资本主义制度下的社会关系。若企图从所谓的经验现象中得到通则以建立科学知识,则实质上是假科学之名在维护现有的社会秩序和现状。列斐伏尔认为他的理论任务就是要揭示城市空间组织和空间形式是怎么成为特定资本主义生产方式的产物,以及如何有助于这种生产方式所依赖的统治关系的再生产破除城市意识形态的。所以,列斐伏尔明确指出:"空间是政治性,排除了意识形态或政治,空间不是科学的对象,空间从来就是策略和政治的空间,它看起来同质,看起来完全像我们所调查的那样是纯客观形式,但它却是社会的产物,空间的生产类似于任何种类的商品生产。"他再三重复:"有一种空间政治学存在,因为空间是政治性的。"[1]对官僚技术专家的城市规划的批判意识在《空间生产》一书中得以延续。

列斐伏尔在批判从欧几里得和笛卡儿以来的空间理论的基础上提出"(社会的)空间是(社会的)产物"的核心观点,提出了空间生产的理论。[7]具体而言,它有4个内涵:自然空间正在消失;每个社会都生产自己的空间;生产从空间中事物的生产转向空间本身的生产;空间的生产有其历史。为展现空间的生产过程,在突破马克思主义二元论的基础上,列斐伏尔构建了一个三元一体理论框架:①空间实践(spatialpractice):城市的社会生产与再生产以及日常生活;②空间的表征(representations of space):概念化的空间,科学家、规划者、社会工程师等的知识和意识形态所支配的空间;③表征的空间(spaces of representation):居民和使用者的空间,它处于被支配和消极地体验的地位。

2. 城镇化与空间生产

列斐伏尔提出的空间生产理论主要建立在法国的城镇化快速发展的阶段。

---

[1] 亨利·列斐伏尔.空间与政治[M].李春,译.上海:上海人民出版社,2008.

1970年，列斐伏尔在《城市革命》一书中曾提出一个重要的命题——"城市革命"，认为城市在历史上成为一个能动力量，企图从新的高度来认识和评价资本主义工业化生产向现代城镇化转型的意义。他认为，资本主义的社会生产从一种以工业化为基础的传统生产形式，逐步转变为一种以城镇化为基础的现代资本主义生产，它与早期从农业生产转向工业生产的工业革命相类似。1974年，列斐伏尔在《空间生产》一书中提出"空间生产"概念，认为城市空间是资本主义的产物，城市社会生活展开于城市空间之中，刻画了资本主义通过城镇化的方式转移资本，就必须引入"空间"这个概念。城镇化的空间主要是一个由各种要素混合而成的建成环境，它包括工厂、铁路等生产性建成环境，也包括住房、商店等消费性建成环境。资本主义的扩张必须通过空间的征服、整合才能实现。这种城市空间扩张标志着不动产的动产化，标志着资本的转移，正是这种"动产化"为空间生产提供了可能，使资本获取了更多的利润。因此，"不动产"和"建筑业"不再是工业资本主义的一个从属的经济部门或次要分支，而在金融资本主义中成了一个首要的部门，逐步处于中心地位。

基于上述分析，城市空间属于现代资本主义生产方式的必然产物，城市空间不再等同于"自然的"空间。列斐伏尔说不要再把社会的空间与社会的时间当作"自然的"事实来看待，而必须按照某些层次等级加以规范化。也不能把它们视为文化的事实，而必须视其为产物，这就导致了空间一词的使用及其内涵的改变。我们不能把空间（以及时间）的生产看作类似于通过手工与机器而进行的某些"物体"或"事物"的生产，而是要作为第二自然的基本特征，作为社会多种活动作用于"第一自然"（如感性的资料、物质与能量）之上的结果。是新产物？是的，是一种特殊意义上的产物，特别是具有一定的全方位性（而非中体性的）特征意义上的产物，而那些普通的日常意义上的"产品"（物体、事物与商品）则不然——即便真的有空间与时间被生产，被切割打包，被交换出售与购买，就像事物与物体那样。

二、哈维的资本三次循环理论

1. 哈维的历史—地理唯物主义

哈维同列斐伏尔一样，首先，对实证主义地理学伪装的"价值中立"进行深刻批判；其次，借助辩证法，通过将历史唯物主义延伸为历史—地理唯物主义，将资本、权力、阶级与空间的生产紧密地结合起来，并形成一个理论体系，其主要内容是包括资本运动（经济方面）、阶级冲突（社会方面）和权力扩张（政治方面)。物质实践本身具有空间性,而且它们的运动也赋予空间以生产的功能,因此,空间的生产与物质实践就成为处于同一过程、难分彼此的同种事物;再次,根据历史—地理唯物主义,想象的或者概念化的空间同样是物质实践的产物,它们也是构成空间生产的重要部分;最后,按照马克思的指示"问题在于改变世界",需要建立人民的地理学,并基于历史—地理唯物主义而进行改造资本主义经济、社会和政治的实践。

在反思社会与空间关系的问题上,哈维提出了"社会过程—空间形式"的概念,以表示社会—空间的辩证统一性。按照哈维的说法,就"社会过程—空间形式"而言,"在很大程度上,如果不是在现实中,那就是在我们的思想上认为社会过程和空间形式存在差别……现在正是弥补这显现得不同的两种(事物)和矛盾的分析模式之间的思想裂痕的时候……在社会过程与空间形式之间的区别常被认为是幻想而非真实。空间形式并不是被视为它所处的并展现它的社会过程中的非人化客体,而是'内蕴'于社会过程而且社会过程同样也是空间形式的事物"[1]。

在哈维看来,关于空间的本质内涵并没有一个哲学意义上的终极解释,答案在于人类的实践,因此,重要的是去考察人们在实践中是怎样创造、使用与理解空间的。而转型期中国城市复杂的发展实践恰好为我们更好地理解和认识空间的本质内涵提供了一个难得的历史机遇。

2. 资本城镇化与三次资本循环

哈维认为,当代资本主义的资本转移和空间修复过程十分复杂,它已经远远不再是一个简单的工业资本的扩大再生产过程,而是一个包含了三次资本循环在内的体系。这三次资本循环包括:资本投资于工业生产过程的初级循环(primary circuit);资本投资于建成环境的第二次循环(secondary circuit);资本投资于科学技术研究以及与劳动力再生产过程有关的教育与卫生福利等社会公共事业的第三次循环(tertiary circuit)。[2]

为了克服危机,资本需要在三次循环中不断流动、转移,从而不断形塑城市的空间特征。一旦资本的初级循环出现过度积累危机,包括商品过剩、资本闲置以及工人失业等,资本家就必须将资本投向第二级循环,包括房地产投资、工业固定资产投资等。城市空间的修正和调节成为促进资本积累和调节社会关

---

[1] 大卫·哈维. 正义、自然和差异地理学[M]. 胡天平, 译. 上海:上海人民出版社,2010.
[2] Bill Wyckoff. 地理学思想经典解读[M]. 蔡运龙, 译. 北京:商务印书馆,2011.

系的工具，客观上维系社会经济的平衡发展。

城镇化是与资本的逻辑联系在一起的。首先，城市空间的产生是资本主义转移资本、扩大投资的结果，城镇化过程受到资本逻辑的制约，反映着资本主义经济运行的规律。该周期与经济运行和通货紧缩、通货膨胀的康德拉季耶夫周期相互嵌套。其次，在资本逻辑作用下，城市空间反映着资本主义的生产关系和社会关系。空间本身不仅仅是物理范畴，而成为一个形塑资本主义生产关系的社会关系的范畴。"资本逻辑—空间生产—社会关系"相互关联和制约的复杂关系，可以为解读资本主义城镇化提供一个理论框架。

三、索加的社会空间辩证法理论

索加深受列斐伏尔空间生产理论的影响。他特别强调空间在社会理论中的核心地位，提出了"社会—空间"辩证法的理论，将空间提升为和社会存在、历史具有同等重要地位的三元辩证法。在《社会—空间辩证法》(*The Socia-spatial Dialectic*)一文中指出，空间既不是具有自主性建构与转变法则的独立结构，也不是社会生产关系延伸出来的阶级结构的表现，而是一般生产关系(general relations of production)的一部分。所谓的一般生产关系，包括社会层面的阶级结构和空间层面的地理不均衡发展，这两者都是资本主义实行剥削、追求利润、控制劳动力与维持生存的必要条件，分别属于生产方式的垂直向度与水平向度。生产的社会关系和生产的空间关系之间具有异形同源的关系(homology)，也即同源于生产方式，彼此互为辩证关系，不可分离。空间和时间一起，在一般与抽象的层次上，代表了物质的客观形式。这种被视为一般性、抽象性的物质形式的空间，在概念上被整合进了历史唯物主义对历史与社会的分析之中，将人类的空间组织视为社会的产物，这是迈向"社会—空间"辩证法的第一步。因为空间本身或许是既定的，但是空间的组织和意义是社会转译、转变与经验的产物。

索加进一步区分了空间性与"物理空间"和"心灵空间"的关系。对自然的物理空间而言，其上的痕迹并非完全是独立与既定的，在社会脉络中，和空间性一样，自然也是被社会地生产与再生产出来的，称为"第二自然"。虽然表面上客观且独立于社会，实际上却充满了政治与意识形态。就认知空间、心灵空间而言，具体的空间性呈现，经常潜藏在人类知觉与感知的复杂再现之中，这些再现作为符号影像、认知地图，或是观念和意识形态，在塑造社会生活的空间性时扮演重要的角色；而空间性的社会生产，同时也占有、重塑了心灵空间的再现和意蕴，使之成为社会生活的第二自然的一部分。

空间问题和"空间的生产"是人文社会科学领域持续研究的重点之一。它产生于两重批判的基础之上:一是对传统容器空间观的批判;另一是对经典马克思主义作家忽视空间要素及其作用的批判。社会—空间辩证法是"空间的生产"理论的主要方法论。社会—空间辩证法概念通过列斐伏尔的奠基、哈维等人的发扬,最后由索加正式予以提出。

第四节 空间理论的三个阶段

从以上对空间生产理论的分析,我们可以看出对空间作用的认识论其实已经发生了很大的转变,即从传统消极被动的空间观(passive space)转向了一种积极能动的空间观(active space)。

1. 第一空间:空间作为社会的投影(被动的空间)

这种空间观将空间布局看成是社会分工的直接反映,认为社会和空间之间只存在一种简单的线性投影关系。空间布局成为社会关系的投影,在这里,空间是一个独立于社会之外的东西,空间只是社会的量度、指针与结果。从认识论的哲学渊源来看,这种将空间看成与社会分离的观点植根于笛卡儿及康德的二元论(dualism)。然而,从城市研究的发展脉络来看,这种空间观的直接来源可以追溯到19世纪末的古典社会学,尤其是齐美尔(Georg Simmel)的空间社会学思想。早期的社会学家强调科学实证主义的研究方法,在他们看来,"社会学"就是一门解释社会发展和运行规律的科学,就如同自然科学能够解释物质世界的运行规律一样。但是社会事实看不见、摸不着、不能被直接观察,因此,必须间接地分析它们的效率或者考察它们的表达方式,社会事实的特性才能被揭示出来。所以,很多社会学家试图通过对阶级、冲突、信仰、犯罪和法律等社会现象和社会效果的实证考察,来掌握客观的社会事实并从中发现社会运行的科学规律。然而,在齐美尔看来,这种研究社会学的方法是不科学的,缺少一个排他性的独特的研究对象。齐美尔指出,社会学的研究对象并不是个体层面上的社会现象或社会效果,而应是社会化的形式(form of socialization)。那么如何来研究社会化的形式呢?齐美尔发现,在空间关系与社会形式之间存在着联系,空间形式常常很好地反映了社会化过程。两个事物在功能上的相互作用可以通过对其占有的空间区位的考察而了解,因为空间提供了固定社会过程的媒介。[1]社会相互作用会在空间中表现出来,而空间形式也就成了社会相互作用的一个外部特征。因此,对空间关系的考察,或者说,研究社会化形式在空间上的投影(spatial project of social forms),也就为探寻社会化过程的内在特征提供了一种可能的手段。但齐美尔认为,空间只是社会映射的形式,它本身并不具有社会学意义上的重要性。

齐美尔这种看待空间与社会关系的方式被他的学生帕克接受,从而影响到了后来的芝加哥城市社会学派的研究取向。帕克提出空间布局可以用来简化社会世界复杂度的想法。在《城市社区作为一种空间模式和道德秩序》(*The Urban Community as a Spatial Pattern and a Moral Order*,1926)这篇论文中,他指出,空间模式和社会过程不同,它是可以触及的,是可见而且能够测量的形象。如果复杂混乱的社会可以固定在空间里,我们可以更好地了解社会问题,也许可以帮助我们制定出解决问题的对策。他还相信,如果人类关系总是多少能够精确地从距离的角度来测量,那么,社会便在某个方面展现了可以用数学公式测量和描述的特征。对于他来讲,这就指出了区位、位置和流动性作为测量、描述和最终解释社会现象指针的重要性。因此,帕克的目标与其说是把社会问题简化为空间,不如说是务实地利用空间来解决社会生活中存在的某些问题。然而,这种看待空间与社会关系的方式存在严重不足,他不仅视社会分类和社会差异为自然形成的东西,更为重要的是,他脱离了社会发展的一系列深层机制而只是从表面上简单地描述了社会与空间之间的关系,因此,芝加哥城市学派在20世纪70年代遭到了新马克思主义城市社会学派的猛烈批评。

在人文地理学界,随着计量革命的兴起,这种看待空间与社会关系的方式在20世纪60年代的空间科学(spatial science)极为盛行,可以说发展到了极致。随着人文地理学从传统的区域差异研究转为空间分析(spatial analysis),空间被看成是一个可以计量的东西,通过对空间的研究可以很好地解释社会发展规律并进一步预测社会发展。同时,他们还假设了一个世界,在这个世界中对人类行为有影响的一个先决变量是距离,然后在这一框架中寻找空间模式的解释,也就是考察那些本地的因素如何干扰这个"纯正的"空间结构。了解了这个空间结构也就了解了人们的行为模式,从而也就发现了社会的空间组织。因此,在20世纪60年代的空间科学中,人文地理学研究的核心就是解释社会运行背后所存在的普遍的"空间法则"(spatial law)。现实世界中的空间与社会被

---

[1] 马克·戈特迪纳,雷·哈奇森.新城市社会学[M].上海:上海译文出版社,2011.

简化成了抽象的空间模型中的坐标和点,空间与社会关系被简化为线性的数学关系,空间科学最终变成一门关于几何形式的科学。20世纪70年代初,空间科学被一些学者批判为"空间分离主义"(spatial separatist theme)。这些批判者认为,在普遍性的研究中使用空间变量是一种天真的空间决定论,如同早期的环境决定论一样。现实世界有三个维度——空间、时间和物质,这三者在寻求解释的经验研究中不能被分离,如果地理学仅仅涉及事实的几何学性质,那么它只能提供关于事实的不完全解释。[1]

2. 第二空间:社会的空间建构(能动的空间)

这种空间观认为,空间和社会之间并不是简单的线性投影关系,而是一种互相建构的辩证关系。空间模式在反映、表现社会关系的同时,也在积极能动地形塑社会关系。空间是社会生产和建构的产物,但社会并不存在于针尖上,它必然要在空间上形成,因此,社会也是空间建构(spatial construction)的结果。在空间与社会之间其实存在着一个联系的双向互动的过程,也就是索加提出的"社会—空间"辩证法(socio-spatial dialectic)的基本内涵,即我们在创造和改变城市空间的同时,我们又被我们所居住和工作其间的空间以各种方式约束和控制;一旦社区和邻里被创造、维持和改变,那么居民的价值观、态度和行为模式也就不可避免地会被周围的环境以及周围人的价值观、态度和行为模式所影响。迪尔和韦尔奇从三个层面指出了空间所具有的这种能动作用,这也是社会—空间辩证互动的三个层面。

(1) 社会关系通过空间构成。空间具有一种构成作用,比如,物质环境对居住形态和模式的影响,场地条件和情境因素(如港口、军事设施、自然地形地貌)对人类生产和生活布局造成的影响。

(2) 社会关系受到空间的制约。空间具有一种制约作用,特定的空间条件会制约社会关系的发展,某些物质环境会促进或制约人类活动的程度。

(3) 社会关系以空间为中介。空间具有一种中介作用,通过空间这个媒介,社会关系才得以建构而成。空间成了社会实践的"会合点",正是通过空间的中介和调停作用,领域性(territoriality)和次文化(subcultures)等社会现象才得以产生。

历史地看,有两大因素推动被动空间向能动空间观的演进:一是社会大环境的变化;二是研究方法及哲学认识论的转变。与20世纪60年代的空间科学

---

[1] R.J.约翰斯顿.哲学与人文地理学[M].北京:商务印书馆,2001.11.

不同,70年代人们已经认识到空间是一种社会的建构;而空间科学所获得的只是一种脱离社会实践的形式法则,空间变化的内在原因并不存在于空间本身而应从广阔的社会变化中去寻找。这种空间认识论在当时无疑是一大进步,因为它已经认识到了空间和社会之间存在着复杂的联系,而非简单的线性关系。

20世纪80年代初,社会学和人文地理学之间出现了很多实质性的互动与交融,这为人文地理学进一步认识空间的作用提供了新的理论与方法。英国社会理论家安东尼·吉登斯(1984)提出了结构化理论。他对结构、场所和能动性的研究启发了人文地理学的空间研究。他认为,在个人和日常生活尺度上,日常惯例化的行为模式经常是在时间和空间上被结构化的,结构和能动性发生互动的场所并非只是被动的地点(passive places),而是可以影响行动者(同时也被行动者所影响)的积极的环境(active milieus)。因此,时间和空间并不是自然的或外在于社会关系的,它们既是社会关系的产物,同时也生产着社会关系。在结构化理论批判实在论的影响下,20世纪80年代的西方(尤其是英国)人文地理学研究尤其关注空间与社会的关系问题,其间涌现出了很多经典著作。英国著名人文地理学家多琳·梅西指出,空间不仅仅是一种社会的建构,社会关系也在空间上建构而成,因此,空间分布和地理差异也影响着社会过程的运作,也即空间造成了差异。正是在这一过程中,空间的能动性得以展现。所谓的空间具有作用,并不是指空间本身或某种空间形式具有作用(这是空间科学所犯的错误),而是指某种社会过程和社会关系的空间形式具有作用。马西提出了如何理解空间的问题。在20世纪60年代,空间被简化为几何形式,在70年代,空间的重要性没有受到重视,在马西看来,空间的完整内涵应该包括社会生活的所有方面,如距离、运动、地理差异以及不同社会中关于空间的象征意涵等。

3. 第三空间:空间作为反抗与解放的手段(行动的空间)

从社会地理学的角度看,第二空间观的进步意义在于,它发现空间并不仅仅是社会的简单投影,一旦这些社会特性植根于空间,就获得了一种空间上的"定势"或"固着性",于是,空间布局就会制约社会过程的发展。因此,空间和场所并非只是人类社会生活发展的容器,相反,人们被安置在"何处"将直接影响到他们的生活。然而,正如史密斯所指出的那样,第二空间观也存在着一些局限。例如,这个取向的学术研究往往倾向于关注边缘化的"他者"(others)的体验,却把占有特权的"自我"(selves)视为理所当然,这些局限主要涉及认同政治等方面。

为了克服第一空间观和第二空间观的错误与局限,20世纪90年代以来,在批判文化研究领域发展出了另一种思考社会和空间的方式。这种新的研究取向强调,不仅要认识到我们习以为常的社会类别是一种社会的建构,而且,还要认识到这一建构过程其实存在重新界定与重新协商社会世界应该是什么样的可能性。人的认同可能无法包含在某个特定的类别里,它可能在几个类别之间游走,也可能在类别的边缘上发展,这就使得文化的研究和人文地理研究中经常采用类别的想法失去意义,因此,需要第三种认识空间关系的方法。在《第三空间》一书中,索加探索了这第三种思考空间与社会之关系的方式,他鼓励我们以不同的方式思考空间、思考构成人类生活的固有的空间性,从而开启和拓展我们已有的关于空间或地理的想象力。在他看来,我们旧有的空间思考方式(第一空间和第二空间)不足以解释我们所面临的这个日新月异的世界;我们生活的空间维度,也从来没有像今天这样深深地牵涉实践和政治。因此,当务之急,是让我们当前的空间性意识——我们批判的地理想象——保持创造性的开放,朝着新的方向重新界定与发展,并防止任何狭隘化或限制它范围的企图。为了实现这些目标,他在最广泛的意义上使用第三空间这个概念,来强调一种新的思考空间性的方式。总体上看,第三空间概念的内涵并不是单一均质的,而是具有变动性与弹性,充满批判性的张力;同时,第三空间概念还带有强烈的行动取向和政治意识。在索加看来,第三空间既是真实的又是想象的,而且还"超乎于此"。这"超乎于此"正是第三空间所具有的批判潜能的存在之处,因为它既包含了二元的空间思考方式,又超越了这种二元化的思考方式,通过这种灵活的解释框架,使得第三空间拥有了一种解放实践的潜能。因此,从这个角度来看,空间就成了一种反抗与解放的手段。

　　第三空间作为一种重新概念化的空间方式,强调主体的空间介入性,它关注边缘与差异,认同政治,它蕴含着一种激进的颠覆潜能,这就是空间能动性的另一种展现方式。第三空间观的基本价值取向试图超越传统的二元对立的知识形式(物质空间和象征空间),对行动性和政治意识的关注是其重要的特征。从总体上来讲,第一空间观和第二空间观是关于空间的认识论,因此,它仍然属于"知识"范畴。第三空间观并非只是一种对空间知识的批判性探究,它更多的是强调基于某种认同政治基础上的空间行动。因此,从这个意义上讲,第三空间观并不是第二空间观在知识探究层面上的简单延续或拓展,而是从"空间知识"向"空间行动"的跃升与转化。也正是在这个过程中,空间的能动性作用变成实践中的颠覆潜能。至此,关于空间作用的认识论演变的基本线索得以初步呈现(见表3-1)。

表3-1 三种探寻社会与空间的关系的方式[2]

从社会到空间	社会的空间建构	第三空间
空间是科学和几何特性的,空间内充满了积累的社会因素,提供了一个极为复杂的"真实"世界的精确但简化的再现	空间兼具物质现实与象征的重要意涵,并且呈现自己的生命。空间模式既表现又塑造了社会关系	这是那些受到种族歧视、父权体制、资本主义和殖民主义以及其他压迫而被边缘化的人,选择作为发言位置的空间
具体的、可量化与可描绘的地理学	可以协商和抗争的地理学	为某种目的而创建的地理学,被挪作他用,被重新定义与被占据,作为一种策略性(真实或象征)的位置
一种认为空间模式乃是社会与政治过程的指针与结果的解释构架	一种认为空间模式乃是支持社会—经济过程且与之互动的解释构架	这里牵涉的是存在而非解释——这个取向在于解放而非预测或诠释
社会类别与社会认同是既定的。群体间的社会距离表现在空间分异上;社会互动则由空间整合标示出来	社会类别与认同乃是透过具有空间差别的物质实践(市场、制度、资源分配系统)和文化政治(控制想象的斗争)而建构的	那些被强加社会类别的人起来反抗。边缘空间为他们提供了一个可建立开放而灵活的认同的位置。此处强调共通性,并且容忍差异

第五节 社会空间理论综合化趋势

前面讨论了社会空间的内涵和重要的社会空间理论,我们已经看到社会空间具有综合性和多维性。为了更深地理解和认识我国城镇化的空间内涵,促进城镇化的健康发展,我们需要在批判传统发展主义空间观的基础上,构建三维视角下的社会空间均衡发展的理论。目前,以GDP为导向的功利主义空间观仍然深刻地影响着中国城镇化的实践,并带来了诸多的问题,我们迫切需要用马克思主义和人本主义的空间观来均衡功利主义的空间观,从而实现新型城镇化进程中空间观的转型。

一、发展主义空间观与社会和空间关系的断裂

科学主义的空间观主要表现为发展主义空间观,其对应着上述三个阶段的第一个阶段,即"被动的空间观"。近代兴起的科学主义的一个重要特征,是主

张科学的"价值无涉"(value-free)、强调科学与价值的分离,要求自然和社会科学都坚持客观中立的立场,贬低和排斥形而上的、价值的、情感的知识,拒斥对意义的探寻和思考,从而导致了科学主义与人文主义的对立。休谟对事实与价值进行经典性区分,关于人们不能从"是"推理出"应该"的观念,被称为"休谟铡刀"(Hume's fork),无情地切断了知识领域与道德领域、事实与价值的联系,拉开了科学与人文、价值理性与工具理性的对峙,对其后的哲学家产生了很大影响。康德关于"现象界"和"物自体"、知性对象和理性对象以及知识对象和信仰对象的区分都能看到"休谟铡刀"的切痕。以上这种区分造成了以后科学与道德、事实与价值甚至自然科学与人文科学的对立,也是现代哲学中科学主义思潮与人文主义思潮长期对峙的理论根源。

在科学主义的深刻影响下,科学取得了至高无上的地位,成为人们顶礼膜拜的对象。科学至上和科学万能论的观点统治和支配着人们的思想,科学不仅可以说明一切,解释一切,具有强大的社会解释功能,而且可以改造一切,征服一切。科学主义在空间上典型的表现就是割断了空间和社会的关联,将空间视为一种工具或战略,空间呈现一种中性的特点,忽视了空间的人性特点和空间的公平与正义。正如列斐伏尔所言:"一个这样的空间,既是意识形态的(因为是政治的),又是知识性的(因为它包含了种种精心设计的表现)。因而,在这两个术语不被分离的情况下,人们可以说它是理性—功能性的,也可以说它是功能性—工具性的,因为在新资本主义社会的整个范围内,功能意味着规划、战略。"[1]这种功利主义的空间观虽然推动了人类社会的巨大进步和发展,但其存在的根本问题是否定了空间和社会的辩证关系,割裂了空间和社会的关联性,否定了"主动空间",更不要说"行动的空间"了。在现实的实践中发展主义空间观表现为权力和资本的联盟,形成一种发展主义在空间上的霸权,同时认为空间是中性的,缺少一种温情,否定了空间的人本主义的内涵维度。因此,这种发展主义空间观遭到马克思主义和人本主义者的激烈批判。马克思主义和人本主义的空间批判的目的是非常清楚的,就是要厘清传统空间理论,重新阐释空间的内涵。重新阐释空间,实质上就是重新认识人本身以及空间和社会的关系。

马克思主义空间观的认识论是:现象(即被领悟了的)世界并不一定揭示机制世界(它使现象世界得以产生);为了研究后者就需要一种本体论,它认为实

---

[1] 亨利·列斐伏尔.空间与政治[M].李春,译.上海:上海人民出版社,2008.

际存在的东西(即创造世界的力量或结构)不可能直接观察到,而只有通过思考才行;其方法论设计理论建构,这些理论可以解释所观察到的东西,但其真实性是不可检验的,因为得不到它们存在的直接证据。正如大卫·哈维所言,有限的讨论和肤浅的"解决方法"使研究人员看上去很愚蠢。因而需要理论方法的变革,从而超越对社会问题的图示和测量(这是对实证主义空间观的批判)。通过对现有理论构建的深刻和全面的批判,自觉地、清醒地为社会思想和地理思想构建一种新的范式是恰当的。构建一种"高级理论体系",在评判现实时需要以它进行阐释。例如哈维补充了将租金看作是对私人财产垄断权力的偿付的理论。他提出城市化的一般理论:将城市与生产方式联系在一起,城市的形成,有赖于社会剩余生产的地理集聚,以及稳定社会—经济矛盾的功能。他发现,如果需要总体地、系统地、联系地把握诸如城市化这类问题,马克思主义是唯一的方法。列斐伏尔揭露,工业化以后空间被均质化和序列化,他不仅把现代空间看作资本主义的产物,而且指出当代资本主义正是通过空间的生产和再生产得以维持下来的。他认为,当代资本主义不只是生产物质产品,更主要的是将空间变成了生产和再生产的对象,即扩展为空间的生产和再生产。福柯提出了一种空间权力的批判思想,他认为现代国家对个人的控制和管理借助了空间这个手段,通过规划空间赋予了空间的一种强制性,达到控制个人的目的。

另一批判来自于一种人文主义的空间观。这种空间观在人文地理学中的人本主义空间观中得到集中的体现。存在主义地理学家采用现象学的方法所做的经验工作证实了与人类经历的基本地理要素如地方、生活世界和环境等深刻的、和谐的结合,人文主义地理学比马克思主义、无政府主义甚至激进的女性主义更加批判由现代科学和技术建造的空间观。它哀悼世界的消失,在那样的世界里,地方具有意义,那里的生活也可在一个可知的范围内进行或构建。雷尔夫认为,对地方的确实性态度是对其完整特性的直接和真实的体验,直接的体验是因为经验没有经过媒介、受到思维方式或老套的传统约束。确实性还包括地方是人类意图的产物这种意识。然而人们总是通过怀旧的棱镜来看确实的地方,而不是参考历史的观点。此外,人文地理著名学者的观点还包括段义孚的地方感知和映像、布蒂默的生活世界、西蒙的身体经历以及莱的地方意义。人文地理学的空间观应该讲是浪漫主义的和理想主义的空间观,但是它否定了一种权力、性别、阶级在空间中的反映,因此,它也有自身的局限性,但对于发展主义空间观的批判应该是深刻的。

二、三维空间观的建立

哈里森和利文斯顿为现代地理学思想确立了三个独立的轴,每个轴都有一系列的暗喻[1](图3-1)。位于所有暗喻中心的是形式暗喻,表明人文地理学的主要焦点是区域差异。地理学主要是研究空间问题,该模式框架可以为本章建立三维的空间观提供一个框架。在功能主义轴上,占统治地位的暗喻是机械暗喻和有机暗喻。机械暗喻表示社会,表示社会由个人组成,它是按照预设规律起作用的系统,随刺激而产生可预期的响应。有机暗喻具有类似的目的,表示对一个功能系统的整体暗喻,一个地方被具体化为一个复杂而有序的机器。

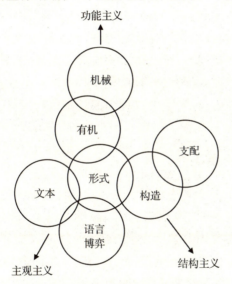

图 3-1　地理学的暗喻

资料来源:约翰斯顿《哲学与人文地理学》。

与结构主义轴相关的暗喻是构造暗喻和支配暗喻。前者表示结构主义工作的理论目标,通过构造合理的理论,来认识那些无法直接领会的驱动社会的机制。支配暗喻反映这些机制对个人行为的影响。主观主义轴相当于人本主义的空间观,一方面与功能主义不同,因为通过提出有关意图和意向的问题,将焦点集中在对社会现实之性质的理解上;另一方面又与结构主义不同,因为强调人类思想和行动的可理解性,而不诉诸决定性的、深层的、普遍的结构。与此相关的

---

[1] R. J. 约翰斯顿. 哲学与人文地理学[M]. 北京:商务印书馆,2001. 11.

暗喻是语言博弈和文本。以上模型中的功能主义对应于本章中的发展主义空间观；结构主义对应于马克思结构主义空间观；主观主义对应于人本主义空间观。范德拉恩和皮尔斯马(1982)曾经指出，大多数模型所提出的不是主动图像就是被动图像，争论或许涉及一个论点及其对立面两方面——比如环境决定论对或然论的争论。在被动图像中：正在行动的个人被看作是完全受控于外部刺激的"客体"，人被简化成一种无头脑的人。另一方面，在主动图像中，"仅仅是外部刺激还不能解释行为"，因为行动的源泉在行为者内部，而不是刺激。因此，科学表现为两种基本模式：机械论唯物主义将人看作是一种复杂的可编程机器，容易受科学方法特别是自然科学和数学方法影响，而人本主义方法通过人类行为来研究人……并且在解释空间行为时强调人的内在创造过程。我们认为，在西方进入后实证主义的时代后，空间观实际上已经从原来单一的发展主义空间观向着三维空间观乃至于多维的空间观转型，这种三维空间观相互制衡、相互补充，对实践产生深刻的影响，使空间由原来与社会断裂、被动朝着空间、社会融合转变。在这种转变的过程中，我们可以看到社会科学空间理论的综合化趋势。

三、空间理论的综合化趋势

1. 社会空间理论综合的趋势

各种空间观之间具有相互补充和相互制约的关系，但社会科学的理论往往被一种空间观的核心意识形态所吸引。比如人本主义空间观拒绝寻求普遍化和规律，而这是实证主义科学空间观概念的核心；实证主义拒绝了唯意志论，这是人本主义思潮和空间观的核心；它们拒绝了决定论，这是马克思结构主义某些变种的核心，就像马克思主义和现象学的某些解释那样；它们拒绝了中立的、无私的观察者——科学家的概念，各种社会理论趋向于极端化。在本章所涉及的三种空间观理论中，我们可以看到，发展主义空间观无论在西方还是在东方都曾经或者正占据统治地位。这种社会科学理论极端化的负面效应正是促进社会科学理论的分化和理论综合化趋势的重要动力。当今在西方社会我们可以清楚地看到社会科学理论分化和综合化的不可阻挡之势。

列斐伏尔认为，空间应当被当成一个总体来考虑，他特别批判将空间观工具化。他认为："资产阶级，作为统治阶级，拥有对于空间的双重权力：首先，通过被扩展到了整个空间的土地私有制而保持了集体和国家权力的运行；其次，通过总体性，即知识、战略和国家本身的行为。在这方面之间，存在着一些冲

第三章 中国城市社会空间重构的理论基础

突,特别是在抽象空间(想象的或者观念的、总体性的和战略性的)与直接的、感知的、实际的、被分割和被售卖的空间之间……"他认为,我们应该在空间的复杂性中接近它,并在复杂性中展开对它的批判。那些关于空间、景色、乡村和城市的描述性作品则不再重要,它们都是通过剪裁形成的,它们仅仅是空间中所存在事物的清单而已。我们可以看到列斐伏尔期望展示出一种物理空间、精神空间和社会空间之间的理论统一性。

　　作为列斐伏尔的学生,索加提出"第三空间"的理论。20世纪后半叶空间研究成为后现代显学以来,对空间的思考大体呈两种向度。空间既被视为具体的物质形式,可以被标示、被分析、被解释,同时又是精神的建构,是关于空间及其生活意义表征的观念形态。索加(又译"苏贾")的第三空间正是重新评估了这一二元论的产物,他把空间的物质维度和精神维度同时包括在内,同时又超越了前两种空间,而呈现出极大的开放性,向一切新的空间思考模式敞开大门。[1]

　　吉登斯的结构化理论是对社会学理论分化和发展的综合趋势的理论升华,这种结构化理论对地理学的空间理论发展也产生重大影响。自20世纪70年代中期以后,地理学家从马克思主义政治经济学和其他相关领域借用思想的做法步入快车道,但有学者对伴随这种思想转移而来的沉重的学术负担表达了强烈的不满。许多地理学家对经济地理学不断的结构主义和经济学转向深表关注。实际上,结构马克思主义理论的警钟最早是由历史学家敲响的,但来自地理学各领域的学者开始不断地传播这个信息。其结果是导致一连串批判性评论的发表,号召地理学尽量不要将空间形式解释为宏观社会结构的逻辑直接产生的结果,而应该扩大包含人类意向的力量,并注意各种政治经验和行为方式。与此同时,随着一批女性学者强调性别在地理事物演变过程中起着与阶级一样的作用,学科内部开始分化。总体而言,结构马克思主义理论的分析框架不够开放,而且没有给予人文主体足够的关注,所以不能包容在激进主义分子的行动中以及在理论左派的思想中变得重要起来的许多新思潮。就在这些不同观点形成之时,吉登斯提出了理论社会学的研究框架,他在保留某些结构主义理论方面的同时,倡导研究人类主体能动性的重要作用,这些观点的最基本的内容是把社会重新定义为一个由总体结构和个体行为构成的二元域,这里的总体

──────────
〔1〕爱德华·苏贾.第三空间——去往洛杉矶和其他真实和想象地方的旅程[M].陆扬,等,译.上海:上海教育出版社,2005.

结构既是个体行为的媒介,也是个体行为的结果。

2. 空间理论综合化的实践价值

我们认为,西方发达国家的实践经验对发展中国家具有重要的启示。在西方地理学发展的历程中,人们逐步地认识到主观条件在地理认知中的影响,导致了对逻辑实证主义的批判性反思,这是当代西方人文地理学思想活动中一个重要的核心点。与人们主观世界相关联的,还有文化价值观的问题。文化价值观影响着人们对同一社会事务的肯定或者否定,在社会科学中具有十分重要的意义。所以对文化价值观的重视,是当代西方人文地理思想活动中的又一个重要的核心点,被称为"文化转向"。对于地理现象,过去说"描述",现在说"诠释",强调学者本人的主观思考判断。上述的转向对于空间观来说,就是马克思主义空间观和人本主义空间观展开了对发展主义空间观的批判及其对实践的重大影响。我们可以清楚地看到,在20世纪后半叶,多维空间观的兴起,使得实践中的各种空间观呈现出一种内在的均衡,它们之间相互制约和相互补充,在这个过程中公民社会的崛起就是典型的标志。公民社会与国家、公司经济一样,也是权力关系中的一项。正如约翰·弗里德曼关于"公民社会的兴起"的看法[1],无论你是否同意,伴随经济增长、全球市场的一体化和无情的城市化过程,世界范围内可以广泛观察到公民社会崛起这一现象。它表现在那些迁移到国外的人们仍然坚持维护着自己的权利。当人们意识到国家不再是一个代表整体公众的最佳利益的良好机构时,他们最终要求的不仅是社会公正,还有广泛的公民权。他们要求的这些内容就像民主自身一样悠久。他们要求社会具有包容性,要求那些控制公共机构的人具有责任感,要求透明执行公共事务,要求获得能让人们形成自己的意见并做出自己决定的信息,要求政府行为可能影响人们的生活和生计时他们能够参与。我们认为,公民社会的崛起是推动被动空间向主动空间和行动空间转变的重要动力。

这种综合的空间观对于今天中国的实践亦具有重要的指导意义。中国目前正处于转型阶段,在这个过程中,"自由至上"和"平等优先"的观点往往处于截然对立之中,但我们也可以看到一些以社会公正为己任的有识之士,已经开始探求如何在坚持社会主义方向的同时,吸纳自由主义的积极因素,整合自由和平等两大价值。近几年我国城市规划界对城市规划学科性质产生了激烈的

---

[1] 约翰·弗里德曼.世界城市的未来:亚太地区城市和区域政策的作用[J],国外城市规划,2005(5).

第三章 中国城市社会空间重构的理论基础

争辩,其争论的实质反映出在城市发展过程中人文主义和科学主义、价值理性和工具理性之间的哲学争辩。一些人强调"城市规划是一门科学",与此同时,另一些人强调"城市规划是公共政策",这两种对城市规划的表述体现了城市规划思想史上的人文主义和理性主义。强调"城市规划是一门科学"其实就对应于发展主义空间观,列斐伏尔对这种观念进行了深刻的批判。强调城市规划的公共政策性质对应人文主义和马克思主义的空间观。我们认为,这种"非此即彼"的理论逻辑,无法有效地解决今天中国城市发展中的问题。我们只有有效地强调一种综合的空间观和城市观,才能实现城市科学化人性化的发展。正如芒福德所言,区域不仅仅是独立的地理单元、社会单元,还是文化单元。区域作为独立的地理单元是既定的,而作为独立的文化单元则是人类深思熟虑的愿望和意图的体现,因为这里所谓的区域也可以称为人文区域,它是地理要素、经济要素和人文要素的综合体,每一个区域、每一个城市都存在着深层次的文化差异,都受到自然环境的影响,自然影响愈是多样性,城市的整体特性就越复杂,城市就越有个性,这是避免人们长期形成过分简单化趋向的一种永久的保证。他还指出"城市最好的经济模式是要关心人、陶冶人",因此提出"人生经济",而不是"金钱经济"。[1]这些正是芒福德的建筑与城市思想的基本点。芒福德的综合思想对于今天我国城市发展具有重要的实践指导性。发展中国的城市,要将技术与人文相结合,城市规划归根到底要关心人的发展。

第六节 中国新型城镇化空间转型

一、三维目标下的均衡的空间观

空间内涵是不断地变化的,这种变化是与人的需求关联在一起的。在工业社会时代,当人们生存只是为了满足生存需求的时候,对于空间的理解自然是单维度的,主要是以空间中性作为实践的概念。但随着进入后工业化社会,人们的需求更加多元化和个性化,这个时候空间需求自然变为多维度。我国城镇化进入现在这个阶段,其空间实践已经与人们的需求不相吻合,导致这种不吻合的根本原因在于仍然是受线性思维的影响而不能从多维度去看待城镇化,城

[1] 吴良镛.建筑·城市·人居环境[M].石家庄:河北大学出版社,2003:471-479.

市空间还是受到物质主义规划的理念影响。所以，迫切需要超越形而上学的空间观，走向更加全面综合的空间观。在城镇化实践上迫切需要人本主义的空间观和马克思主义的空间观来均衡物质主义和功利主义的空间观。这两种空间观是对物质主义和功利主义指导下空间观的一种深刻的批判。均衡的空间观就是指三维目标下的空间观。三维目标下的空间观是更人性化的空间观。我国的城镇化是将西方上百年的城镇化历史压缩到20～30年，中国20多年的城镇化道路相当于西方100多年走过的路，时空压缩，使得我们的城镇化和工业化比西方表现出更多层面的非线性和综合性，其所产生的矛盾也更加激烈，如果在指导思想上不能有效地转变，那么所带来的灾难将是空前的，将超越于西方工业化和城镇化所带来的负面效应，这种灾难不光是中华民族的，而且是世界的。

转型期中国城市社会空间重构首先需要一种理论上的超前转型，来指导中国城镇化的实践。国外理论必须要放在特有的背景下才能解读清楚，无论是哈维的资本三次循环理论，还是索加的社会—空间辩证法，以及列斐伏尔的空间生产理论，都是空间理论实践的不断发展和超越。甚至包括后现代的空间理论都是对工业化时代的物质主义和功利主义空间观的超越，不断迈向更加全面和综合的空间观，迈向一种能动和行动的空间。列斐伏尔的空间实践、空间再现和再现的空间，绝对空间、抽象空间、差异空间，以及福柯的异质空间，等等，都是对现代主义空间观的批判和抗衡，也是对资本主义空间观和权力的空间观的抗衡，空间呈现出了动力学的特征。必须借鉴西方马克思主义的空间观与人本主义的空间观，来均衡我们长期以来所坚持的功利主义空间观。必须还空间本来的面目，要不断张扬空间的社会维度和空间的人文维度，需要从"空间就是社会"的高度去认识空间的内涵。城镇化的空间转型首先必须对空间观进行深度解读，否则无法实现真正的转型。既然城镇化以人为本，就必须将空间与人联系起来，而不是将空间与物联系起来，要按照人的需求来构成空间。这样中国城镇化空间就必须从索加的"第三空间"的层面去深刻理解，即空间不仅是唯物的，同时也是唯心的。一座城市的古建筑，其不仅是物的，同时也是其所承载的历史文化要素，如果古建筑被破坏了，那么其背后的精神空间也就荡然无存了。同样，一座古城被拆得面目全非之后，其所呈现的精神空间和磁场也就不存在了。

二、加强城镇化进程中的社会建设

我国城镇化经过长期的发展,特别是"九五"和"十五"期间城镇化空间快速扩张,在这个扩张的过程中,中国城市的社会结构也在发生巨大变化。可以用很多理论来解释中国城镇化的快速发展,但是为了均衡长期以来的物质主义和功利主义的城镇化思想,我们可以从新马克思主义的视角,也就是空间生产的理论和哈维的资本循环理论来对中国城镇化空间扩张做出较为合理的解释。无论是哈维还是索加和列斐伏尔的理论,其实都是在寻求着一种空间的希望和希望的空间,找出一种社会的力量来均衡资本的力量。我们需要一种能动的空间和行动的空间。在空间巨大的变迁过程中,在农村空间向城市空间转变的过程中,涉及巨大的财富效应,这种财富效应导致了社会的不公平加剧。这也就是为什么把我们的城镇化称为土地城镇化的原因。土地城镇化过程就是资本的第二次循环,它是符合资本追逐利润的逻辑的。这个资本化的过程,同时也是生产一种新的社会阶层的过程,被城市空间所排斥的大量失地农民和集聚城市的农民工就是这个过程中的社会阶层产物。西方的空间观的演变表现为三个阶段,被动的空间—能动的空间—行动的空间,由被动空间到能动空间再到行动空间的演变过程其实就是城镇化进程中的社会反向力量形成的体现。随着工业化的不断推进和完成,中国社会也将发生更大的变化。有很多学者提出我们现在应该加强社会建设,加强社会建设的最重要目标就在于塑造一个良好的社会结构,即以中产阶级为主的社会结构。这种新的社会阶层将构成一种抗衡资本和权力的力量,推动相对均衡空间观的形成,推动城镇化空间的均衡发展。郑永年以西方和东亚国家为例,论证了社会建设是发展必经的历史阶段,无论是日本还是东亚四小龙等都经历了以社会建设为主的阶段。在这个阶段中不断变革经济结构,同时加强教育、医疗、卫生和社会保障,推动消费社会的建立。消费社会建立是推动社会经济可持续发展的关键因素。社会建设其实就是推动我国城镇化的被动空间向能动空间和行动空间转变的强大动力。因此,我们需要一种权力的觉醒来加强社会建设,推动社会结构的合理化。

中国城镇化是否能够朝着一种均衡的方向发展,归根到底,我们要回到社会空间辩证法的角度来看待这个问题。社会就是空间,空间就是社会,扭曲的空间是我们扭曲社会的表现,要想改变扭曲的空间,我们需要培养一种新的积极要素,也就是一种新的社会结构,来均衡权力和资本的力量。试设想,如果没有社会的力量,我们城市中许多的文化古迹、凝聚着我们乡愁的空间载体都会被资本的逻辑消灭得踪迹全无。以城乡关系为例,这些年城镇化的过程表现在城市对农村的掠夺上。破坏的不仅是农村的生态,还包括农业的文明。如果仅仅依靠资本的善心,那只能是无法实现的乌托邦,所以,还是应该依靠社会的觉醒来抑制这种空间扩张的力量。

　　对于城镇化的空间,我们希望可以达到一种均衡的空间,均衡的空间不仅是形态展现,而且包括社会、经济、文化、生态的协调和均衡,这种均衡是通过一种内生的力量达到的均衡,而不是一种形式上的均衡。如果形式和内容达到统一的话,这种均衡可以用一个词来表达,那就是共生的空间。共生的空间是差异的空间,但同时又是不同部分融合和交流的空间。共生的空间并不排斥竞争,也包含合作;共生的空间既是物质的空间,同时又是人文的空间,既是物理的空间,又是精神的空间。这是我们希望的空间。共生的空间观是我们政府所应该树立的空间观,同时,民众也要具有这样的包容性和共生性的理念:我们应该树立走向生命时代的新的空间观。

第四章 城镇化进程中的城乡社会空间重构

城乡协调发展是社会经济发展到一定阶段的必然要求,西方发达国家大都经历了由城乡分割的二元结构到城乡一体化的发展阶段,大量理论揭示出这样的规律性。改革开放以来,我国城镇化快速发展,但城乡二元结构的问题非但没有缓和,反而出现了城乡差距不断扩大的趋势。因此,统筹城乡社会经济发展已经成为当前我国经济社会发展的重大战略。党的十六大提出的"统筹城乡发展"以及十六届四中全会提出的"构建社会主义和谐社会"是对新时期加强工业与农业、城市与乡村协调发展的一个重大战略判断。十八大提出必须健全体制机制,形成以工促农、以城带乡、工农互惠、城乡一体的新型工农城乡关系,让广大农民平等参与现代化进程、共同分享现代化成果。但要实现城乡统筹发展,最根本的是要走健康城镇化和新农村建设相结合的道路,改变传统偏重城市的城镇化方向,实施相对均衡的"二元城镇化"战略,推动城乡社会空间的重构和不断融合。

第一节 城乡协调发展是城镇化发展到一定阶段的必然要求

长期以来,我国城乡关系是典型的二元结构,在发展导向上存在着重视城市发展、忽视农村发展的问题,这引发了诸多社会经济和生态问题。为了有效地解决城乡协调发展的问题,我们必须树立新的发展观,走城乡协调发展的道路。

一、城乡关系理论的简要回顾

大量理论揭示了城乡和工农协调发展是经济发展到一定阶段的必然要求。发展经济学家刘易斯的"二元结构经济发展理论"是经典的理论,这一理论被西方许多经济学家认为是解释第三世界劳动剩余国家发展过程的"普遍真理",但这个理论存在着一定的缺陷。美国耶鲁大学的两位教授费景汉和拉尼斯对其进行了发展,他们认为,刘易斯的二元结构模型中很明显将农业当作一个被动的模型,在整个运行过程中看不见农业劳动生产率的提高、收入的增加。该模型的缺陷主要有:①不重视农业在促进工业增长方面的重要性,这会造成农业的停滞;②忽视了农业生产率的提高而出现剩余产品,应该是农业中的劳动力向工业流动的先决条件。[1]费景汉和拉尼斯强调了农业和工业之间的互动性,把农业也作为一个主动的部门。现代城市规划的鼻祖——英国人霍华德,早在一百多年前就认为理想的社会模式应该是让城市的现代文明、城市的活力涌到农村去,让农村也充满着城市的生机和活力;而且要让农村的田园风光来点缀城市,使城市的生活环境环绕着优美的田园环境。[2]日本学者岸根卓郎于1985年提出了城乡融合设计理论。他认为21世纪的国土规划目标应体现一种新型的、集中了城市和乡村优点的设计思想。其基本思想是创造自然与人类的信息交换场。他提出的"新的国土规划"使自然系、空间、人工系统综合组成三维的"立体规划",其目的在于创造一个建立在"自然—空间—人类"系统基础上的"同自然交融的社会"。[3]

二、城镇化进入城乡社会空间融合的新阶段

1. 城镇化进入破解"四农一村"的新阶段

自1949年新中国成立后,我国进入农业支持工业、农村支持城市的发展阶段。为了快速发展经济,确立了优先发展重工业的工业化战略。发展重工业,必须有原始资本积累,从理论上讲,途径有两条,一是来源于国外,二是来源于国内。受西方列强经济封锁的限制,我国工业化发展所需原始积累只能来源于国内。为此,我国采取了农业和农村支持工业和城市发展的政策,制定了农产品统购统销政策和城乡分割的二元户籍制度,并以此为基础,建立了庞大的工业体系。但是城乡二元分割制度使得我国社会长期以来处于割裂二元结构状态。随着经济发展整体水平的不断提高以及城镇化的不断推进,二元结构不但没有缓和,反而日益突出。在收入方面,城镇居民人均可支配收入是农村居民

---

〔1〕 陶文达.发展经济学[M].成都:四川人民出版社,1996:126.
〔2〕 埃比尼泽·霍华德.明日的田园城市[M].金经元,译.北京:商务印书馆,2006:26.
〔3〕 岸根卓朗.环境论——人类最终的选择[M].何鉴,译.南京:南京大学出版社,1999:403.

人均可支配收入的3倍多,如果考虑到城镇居民享有的医疗、教育和住房等社会福利,城镇居民和农村居民收入的差距还要大。在社会事业发展方面,农村和城镇的差距更大,尽管政府非常重视农村普及义务教育和医疗工作,但是,相对于城市来说,农民子女"上学难""看病难"的问题更加突出。农村成为全面建设小康社会的难点。城镇化的快速推进并未把"三农"问题纳入其中,反而由于城市空间无序蔓延,致使城乡之间矛盾更加突出。同时,农民进城无法实现市民化,导致了在城市出现农民工的问题和外来贫困人口集聚的"城中村问题",形成了城镇化进程中的"双二元结构"。党的十六大提出"统筹城乡发展",十六届四中全会又提出"构建社会主义和谐社会"的战略,十八届三中全会又一次提出健全城乡发展一体化的体制机制问题,我国城镇化发展进入了破解"四农一村"(农民、农业、农村、农民工再加上城中村)问题的新阶段。传统城镇化属于土地蔓延式的城镇化,带来严重的社会和资源环境问题,走传统城镇化道路无法解决中国的资源环境问题和社会问题,要解决中国当前的问题,不能在城市内部求得解决,而要放在城乡一体化大的背景下来解决。新型城镇化道路必须关注城乡关系,新型城镇化必须实现"化城"和"化农"二者的辩证统一,要把土地城镇化和人口城镇化有机地结合起来。

2. 城乡双重转型和发展构成社会经济转型发展的重要内容

传统城镇化主要建立在对农村资源掠夺的基础上,这是产生大量社会问题和资源环境问题的根源。"以工促农、以城带乡"表明我国城镇化进入城市对农村辐射的新阶段。这个新阶段呈现两种不同的发展和转型。一种是城市本身的转型升级,特别是东部发达地区由要素驱动向创新驱动转变、发展战略由"后发优势"到"先发优势"转变,这对于社会经济的可持续发展具有重大的意义。另一种就是农村自身的发展,要借助政府、市场与社会三元力量来促进农村的发展,促进传统农业向现代农业转变。在这个过程中要依靠城市对农村文明的辐射,增加农村的"城市性"。城镇化进入以辐射为主的新阶段,这对于解决中国面临的社会矛盾和生态环境问题具有重大现实意义。这个辐射过程就是城乡"均衡化"的过程,也是增加乡村"城市性"的过程。增加城乡的"均衡性"和增加农村的"城市性"是所有国家和地区城镇化过程中必经的阶段。在这个过程中我们可以看到农村本身的发展对于城镇化所具有的重大推动作用,农村发展和转型与城市发展和转型具有同等重要的意义。只有经过这个以扩散和辐射为主的阶段,使得农村地区发展起来,传统农业变为现代农业,我国城镇化才进入了一个质量化的新阶段,也才能为更高的深度城乡一体化发展奠定良好的基础。城乡一体化进入深度一体化阶段,也就是进入了城乡融合的阶段,即城乡"等值性"的阶段。城乡"等值性"从价值层面上来讲就是城市和农村没有本质上的区别。这个阶段我们可以用"融合性"来表示,"融合性"表明一个双向过程,但"融合性"是基于城乡的"等值性"的。城乡融合不仅包括经济融合,也包括社会、文化和生态环境等全面的融合。通过城乡融合,以最终实现城乡之间的共生性。我国东部发达地区(比如苏南等地区)经过长期的快速发展,人们对农村和农业的认识也逐步深化,农村不仅是提供粮食的载体,更承载着一种文明,承载着生态改善和社会协调。

3. 我国城镇化将进入以社会建设为主的重要时期

要实现城镇化可持续发展,就要高度重视消费社会的建设。李克强总理多次强调"启动内需的最大潜力在城镇化",而"启动内需的最大潜力在城镇化"最根本还是要回到"人的城镇化"而不是"地的城镇化"。从这个层面上来讲,城镇化的社会建设导向就具有非常重要的意义了。城镇化必须要推动中国城乡合理社会结构的形成,即以中产阶级为主的社会结构,这是启动内需市场和实现消费驱动,从而推动中国社会经济可持续发展最重要的选择。改革开放30多年以来,中国取得了高速的经济发展,创造了世界经济史上的奇迹,但人们往往忽视了另外一面,即从社会结构来讲,中国也产生了社会的高度分化。这个社会的特点就是中产阶级数量太少,其产生的社会制度基础薄弱。从总体上来讲,中国还没有产生一个"两头小、中间大"的橄榄核型社会,即中产阶级的社会。如果深入分析东亚经济社会发展的历史,我们可以看到,社会建设和消费社会建设是必经的阶段。日本是东亚第一个现代化的经济体,而后是亚洲"四小龙"(韩国、新加坡、中国台湾和中国香港)。这些经济体的发展轨迹大致相当,它们都在大约20来年的时间里,不仅创造了经济奇迹,也创造了一个庞大的中产阶级。当然,在各个经济体内,中产阶级产生的来源和路径是不同的。今天,在这些经济体内,中产阶级不仅是推动社会进一步发展和改革的动力,也是社会稳定的基础。

第二节　国内外城乡一体化的经验解读

一、国外实践

1. 韩国："新村运动"推动城乡一体化

20 世纪 60 年代到 80 年代，是城市化迅速发展的时期，城市化带来了高速的经济增长，但同时也带来了城乡之间的差距，以及大量的社会矛盾的积累。韩国实施的"出口导向"的工业化战略导致城市和乡村的发展差距越拉越大，农村的全面落后威胁到工业和经济的可持续增长，韩国政府希望推行"新村运动"来解决这些严峻问题。20 世纪 60 年代，以农村居民自愿参与为主的"新村运动"至 70 年代逐渐转变为政府主导的"新村运动"，"新村运动"逐渐开始加速，通过不同阶段的基础设施建设、村容村貌建设、增加农民收入和福利、改善环境等措施，迅速改变了韩国农村的面貌。但政府主导的新村运动其弊端也比较明显，表现为不顾地区差异而强求一律的推进方式，农民和地方政府对中央政府的过分依赖以及城乡收入差距没有缩小反而造成严重的农户负债。实际上韩国城乡收入差距的缩小最终是在"新村运动"结束后才实现的。经过 20 世纪后 20 年的经济的高速发展，韩国迅速实现了城市化，农业人口占总人口的比重不足 10%，农民在其他非农部门大量兼业，农民收入增加更为迅速。20 世纪 90 年代初，韩国农村居民人均收入已经占到城市居民收入的 95%。

韩国农村发展总的来说是成功的，"新村运动"促进了农村和农业现代化，但韩国的经验也表明，城市化是解决农村发展问题的根本出路，韩国农业实现了现代化，韩国农村居民的收入能接近城市居民，归根到底是农民数量在短期内迅速减少，余下的农民又有机会在城市经济部门得到兼职机会。仅仅依靠政府投资和政府主导的推进方式是不可能根本改变农业和农村结构的，反而会产生农户负债过重、对政府过度依赖等问题。

2. 日本：小城镇与特色产业推动城乡一体化

二战后，工业化和城市化相互推动，日本进入城市化高速增长期，城市数量和城市人口不断增加。日本采取的出口导向经济发展战略，以牺牲农业和农民利益来发展工业，导致农业发展严重滞后，城乡差距不仅导致农村人口急剧向城市流动，也影响了工业的长远发展。从 20 世纪 50 年代到 70 年代，日本农业人口占总就业人口的比例从50%降到了20%左右。这一阶段也是日本经济高速增长的时期,农业和工业以及服务业相比,其劳动生产率是不可同日而语的。正因为如此,很多农业人口转移到城市,同时也带来了经济的高速增长。20世纪70年代,日本政府开始关心农村发展,同时,工业化和城市化的迅猛发展使得工业具备反哺农业的能力和资源,日本政府实施以工代农、以城促乡的发展模式,对农业大量补贴,采取了多项促进农村发展以实现城乡一体化的措施,取得了很好的效果。

日本城乡一体化的发展首先得益于小城镇的发展,尤其是小城镇的特色产业。在20世纪80年代初,日本就开始发展地方的"一村一品"经济,旨在利用当地资源,生产本地特色产品或发展特色经济,既有农产品也有旅游名胜资源等。其次,政府提供的公共服务极大地促进了农村地区的发展。高质量的教育成为农业、工业和服务业产业效率提高的共同前提,也促进了农民的市民化。城乡一致的社会保障体系,提高了农民的生活水平,也保证了社会的和谐发展。

3. 德国:城乡"等值化"促进城乡一体化

德国赛德尔基金会所倡导的"等值化"理念是让现代化的都市形态与田园牧歌式的乡村形态和谐共存,让生活在农村的居民与城市居民享有等值的生活水准和生活品质。通过土地整理、村庄革新等方式,根据农村的自然环境和人文历史传统,尊重和保护农村经过长期的历史积淀而形成的淳朴、厚重的民风民俗,不盲目照搬大城市的生活模式,实现"农村与城市生活不同但等值"的目标,使农村经济与城市经济得以平衡发展,着重建设一种既有现代工业文明的因素,又保存着优秀传统文化印记的"田园式"的新农村。这一计划从巴伐利亚开始实施后,成为德国农村发展的普遍模式,并在1990年起成为欧盟农村政策的方向。

德国城乡一体化发展中的主要经验有:①注重建立均衡发展的协调机制,德国的政治、经济和文化中心分散在全国各地城市,以形成全国城市均衡分布的局面;②统一而健全的社会保障体系降低了"城市化"的门槛,德国在宪法上规定了人的基本权利,如选举、工作、迁徙、就学、社会保障等,在社会上没有明显的农工、城乡差别,可以说农民享有一切城市居民的权利,农工差别只是从事工作性质的差别;③传承历史文化,塑造城市个性特色和人文魅力,历史文脉是城市无法再生的文化资源,要高度珍惜当前快速城市化中后期大规模建设的机会,重视保护历史遗迹,传承文化传统,留住城市发展的根基,同时注重当代城市文化特色塑造,强化建筑设计,打造空间精品,让今天的城市建设成为明天的文化景观。

4. 法国:以农业现代化为特色的城乡一体化

21世纪初法国的城镇化率就达到了75%以上,那时的法国农村机械化水平高,农场主规模经营,但是在二战结束之时,法国的农村还是满目疮痍,如何让农村在50多年间实现如此大的转变?农业现代化之路是法国城乡一体化的经验。通过农业现代化将农民从土地中解放出来,政府通过一系列互助保险和合作社的形式,切实解决农民生活和生产问题,保障农村就业者老有所得、老有所养的同时推动城乡一体化稳步前进。二战以后,法国政府将农业装备现代化摆在了极其重要的位置,同时,政府不失时机地做起了"专业化"的文章,通过合理规划和布局,形成了专门的农作物产区。法国在城镇化过程中,时刻将人的生存空间放在重要的位置,这使得城市充满了人文气息。从南到北、从东到西,法国各地除了风景风俗有所不同外,在经济发展上差距并不很大。近年来,由于法国已经基本实现了城市化,因此,政府千方百计地鼓励年轻人留在农村,避免农村"空壳化"和人口"老龄化"。为此,法国政府以提供无息贷款、补贴及培训等多种方式,为年轻人在农村地区就业提供方便。

二、国内实践

城乡一体化是中国生产力的再一次大解放,当在社会发展的过程中日益意识到城乡分化对我国经济、社会等方面的制约后,我国先后在中西部和东部沿海地区开辟城乡一体化试验区,为今后城乡一体化的全面推进探索经验。

1. 成都:以城带乡 + 圈层经济

成都是全国统筹城乡综合配套改革试验区,从2003年3月开始,成都就把"统筹城乡经济社会发展,推进城乡一体化"作为落实科学发展观的主要实践活动。成都市的城乡一体化模式可以概括为"以城带乡,城乡互动"。具体表现为:统筹城乡社会经济发展,以重点突破、圈层状的空间扩展为途径,走大都市带动型与自下而上的农村城市化相结合的道路。成都农村的迅速发展,一方面是因为政府加大了对农村的投入,另一方面是因为成都城市空间和农村空间大。成都市的城乡一体化呈现出"大城市带动,城乡共同发展"的局面。成都在城乡一体化的过程中始终坚持这一发展思路,使得成都的城乡一体化顺应了经济社会与城市化进程的客观规律,使成都的经济文化等得到极大的发展,同时也使得广大的农民普遍受益,使得城乡差距不断缩小,城乡一体化建设推进迅速。呈现圈层状的空间扩散是成都城乡一体化发展中的重要特色之一,其原因是成都市区对周边地区具有很强的辐射作用,可以逐步带动其发展,农村自身的发展在成都城乡一体化的过程中也非常重要。

2. 上海:城乡统筹规划 + 郊区经济

上海是长江三角洲区域经济发展的龙头,也是我国最具活力的经济区域之一。城乡一体化发展模式选择城乡统筹规划 + 郊区经济模式,即城市和乡村双向发展,来促进城乡一体化。在这一发展过程中,政府起了很大的作用,特别是政府采取了许多措施,鼓励城乡合作,融合城乡经济,实现优势互补和共同发展。上海在城乡一体化发展过程中,以上海城乡为整体,以提高城乡综合劳动生产率和社会经济效益为中心,统筹规划城乡建设,合理调整城乡产业结构,优化城乡生产要素配置,促进城乡资源综合开发,加速城乡各项社会事业的共同发展。上海的郊区具有较高的经济发展水平和完善的基础设施,已成为长江三角洲乃至更大区域范围内的制造业中心,随着经济的高速增长,上海中心城市的人才流、物流、资金流、信息流、技术流必然要大规模地向郊区辐射。郊区的发展,可以带动城乡经济的合作,并最终实现优势互补和共同发展,它在城乡一体化的发展中起着枢纽的作用。但是,这种模式的城乡一体化发展必须具备一定的条件,即郊区经济要具有一定的实力。

3. 天津:宅基地换住房、三区联动、三化一改

天津在统筹城乡发展过程中政策创新的亮点之一就是"以宅基地换房",就是在国家现行政策框架内,坚持承包责任制不变、可耕种土地不减、尊重农民意愿的原则,高水平规划、设计和建设有特色、适于产业聚集和生态宜居的新型小城镇。农民以其宅基地(村庄建设用地)按照规定的置换标准换取小城镇中的住宅,迁入小城镇居住。农民原有的宅基地统一组织整理复耕,实现耕地占补平衡。新的小城镇,除了农民住宅区外,还规划出一块可供市场开发的出让土地,用土地出让收入来平衡小城镇的建设资金,从而实现人口向城镇集中,工业向小区集中,耕地向种田大户集中,农民由一产向二产、三产转移。在宅基地换住房顺利推进的基础上,从2010年开始,天津全面推进农村居住社区、示范工业区、农业产业园区"三区联动"发展,充分发挥人气、工业产业、农业产业的集聚作用,这也是天津部署城乡一体化的第二阶段。第三阶段被概括为"三改一化",即通过农转非、村改居、集体经济改股份制经济促进城乡一体化。宅基地换住房为"三区联动"奠定了基础,在居民生活方式发生改变的基础上适时推进制度改革,确保农民利益。

4. 重庆：地票＋规划

作为西部唯一的直辖市，城乡差距、贫富差距、区域差距逐渐成为制约重庆经济健康发展的障碍。2007年，重庆成为全国统筹城乡综合配套改革试验区，"地票"交易成为重庆推进城乡一体化的突破口。重庆独创的"地票"实际上就是把农村建设用地，在农民和集体经济组织完全自愿的前提下按规划进行复垦，经严格验收后产生的建设用地指标。"地票"交易的推行实际上在探索如何完善现行的农村征地制度，涉及征地的范围、补偿、安置、程序、审批、城中村改造等各种问题。"地票"交易就是让用地者与土地所有者进行谈判，通过购买、租赁等方式取得集体建设用地使用权。"地票"交易机制的核心是保证农民对于土地交易的参与权，让农民真正参与土地产权交易，最大限度地扩大农民的参与权和知情权。建立"地票"交易市场的优点是：①推进农地入市，把农村建设用地指标进行市场化配置，建成了与城市统一的土地要素市场；②根据重庆有关规定，"地票"的成交价款全部用于"三农"支出，其中，扣除必要的成本后的85%的资金将交付给农民，15%支付给农村集体经济组织，加大反哺"三农"力度；③与此相对应，农民的收入也得到了提升，复垦宅基地的农民最低每亩可获得9.6万元"地票"价款收入，比在传统模式流转下流转宅基地使用权获得的收益多出数倍。目前应做的工作是稳步实施农村建设用地复垦，充分发挥市场配置作用，加强"地票"供需调控，进一步健全公开透明的机制，将各方面工作细化、标准化、制度化。

三、对国内外城乡一体化实践的解读

1. 城镇化的发展阶段性规律

根据罗瑟姆曲线，可将城市化划分为三个阶段，见图4-1。其中，曲线扁平，城市化率在25%以下的是城市化的初级阶段，它对应着经济学家罗斯托所划分的传统社会这一阶段，即农业占国民经济绝大部分比重且人口分散分布，而城市人口只占很小的比重。第二个阶段是城市化的加速阶段，此阶段城市人口从25%增长到50%、60%、70%甚至更多；人口、经济活动、社会资本投资都高度集中，第二产业和第三产业的比重越来越高，相对农业来说，制造业、贸易和服务业的劳动力数量持续快速增长。第三阶段是成熟阶段，这个阶段城市人口比重达到或超过70%，但仍有乡村从事农业和非农业生产来满足城市居民的需求，当城市化水平达到80%时增长就变得很缓慢。

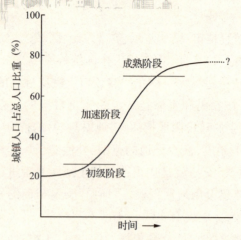

图 4-1　罗瑟姆曲线

通过对韩国和日本城镇化的解读和研究就会发现城镇化具有典型的规律性。当城镇化达到一定程度,农村人口降低到 20% 的时候,经济发展速度将会降低。这个阶段相当于罗瑟姆曲线的第三个阶段。无论是韩国还是日本,就业人口之中农业人口所占的比例降到 20% 以下,经济增长率就放缓了。但是,随着城市化的快速推进以及经济的高速增长,总就业人口之中农业人口的比例接近或者是低于 20% 的话,也会带来很多的矛盾,即更多的人集中到城市后带来的矛盾会显现出来,如城市的交通拥堵、公害污染问题,以及住宅保障问题。目前中国沿海地区农业人口的就业比例已经低于 20%。伴随着中国城镇化的快速推进,现在已经积累了众多的社会问题,如以 PM2.5 为代表的环境污染的问题,流动人口(居住在城市但是仍然拥有农村的户籍的人口)子女的教育问题。这些问题是影响中国社会稳定的巨大的因素。

2. 对城镇化空间性规律的把握

除对国外城镇化阶段性规律把握以外,也需要对城镇化的空间性规律进行把握。研究国内外的城镇化规律,可以发现,在城镇化步入罗瑟姆曲线的第三个阶段时,在空间上也出现重要的变化,无论是日本的城镇化还是韩国的城镇化,都是突破单一城市空间,把农村纳入城镇化的空间中,这是城镇化一个重要的空间转折点,在空间中表现出"均衡化"的特点。因为只有在相对均衡化的地域空间中才能实现社会、经济、生态等多维目标。国内发达地区如上海采取城乡统筹规划+郊区经济模式,即以城市和乡村的双向发展来促进城乡一体化。上海在"十五"期间提出"一城九镇"城镇化战略,体现了这种空间上的相对均衡性,这种战略与本书后面所提出的两种类型的城镇化是统一的,即中心城市功能意义上的城镇化与"就地城镇化"。成都和重庆等地也是依靠大城市辐射的圈层结构，推动城乡一体化进程。日本四次国土规划前三次都分别是点、线、面的规划方式，第四次国土规划开始把城乡作为一个整体进行规划，是一个立体性的规划，从城乡共生的层面来认识农村的价值性。德国以城乡"等值化"以及空间"均衡化"的理念促进城乡一体化的做法也值得我们借鉴。

3. 城镇化多维性和非线性的综合规律

日本20世纪70年代出现了巨大的社会问题。以环境公害为代表的社会问题，引起了民众的强烈不满，也迫使政府下大力气去解决。韩国同样如此。在这个阶段我们要认识到城镇化内涵所呈现的多维性和非线性的综合规律，即城镇化进程中的社会、经济、生态环境等方面之间的互动性，不应将它们对立起来。比如美国就通过了限制汽车排放废气的法律《马斯基法》，但是由于这个法律过于严格，在美国并没有得到很好的执行。日本也制定了类似的法律，而且执法做得很好。比如，汽车行业为了满足法律的要求付出了巨大的努力，这反而使日本的汽车提高了性能，最终形成了日本汽车称雄于世界的一个契机。同时，日本当年还面临着一个重大挑战，即1975年前后出现的石油危机，造成了油价的暴涨，日本所有的能源都完全依赖于进口，所以面临前所未有的危机，但是正因为如此，日本开发出了世界领先的节能技术。日本通过努力实现了变危为机，公害污染存在的问题都可能成为进行创新的契机，问题就在于政府如何去采取相应的措施。政府第一要建立一个严格规制公害的体制，第二要创造有利于企业开展创新、竞争的环境。

4. 城镇化与农业现代化的统一性

通过对日韩法等国城镇化的解读，我们发现城镇化进入新阶段开始重视农业现代化问题，这与我国提出"人的城镇化"战略是一致的，也与我国提出"新四化"战略是统一的。国内外城乡一体化实践表明城乡一体化发展的动力主要是两个：一是政府通过规划、政策的制定以及制度的改革来推动城乡一体化发展；二是利用市场力量推动区域产业结构的调整和劳动力市场整合，推动城乡一体化发展。城乡一体化的可持续发展必须依靠产业的发展，政府只能引导产业发展，现代化工业和现代化农业的发展主要靠市场的力量。

5. 把"人的城镇化"与"土地的城镇化"结合起来

目前就总体来讲，我国城镇化空间大扩展过程已经结束，但围绕着土地增减挂钩特别是突破行政区划在一定区域范围实现土地位移，提高土地利用效率仍具有巨大的潜在空间，这符合市场规律性。但需要考虑把"人的城镇化"和"土地的城镇化"很好地结合起来。还有,随着我国城镇化的不断推进,我们提出逐步解决农民工市民化问题,中国农民对土地并没有完全的所有权,而是拥有30年的土地承包经营权,实际上这种权利是接近于所有权的一种权利,类似于日本20世纪50年代所进行的农地改革。但另一方面更多的中国农业人口不断地流向城市,他们希望在城市接受更好的教育、更好的医疗,从而成为流动人口。应该把土地制度改革和城市户籍改革联系在一起,也就是说农民工可以获得城市的户籍,但是另一方面必须要放弃所拥有的土地承包权。这对于促进土地的流转和规模化经营,进而推动农业结构调整和现代化发展具有重大的意义。

第三节 我国城镇化面临的严重问题——城乡空间不协调

改革开放以来,特别是近10年来,我国城镇化发展问题形成了若干主流观点。其一,我国是工业化超过了城镇化,城镇化滞后于工业化。其二,我国农村人口太多,需要尽快解决城乡不合理的二元结构问题,需要加快城镇化进程。其三,根据国际经验,城镇化水平达到30%以前,城镇化速度较慢。城镇化水平在30%~60%之间是城镇化加速发展阶段,达到70%以后将进入平稳增长阶段。以上观点对中国城镇化进程产生了深刻的影响,使我国各地都将城镇化作为社会经济发展的战略选择,有些地方甚至不顾客观条件来快速推进城镇化,忽视了城镇化发展的内在规律,在一定程度上出现了城镇化冒进的态势。

一、我国城镇化的空间蔓延态势

我国城镇化经历了不同的发展阶段,不同学者从不同角度进行划分,比如周一星将我国从1949年以来的城镇化划分为6个阶段,见图4-2。陆大道在周一星划分的基础上做了一定程度的修改,他认为,除了1958年—1960年属于过度的城镇化以外,1996年—2005年也属于过度的城镇化。其具体划分的时间段为:1949年—1957年,年均增长0.6个百分点,属于正常阶段;1958年—1960,年均增加1.45个百分点,属于过度城镇化;1961年—1963年,年均增加为负值,属于反城镇化;1964—1978年,属于停滞阶段;1979年—1995年,年均增加0.63个百分点,属于正常阶段;1996年—2005年,年均增加1.4个百分点,属于过度城镇化。[1]

---

[1] 陆大道.中国区域发展的理论与实践[M].北京:科学出版社,2003:195.

改革开放以来,我国出现了 3 次大规模快速的城镇化发展阶段,分别发生在 1985 年—1989 年间、1992 年—1995 年间和 2001 年以来。第一次城镇化快速发展,是长期发展累积的结果,并没有产生明显的负面倾向。第二次城镇化快速发展,表现为大规模的开发区建设,其中在 1992 年—1994 年兴办开发区的热潮中,全国兴办各类开发区 2800 个,其中经政府批准的只有 257 个。开发区建设成为这一段时期城镇化发展和城镇空间扩张的推动力量。在这一阶段全国出现设市的高潮。1993 年,全国设市城市达到 570 个。其中,200 万人口以上的 10 个,100～200 万人口的 22 个,50～100 万人口的 36 个,20～50 万人口的 160 个,20 万人口以下的小城市 342 个。特别是自 2001 年以来,我国城镇化在原来快速发展的基础上进一步加快。在 2001 年公布的《中华人民共和国国民经济和社会发展第十个五年计划纲要》中首次明确提出:"要不失时机地实施城镇化战略",使本来已经很快的城镇化进程处在进一步"加速"之中,出现了城镇化的冒进态势。在 2000 年—2005 年,城镇人口由 4.56 亿增加到 5.62 亿,增加了 1.06 亿,每年增加 2100 多万人。这一期间,我国城镇空间严重失控,产生了严重的后果。在全国范围内,正常的发展和人为的拉动使我国城镇化率迅速上升。竞赛、攀比和大规划大圈地之风从此越刮越大。城镇周围的空间严重失控,许多耕地和农田被毁掉,制造出大量的失地农民与城市边缘人群。农村人口急速、大规模地向城镇迁移或转移,远远超出了城镇的就业吸纳能力和基础设施承载能力,快速的城镇化引发出了严重的资源环境和社会问题。

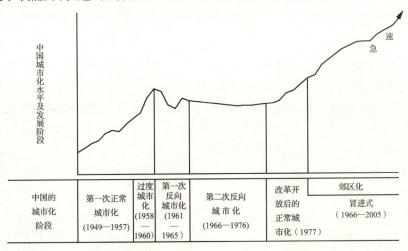

图 4-2　我国城镇化水平及发展阶段的波动性

资料来源:周一星"世界银行远程教育课"资料,略做修改,2001。

二、蔓延式城镇化割裂了与"三农"之间的关系

1. 城市建成区的急剧扩张与耕地的减少

冒进式城镇化导致城镇建设用地盲目扩张和无序蔓延,过度侵占了大量的优质耕地。根据建设部专家的数据,1991年—2000年全国城市建设用地每年平均增加150多万亩,2000年在300万亩以上,2002年在500万亩以上。沿海各省市2010年的土地指标在2001年已经用完。根据国土资源部的数据,在1997年—2000年期间,平均每年建设占用耕地270多万亩;而在2001年—2005年期间,该数量已经增加到328万亩。我国人均耕地面积已经从2001年的1.49亩降低到2005年的1.4亩,相当于同期世界人均耕地面积2.88亩的48.6%。更为重要的是我国耕地还有不断减少的趋势,见表4-1。

表4-1 我国人均耕地变化情况

年份	人口总量（万人）	耕地总量（亿亩）	耕地占国土比重（%）	人均耕地（亩）
2001	127627	19.1	13.29	1.49
2002	128453	18.8	13.25	1.46
2003	129227	18.5	12.85	1.43
2004	129988	18.36	12.83	1.41
2005	130756	18.31	12.82	1.40

资料来源:《中国国土资源年鉴》(2000年—2005年)。

2. 土地城镇化大大快于人口城镇化

我国城镇化存在着土地城镇化大大快于人口城镇化的问题。农民土地被城镇化了,但农民及其家属未城镇化。根据对86个由国务院审批的城市总体规划的城市的跟踪分析,1990年—2000年城镇人口规模增加了26%(按普查年城镇常住人口口径统计),城市建设用地却增加了67%。土地城镇化大大快于人口城镇化,土地城镇化过快产生大量的失地农民。2000年全国已有5000万农民失去土地,在2001年—2004年4年间,全国又净减了2694万亩耕地,按人均4亩耕地计算,相当于增加了670万农业剩余劳动力,如果按照这种趋势发展下去,到2020年又将有6000万农民失业和失去土地。[1]

---

[1] 陆大道,等.中国区域发展报告——城镇化进程与空间扩张[M].北京:商务印书馆,2007:3、104-119.

3. 土地非农化收益分配格局不合理

梁爽博士以河北省涿州市为例,详细调查分析了在现有制度安排下土地非农化收益分配格局,结果为:农民个人得到9.93%,农民集体得到4.46%,市(含镇)政府得到30.5%,市级以上政府得到10.6%,土地使用者得到44.5%。结论是:农民个人及集体所得收益占比例最小。[1]地方政府是土地非农化过程中的重要受益者,土地使用者是最大受益者。梁爽在同一论文中引用了沈飞、朱道林2004年的调查研究资料,该分析资料利用农村集体土地收益及城市居住用地基准价进行粗略测算,结果为政府和农村集体的土地收益分配比例约为17.7∶1,农民的经济利益严重受损。周一星教授2006年在广州中国城市规划学会成立50周年学术报告中,援引了有关部门的统计:近年来,地方政府的土地出让金收入为450亿元/年,纯收入159亿元/年,而同期土地征地补偿仅91亿元/年。

4. 城乡差距进一步扩大

从当前中国的城乡发展来看,城乡失衡的局面主要表现为4个方面。一是城乡收入差距。城镇居民可支配收入与农民纯收入的差距超过3倍,如果考虑到城乡差别化的福利保障及其他公共服务,这个差距将会更大。二是城乡消费差距。城乡居民消费性支出的差距也达到3倍左右。社会保障缺失造成的"有钱不敢消费"等问题也是制约农村消费的重要因素。三是工农产品价格剪刀差。计划经济时代这个问题比较突出,改革开放后虽然剪刀差逐步缩小,但起伏较大,剪刀差依然存在。特别是地方政府用低价从农民手里征用土地,然后高价拍卖,获取巨大的土地差价,从而产生了大量"种地无田、上班无岗、低保无份"的失地农民。四是城乡居民财产差距。据统计,仅住房一项,城乡居民财产的差距就达10倍。在教育、卫生、社会保障等公共产品的分配方面,偏重于城市,忽视农村。

5. 社会极化和城市居住空间分异的形成

所谓社会极化指的是社会构成上两头大、中间小的结构特征,表现为贫富差距加剧、社会结构趋于固化、社会流动趋于减缓等。在经济全球化的"时空压缩"下,大城市产业结构发生重组和变迁,城市劳动力日益分层,收入差距的拉大和社会极化,加速了居住空间的分异。与此同时,城市社区也由"单位制"向"社区制"转变。城市各类社会团体不断增加,多种多样的社会化的社区服务体

——————
[1] 梁爽.土地非农化及其收益分配与制度创新[D].中国科学院,2006.

系开始建立,小区业主委员会和居委会、物业公司构成了新的社区管理"三驾马车"。近10年来,随着外来人口的大量涌入,城市社区特别是近郊社区开始面临新的转型,表现为本地户口居民的减少和外地户口居民的大量增加。以苏州市为例,2010年本地人口与外来人口的比例为1.18∶1,到了2011年,全市总人口已超过1250万,其中本地人口630多万,外来流动人口有624万,基本达到了1∶1的比例。在这种新的社会关系背景下,本地人与外地人、本地人的不同集团之间的关系往往会呈现一种冲突性。

在土地财政和政绩工程的驱使下,一些地方政府把城市空间作为纯粹的商品出售,大城市旧有的空间格局开始全面重塑,表现出极为多元复杂的社会空间景观。地处城市中心的"胡同""小巷""弄堂"等建筑,大量被拆除和改造。许多城市更新活动在相当程度上演化为以房地产为驱动的"空间谋利"的代名词,削弱了资本在城市更新中的亲和力。

以南京市启动的新一轮城中村和危旧房改造任务为例,2012年起,用不到2年的时间,耗资400亿元左右用于拆迁。全市江南四区现有城中村、危旧房片区178个,其中城市功能板块或大项目带动的29个,由区负责改造的149个,占地436万平方米,房屋385万平方米。其中,占地5000平方米以上的项目有95个,占地5000平方米以下的项目有54个。对于拆迁居民的安置,市里拿出1万套安置房,原则上以实物分配为主,安置在丁家庄、花岗、岱山等保障房片区。但是,随着旧城改造向前推进,由于银根紧缩导致筹资困难和房价上涨促使拆迁成本上升,拆迁的难度越来越大。加上大量原有单位社区的居民拆迁搬走,这些社区的居民构成被大量改变。所改造地区的原居民多数被政府以市政拆迁的名义赶到了郊区,而政府则坐拥改造后土地的增值收益。

6. 大量失地农民产生和农村"空心化"出现

根据《2012年全国农民工监测调查报告》的统计,2012年外出农民工达到16336万人,增加473万人,较上年增长3%,其中举家外出农民工3375万人,增加96万人,增长2.9%。随着农民工的大规模外出,流出地的农村就会大量出现空心村和农村社区衰败的现象。"空心村"主要包含两个层面的含义:一是外在景观层面的"空心",即村庄用地"外扩内空"、农村住宅"人走屋空",这主要牵涉农村的土地利用、住宅规划等问题;二是内在资源层面的"空心",即农村劳动力、农村资金等流动到城市,由此造成了农村资源匮乏、农业生产萧条、公共事业衰败等景象。

近年来城镇化的高速发展,在很大程度上是建立在对农村的"高抽低补"基础之上的,直接导致农村的快速"空心化"。即抽去了农村大量的土地、青壮年劳动力、储蓄资金等优质生产要素,仅给予少量的征地补偿和政策补贴,拉大了城乡差距,牺牲了农村和农民利益。当前全国大部分农村都有"空心村"现象,中西部民工劳务输出省份如安徽、湖南、河南、四川等尤甚。这些省份大批农民工长期举家外迁,房子、土地长期闲置在农村。"空心村"最大的问题是在青壮年常年在外、村庄常住人口大量减少的条件下如何使农村公共生活保持生机和活力。人口过少也会导致治理失效,以留守老人、留守妇女和留守儿童为主要人口结构的农村社区会产生大量的社会问题。

三、对传统城镇化解决"三农"问题的质疑

传统城镇化把加快城镇化速度,大力促使农民离开农村去城市求发展,使农村剩余劳动力获得更多的非农就业机会,作为解决"三农"问题的关键。比如从事农村问题研究的专家陆学艺说,解决农村问题的最好办法是减少农民。林毅夫也认为,我国城乡发展不协调,最主要的问题是农村发展水平低,而农村发展水平低的核心问题是农民收入水平低。要提高农民的收入,不能单靠增加农业生产。农产品的价格弹性大,增产会导致农产品价格下降很多,造成"谷贱伤农"。要长期地增加农民的收入,最重要的是创造一个农村劳动力逐渐、大幅度地转移到城市来的政策环境,因为劳动力转移出来,农民就从农产品的生产者变成需求者,供给减少了,需求增加了,农产品的价格才能提高。要创造农村劳动力转移的机制。也就是说发展农村必须要跳出农村,必须通过城镇化来推动农村社会经济的发展。但也有不少学者认为"三农"问题不可能通过城镇化完全解决。更为重要的是,作为一个后发外生型的现代化的国家和农业大国,我国的工业化和城镇化不可能超越社会主义原始积累的规律。李昌平认为,我国"三农"问题主要是一种"权利贫困",这又相当程度上源于"制度性贫困",不解决合理的制度供给问题,"三农"问题解决无望。陈锋认为,我国"三农"问题年深日久,形成因素复杂,不可能指望依靠城镇化一剂良药在短时期加以解决。[1]解决"三农"问题要综合采用多种方式、途径,经过长期不懈的努力。把解决"三农"问题的宝压在城镇化上,有可能导致国家对农村、农村自身发展视线的转移和忽视,从而不利于为城镇化的健康发展构筑良好的基础。我们认为,中国传统城镇化的道路不但没有解决中国的"三农"问题,而且将"三农"问

---

[1] 陈锋.关于我国城镇化的非主流视角[J].城市规划,2005(12):18-26.

题演绎成特有的"四农一村"的问题,即在传统"三农"问题的基础上又增加了"农民工"和"城中村"的问题。我们只有改变传统的城镇化战略,走健康的城镇化道路,才能有利于从根本上解决问题。

第四节 城镇化转型——由规模导向转向制度导向

上文分析了我国城镇化进程中存在的严重问题,这些问题不利于城乡的统筹发展,也使很多学者对城镇化是否能有利于"三农"问题的解决存在着质疑,但"解铃还须系铃人",而不应该是"城市得病,农村吃药",必须转变现有的城市蔓延式的城镇化模式,走健康的城镇化道路,健康城镇化是推动统筹城乡社会经济发展的最为重要的基础和动力。

一、城市空间:由蔓延到紧凑的转型

1. 依据中国国情,走紧凑型的城镇化道路

城镇化作为内在经济社会发展的过程,其发展方向、模式和效用,都取决于特定国家的基本国情、经济社会背景以及相关的制度、体制和政策环境。不存在世界普适的城镇化的必然规律,我国城镇化不能简单照搬国外的模式。比如我国水土资源的有限性决定我国城镇化必须走一条空间节约型的道路。2000年,中国的人均耕地只有世界平均水平的47%,是澳大利亚的1/30、加拿大的1/19、俄罗斯的1/9、美国的1/8。根据表4-2可以看出,从典型城市来看,北京、烟台、南京、广州、苏州、黄山等城市人均建设用地又明显超过全国平均水平,全国平均水平为116.29平方米(建设部2005年颁发的《城市用地分类与规划建设用地标准》规定,国家用地标准的最大区间为60~120平方米/人)。从国际比较的角度来看,1992年世界著名的十大城市建成区人均占地面积大多数少于我国,开罗31平方米、巴黎(中心区)49平方米、汉城55平方米、东京76平方米、雅加达80平方米、莫斯科112平方米、纽约113平方米、新德里152平方米、墨西哥城182平方米、伦敦229平方米。根据中国的国情,我们必须要走一条资源节约型的城镇化道路,但我国许多城市人均建设用地已经达到相当高的水平,这是与我国的国情不相符合的。因此,我们要借鉴国外新的理论,结合中国的实际,走出一条符合中国国情的紧缩型的城镇化道路。

表 4-2　2006 年全国部分城市人均建设用地面积

城市	城市建设用地面积（平方千米）	非农业人口（市辖区）（万人）	2004 年城市非农业人均建设用地面积（平方米/人）	与全国平均值的偏离
北京	1254.00	879.28	142.62	26.33
天津	540.00	540.02	100.00	-16.29
大连	315.00	247.51	127.27	10.98
哈尔滨	331.00	341.30	97.27	-19.02
南京	544.00	447.04	121.69	5.4
苏州	214.00	150.14	142.53	26.24
烟台	178.00	128.31	138.73	22.44
广州	307.48	490.95	62.53	-53.76
西安	277.00	318.20	87.05	-29.24
成都	360.00	380.28	94.67	-21.62
黄山	32.00	18.86	169.67	53.38

资料来源：2007 年《中国城市统计年鉴》。

2. 由规模导向转向制度导向

在市场经济体制下规模控制的城镇化战略已没有继续存在的意义，促进要素集聚和解决城市问题并重的制度体系将成为重要的选择。也就是说，中国的城镇化战略必须进行截然不同的"范式转换"，才能适应计划经济到市场经济的转型。如果将城镇化视为社会经济要素在空间上以集聚为主要特征的新的配置与组合，并实现社会经济从量变到质变的过程，那么根据与城镇化相关的程度，可以把制度体系分为核心、配套与关联三个层次。其中核心层次主要包括户籍与土地制度，其意义在于"解除束缚"；配套层次主要包括社保、就业、就学、城建等制度，其意义在于"促进发展"；关联层次主要包括行政、规划、产业、税费、环保等制度，其意义在于"解决问题"。规模控制与制度建设是分别对应于计划经济与市场经济的城镇化发展战略，在市场改革不断深入的今天，规模控制战略在理论和实践上均再难以立足，事实上已被决策层的"规模侧重"所替代，所有的城市都在做大城市规模，城市空间出现了严重失控的现象。"规模侧重"战略仍带有浓厚的计划经济色彩，保留了过多的行政干预等非市场化因素，客观上淡化了"控制"，变相鼓励通过"廉价土地征用""区划调整""行政升级"

等手段刺激"城镇化加速",极有可能在城镇化有效吸纳农村剩余的目标实现之前,土地滥占、机构膨胀、财政危机、农民负担等问题就升级到不堪负荷的地步。为此,中国的城镇化必须从规模导向转向一种制度导向,这是一种彻底的"范式转变"。

3. 城镇化发展必须高度关注就业问题

基于我国就业问题的特殊严峻性及其对于有效转移农村人口的意义,有学者认为应该把就业问题作为第一国策来考量。然而,多年来,国家没有系统研究农村富余劳动力的转移和就业政策;在现行城乡分割的就业体制框架下,农民尽管存在严重的隐性失业问题,但是不能纳入政府有关就业的政策安排。在就业形势十分严峻、大量劳动力向城市转移的条件下,很多地方千方百计推动经济增长模式向内涵式转变,多年来一直在走资本密集型的工业化道路。许多城市和企业为提高城市竞争力和实现资本收益最大化,一味追求产业的资本增密和技术增密;许多基本建设工程被委托给了大资本集团,采取资本密集和高度机械化、自动化的建设方式,失去了为大量低素质劳动力提供就业的机会。因此,我国城镇化与工业化和经济发展,并非一个"滞后论"可以概括,更不是通过简单地推动农村富余劳动力向城市空间转移可以解决的。由于我国的基本国情、新中国成立后曾长期实行的"非城镇化的工业化"方针的惯性作用,规模巨大的农村转移人口与相对有限的工业和城市吸纳能力的矛盾,将是我国工业化、城镇化长期面临的基本矛盾。实现就业供给能力最大化应当成为我国确定城镇化和工业化模式、产业政策以及其他相关政策的重要基点。

4. 突破基于经济理性城镇化的局限性

我们认为,不能把城镇化简单地等同于人口转移和经济发展的过程,而忽略了城镇化对社会结构的作用和社会影响,忽略城镇化过程中的社会和政治发展。城镇化是社会结构、社会组织和制度的变迁过程,是一个涉及广泛和涵盖经济、社会、政治、文化等领域的发展过程。发展主义导向,随着市场化和城镇化的快速推进,促进了我国社会的深刻分化,社会由原来两个阶级一个阶层演变为多元化的阶层结构,城市发生了显著的结构性变化,"白领阶层"和中等收入阶层逐步壮大。主要由政府官员、管理人员、知识分子和专业人员构成的这一阶层,由于具有良好的素质,具有较强的民主意识和政治参与要求,要求社会给予更多的自治空间。同时,在城镇化的过程中,产生了相当一部分的弱势群体,他们对维护自己的利益的诉求越来越强烈。基于上述考虑,城镇化的进程必须关注社会结构变化,以及由此带来的城市治理的变革。

二、城镇化推动农村新兴产业形态的形成和社会空间重构

1. 城镇化推进新兴产业形态的形成

城镇化的不断发展是推动城乡协调发展的最为重要的动力,除了城镇化推动农村劳动力不断向城市转移以外,还主要表现在:随着城镇化的快速推进,城镇居民的需求更加多样化,因而产生了生态农业、休闲农业、观光农业等新的产业形态。这些产业是推动区域经济和农村社会经济发展的最为重要的动力,这在我国发达的东部地区表现甚为突出。以作者所在苏南地区为例,其为主动适应都市区经济社会发展和人民生活水平提高的新形势,努力丰富农业内涵,拓展农业发展功能,以保护和建设农业生态环境为前提,积极发展以"绿色、休闲、参与、体验"为基本特征,集生产、生活、生态和农业产销、农产品加工、农业旅游服务为一体的休闲观光旅游农业。有专家把以农、林、牧、渔产品及其加工品为原料进行工业生产的活动称为1.5次产业,认为大力发展1.5次产业是传统农业融入工业化进程的必然选择,是农业产业化和农业现代化在当前阶段的突破口和重点环节。在不具备发展大工业、零资源工业条件的广大农村,围绕农业做文章,以农促工,以工带农,是增加农民收入的新途径。从实践看,农产品加工是农业生产的延续,可以带动农产品储藏、保鲜、运销业的发展,延长产业链,提高农产品的附加值,使农业提供的不再是原材料和初级产品,而是价值倍增的市场产品,使农民从加工环节中获取部分利润。笔者想从更广的角度定义1.5次产业,我们认为,城市地域单元和农村地域单元二者的相互作用可以推进许多新兴产业形态的形成,这些产业的发展可以有效地推动农村地区的发展,它不同于传统的第一产业,也不同于第二产业,可形象地称为1.5次产业。

2. 城镇化推动农村社会空间再造

城镇化可以有效地推动我国农村社会空间的再造。首先,这是人口集中化的要求。在农村,对电力、道路、通讯、自来水等基础设施的要求和对教育、医疗、福利、防灾、治安、环境保护等公共服务的要求都在迅速高涨。[1]然而无论是基础设施的高效率建设,还是公共服务的高效率实施,都需要相对地提高人口的密度和规模,需要农村人口的相对集中。其次是农业生产的大规模化。随着城镇化的推进,自给自足的小规模农业已经难以为继,中国农业生产也进入了需要追求规模经济效益的时代。中国目前农村问题的关键在于人均耕地面

---

[1] 周牧之.托起中国的大城市群[M].北京:世界知识出版社,2004:3.

积的狭小,光靠农业无法满足农民提高生活水平的需求。因此,农村问题的根本出路是改革制约人口移动的户籍制度,将三农问题放在城镇化的背景中来考虑。特别是在农民无法进行就地兼业的欠发达地区,扩大人均耕地面积是提高农户收入的最重要出路。但如果没有人口移动的自由化,就无法扩大人均耕地面积来提高农民收入。以人口向大城市大规模转移为前提的农村社会的再建,需要以村合并、乡镇合并、户籍制度改革、土地利用制度改革、农村行政服务体制改革来实现。农村社会结构正面临着一场前所未有的大变革。

三、走健康城镇化与新农村建设相结合的道路

我国政府提出城镇化战略,为了有效遏制城乡差距的扩大,因而又提出新农村建设的战略认识二者之间的辩证关系,具有非常重要的意义。我国农村人口基数巨大,城镇化与耕地保护矛盾突出,城镇人口就业压力巨大,资源环境承载力已接近饱和,因此,城镇化率不一定非要像发达国家一样达到70%、80%或更高,可能在达到60%后城镇化率的增长曲线就会逐渐进入平稳阶段。那时农村人口仍有5亿人之巨,他们的生存和发展仍是一个突出的问题。因此,必须统筹城乡发展:一方面,是要通过提高城镇化水平,使更多的农村人口享受城市文明;另一方面,是要通过发展农村经济、改善农村生产和生活条件、提高农民的教育水平来缩小城乡差异。走健康城镇化与新农村建设相结合的道路是我国最现实的选择。

第五节　城乡社会空间融合的新思维

上文已经分析了我国城镇化发展存在的最大问题,那就是一种无序的蔓延和扩张。出现这样无序化的根本原因是什么,我国新型城镇化到底应该遵循一种什么样的深层逻辑,这是我们必须要清楚的。既然城镇化要从"地化"转型为"人化",那么"人化"的内涵是什么?这必须要搞清楚。城镇化导向就是都市型的社会。因此,空间转型—制度变迁—社会建设应该构成我国新型城镇化的深层逻辑。

一、城乡融合应遵循空间转型—制度变迁—社会建设的逻辑

从空间角度上来讲,要改变城镇化的规模导向,转型为制度导向,城镇化必

须要走资源节约型和紧凑型的道路,空间模式应该是"高密度、高效率、节约型、现代化"的,这条道路就是循序渐进的道路。另外,对于农村来讲,城镇化的快速发展对农村的社会空间产生了巨大的影响,农村社会空间出现了再造的问题。农村空间的变化必然带来农村土地制度的变革,而土地流转必然需要社会保障进行变革,还包括农民的宅基地的交易问题,这些问题得到解决才能进一步推动城镇化的可持续发展。在这里我们可以发现一条内在的逻辑线索,那就是城镇化必然带来一种空间变化,而空间变化又必然会带来制度变革,制度变革最终目标导向应该是塑造新型社会。

二、空间生产中城乡融合的新思维

1. 构建"二元城镇化"互动机制,大力发展县域经济

辜胜阻认为绝对的"大城市论""中等城市论""小城市论"者所主张的发展某一类城市的观点都不符合中国的实际。要以"城镇化"(非城市化)理论指导中国经济发展实践,在城镇化发展过程中实现城市化与农村城镇化并重、发展以大都市圈为特征的"网络发展式"城镇化与以县城为依托发展中小城市的"据点发展式"城镇化同步,避免小城镇过度发展和大城市盲目膨胀的双重"城市病",推进农村剩余劳动力有序合理地流动。[1]他还提出当前实施以城乡统筹发展为导向的城镇化战略,就是要构建城市化与农村城镇化协调发展的"二元城镇化"互动机制,将农村城镇化作为推动农村地区经济发展的引擎。县城是县域工业化、城镇化的主要载体,是农村城镇化最有发展潜力的区位,是形成城乡经济社会发展一体化新格局的重要战略支点。这是辜胜阻教授考虑到中国的国情提出的重要战略。笔者在研究长三角地区城乡一体化的过程中,也曾提出过"双基点"城镇化战略。其具体的内涵包含以下方面。

城乡空间融合战略必须立足于城市和农村两种转型和两种发展,城市转型必须以中心城市和县级市为依托,解决创新驱动的问题,其主要在于对先进生产要素的集聚。以小城镇化为依托的城镇化,解决"就地城镇化"的问题,两种类型的城镇化可概括为"双基点"城镇化。

首先,发展中心城市以创新驱动为主的功能意义的城镇化。过去 30 多年中,我国社会经济发展一直采取的是"后发优势"战略。"后发优势"战略主要特征是:在技术上主要是靠引进,或在研发上跟踪模仿国外先进技术,主要不是

---

[1] 辜胜阻.新型城镇化与经济转型[M].北京:科学出版社,2014:2.

靠自主创新;在产业上主要是靠创造优良的投资环境吸引外国直接投资,承接发达国家产业转移或外包而不是鼓励企业进行自主投资或者自主创业;在投入上主要是依靠低级的、一般性的生产要素而不是高级的、专业化的要素发展劳动密集型产业,或者承接发达国家转移的高技术产业的低端生产加工环节;在需求结构上主要依靠外需而非内需拉动,出口导向成为主要追求的发展目标;在比较优势上是用低成本要素而非依靠生产率提升参与国际分工和竞争,进入发达国家跨国企业控制的全球价值链的底部进行国际代工。[1]未来我们必须率先突破这种出口导向型的发展模式的"陷阱",由"后发优势"战略转向"先发优势"战略,表现在城市发展方面,就是必须要依靠转型升级和创新驱动实现可持续发展,为此,要加快城市和区域创新生态系统的建设,政府必须实现从创造财富向创造环境的转变。

其次,以小城镇为主的"城镇化"主要承担"就地城镇化"功能,促进工业化、农业现代化、城镇化协同发展,并承接中心城市外溢的功能。以小城镇化为主的就地城镇化也构成了未来城镇化的新战略。费孝通先生早在20世纪80年代就提出过"就地城镇化",但是今天重新提出的"就地城镇化"的概念与20世纪80年代提出的是有区别的。这种就地城镇化更多地表现在"网络化"空间结构中的"就地城镇化",不是封闭的"就地城镇化"。"就地城镇化"应该是区域经济发展到高级阶段的产物,即以区域的城镇化和城市的区域化为主,我国东部发达地区已经进入这个阶段。以苏州为例,虽然从总体上讲,苏州仍然处于"以工促农""以城带乡"的阶段,但与全国其他地区相比较,处于相对更高的发展阶段。20世纪80年代乡镇企业的发展促进了小城镇的快速发展,使得小城镇的基础设施得到完善,这也为"就地城镇化"奠定了良好的基础。90年代外向性经济的发展,基于一种全球化的视野,在一定程度上增加了城市的集聚效应,促进以中心城市为主的城市空间扩张和发展,充分发挥了大城市的规模效应集聚效应。但进入新阶段,苏州地区农村结构调整和农业的现代化速度加快,重新提出"就地城镇化"的概念有重要意义,它并不是试图否认以中心城市为主的规模效应和集聚效应,而是基于信息化时代要素流动性的加快,实现集聚效应和扩散效应的统一,是一种否定之否定的规律,而不是重新回到以前的"就地城镇化"的概念。"就地城镇化"以小城镇为载体,破解城镇化过程中所积累的社会矛盾,承接一些中心城市的外溢功能,缓解中心城市的压力,促进传

---

〔1〕 刘志彪.发展战略、转型升级与"长三角"转变服务业发展方式[J].学术月刊,2011(11).

统农业向现代农业转型。

两种类型的城镇化相互补充,相互促进,共同发展,以构成新城镇化的完整内涵和发展趋势。其内涵在于以"双基点"城镇化战略为指导,构建合理的城镇结构体系,这对于长三角等发达地区的城乡一体化发展仍然具有重要的指导性。

2. 构建相对完善协调的城镇体系

在今后一段时间内,城市空间扩张蔓延应转变为以协调城乡空间结构为主的均衡的城镇化模式。以2008年市政公用设施建设固定资产投资为例,城市人均投资分别是县城的2.26倍、建制镇的4.48倍、乡的7.27倍和行政村的20.16倍。城镇等级体系和规模结构出现严重失衡。2000年—2009年,我国特大城市和大城市数量分别由40个和54个骤增到60个和91个,城市人口占全国城市人口的比例由38.1%和15.1%增加到47.7%和18.8%,而同期中等城市和小城市的数量分别由217个和352个变化为238个和256个,城市人口比例由28.4%和18.4%下降到了22.8%和10.7%。另外,快速的城镇化很大程度上是建立在对农村生产要素吸附的基础上的,导致我国农村的快速空心化和农村人口主体的老弱化。近10年来,我国城镇年占用耕地在300~400万亩。因此,城市化的空间均衡是中国城市化进行过程中的发展方向,对于促进城市化健康、可持续发展具有重要作用。中国城市化的"非均衡"突显、"城市病"出现以及农村"空壳村"问题是"均衡型城镇化"的现实动因,在城市进程中以及城市化模式抉择的形势下,实现城市的网络化、寻找最佳城市规模、实行农村"就地城市化"和优化产业空间、促进产业升级,已经成为我国实现均衡型城市化的现实策略选择。[1]

在未来城镇化的过程中,要改变城镇化的空间模式,不能将所有的资源都投给大城市和特大城市,忽视中小城市和小城镇的发展。要不断地优化大城市的发展,加快中小城市和重点小城镇的基础设施建设,积极构建以特大和大城市—中等城市—小城市(包括县城)—小城镇—农村新型社会为框架的城镇等级体系。要科学推进农村新型社区及中心村的建设,使中小城市、小城镇在城乡统筹发展发挥重要的作用,以县域城镇化作为未来10~15年中国城镇化发展的重要环节。

---

[1] 张明斗.均衡型城市化:模式、动因及发展策略[J].兰州商学院学报,2011(6).

3. 构建以"社会"为主导的资本循环

上文提出了"双基点"城镇化空间战略，在实施该战略的基础上，需要从重建城镇化的资本循环的角度提出城乡社会空间的融合思路。空间生产既维系着资本的城镇化，也维系着民生的城镇化。要实现资本的城镇化向新型转型，必须促使空间生产创造的资本和财富更好地服务于民生。从资本循环的角度来看，发展民生、满足人民日益增长的空间需求，仍然需要充足的资本。

面向城乡共生、社会公平、空间共享的新型城镇化道路，其资本循环也应当由目前基于政府土地财政的传统资本循环模式，走向"新型资本循环"模式。[1] 这个新型资本循环模式，既要求扭转政府与社会在空间生产中的关系，也要求进一步发挥政府公共管理职能，扩大集体消费，有效地干预城镇化的进程。

面向新型城乡关系的城市土地开发必须打破传统的征地惯性思维，把城乡空间作为一个整体统一部署。要逐步减少城市特权、缩小征地范围，将空间生产和经济界建设的主动权赋予农村。近年来，城镇化中暴露出来的农村土地问题，与法律上尚未赋予农地使用权完整的物权性质直接相关。农村征地强拆、补偿标准过低等问题，深层次原因在于农地实际上为债券而非物权，使得农民难以成为谈判主体，难以通过承包地和宅基地的流转带着资本进城。因此，需要修改法律和法规，赋予农村土地使用权以物权的性质。同时，要按照十八届三中全会提出的"建立城乡统一的建设用地市场"的要求，以严格规划和用途管制为前提，建立公开、公正、公平的统一交易平台和交易规则，实现"同地同权、同地同价、同地同市场"，打破目前地方政府独家垄断的格局，活跃土地二级市场，促进土地抵押、租赁、出让市场的发展和完善。

城乡土地开发和利用比较可行且有效的办法，就是因势利导地使城市周围的乡村自发地转化为城市，而不是拆除重建；使乡村能够在符合相关法规和规划的条件下相对自主地安排空间生产，在集体建设用地上建设城市。

农村守着巨大的集体资产（即集体建设用地资源优势），但是不能成功地转化为资本和农村发展的动力，反而演变成复杂的"三农"问题，要解决农村贫困问题，就要盘活农村建设用地资产，赋予农村地区强大的内生动力。

4. "涨价归公"转变为"地化"与"化人"的结合

1879年，美国的乔治在《进步与贫困》中提出了将征收土地单一税作为推进社会进步的关键手段这一重要思想。

---

[1] 武廷海，等.空间共享——新马克思主义与中国城镇化[M].北京：商务印书馆，2014：1.

劳动力不能得到文明进步的利益,因为这些利益被截走了。由于土地对劳动是必需的,它已经属于私人所有,劳动生产能力的每一增加只是增加了地租——劳动为了得到运用其能力的机会必须支付的代价;这样,文明进步的全部有利条件均归于土地所有人,而工资得不到增加。1898年,英国的霍华德提出将土地的增值收归国有,作为城镇建设资金保障的重要思想,这一思想被称为"一条通向真正改革的和平道路"。

乔治的"涨价归公"思想以及霍华德的"田园城市"思想,都为西方国家的城镇化指明了方向。20世纪以来,西方资本主义国家对于土地和住房的税收调节明显加强。英国自二战以后经常调整土地开发的税收比例,税率一度达到很高水平;美国地方政府30%的财政收入来源于房地产税;一些城镇化后发国家,如日本和韩国,也特别加强房地产的税收调节,避免私人侵占全社会的劳动成果。另一方面,要努力把这些新增的财富一部分转移到社会保障、公共服务和科学技术研发的支出中去。用哈维的理论来说,就是要加强对第二次资本循环的调节,促进资本向第三次资本循环转移,这是化解城镇化危机的关键举措。

就我国而言,面向城乡共生、社会公平、空间共享的新型城镇化道路,其资本循环也应当由目前基于政府土地财政的传统资本循环模式,走向"新型资本循环"模式。这个新型资本循环模式,既要求扭转政府与社会在空间生产中的关系,从以政府为主体转向以社会为主体进行空间生产,也要求进一步发挥政府的公共管理职能、扩大集体消费、有效干预城镇化进程。以上这种思路其实就是一种将土地的城镇化和人的城镇化以及社会建设相结合的方式。

5. 探索城乡参与的土地开发模式

传统土地开发模式是基于城乡土地利用的制度壁垒,城乡土地流转限于城市向农村的"征地",这是由城市主导的、农村向城市的单向流转。征地制度具有非常大的不合理性。一方面,征地造成城乡空间权利的不平等,在农村建设用地指标和城市建设用地指标"增减挂钩"的制度安排下,城市对农村进行剥夺。另一方面,征地把有限资金用在拆迁等方面,对社会建设和公共服务方面的投入就会减少。十八大提出城乡土地改革的重要方向:坚持和完善农村基本经营制度,依法维护农民土地承包经营权、宅基地使用权、集体收益分配权……改革征地制度,提高农民在土地增值收益中的分配比例……促进城乡要素平等交换和公共资源均衡配置。

土地制度改革可以选择一些试点进行,在我国的成都、天津、苏州等地,通过试点来探索土地新的开发模式。另外,需要加快土地的确权工作,同时要以法律的形式确定下来,只有这样才能充分保障农村集体和个人的权利。房地产开发和交易是土地开发的延伸,未来在农村集体建设用地上也可以按照城乡规划的统一部署,有计划地开展房地产开发;农民也可以参与不动产经济,通过出售或出租房屋增加财产性收入;市民也可以购买或租赁农村住宅,满足多样化的居住需求。

总体而言,城乡共生、社会公平、空间共享的新型城镇化,要求在空间生产过程中寻求突破。转变政府主导的、城乡割裂的土地开发模式,建立社会广泛参与的、城乡平衡的土地开发方式,这是提升空间生产的一个关键突破口。

6. 建立城乡空间政策分区

当城乡一体化发展到一定程度,城乡差异将不再是制度差异,而主要是功能差异和特色差异。在功能上,城市地区是未来人口城镇化的载体,主要发展目标是有效保障城镇化人口的空间需求;农村地区则主要是保证国家粮食安全、生态安全、国防安全和社会稳定,同时满足留守农民的基本的空间需求。城乡空间管理,可以在消除土地二元划分的基础上,建立基于城乡功能、引导城乡空间差异化发展的新的政策分区体系,将国土划分为"城市政策区"和"乡村政策区"两个大的部分。总体而言,"城市政策区""乡村政策区"的划分,有利于驾驭"资本逻辑",引导空间开发的投资和收益有计划地从城市向乡村转移,缓解城乡利益矛盾。按照上述模式,随着城乡空间壁垒逐步消除,"城市政策区"和"乡村政策区"的空间开发、管理等机制将不存在本质区别,两类政策区完全可以合二为一,真正实现城乡发展一体化。

7. 建立城乡空间税收调节机制

建立以"财产税"为主体的税收机制,对于规范和约束城乡空间发展、调节社会利益和关系具有重要的意义。在建立以社会为主体的土地开发模式、扩大农村土地使用权利的基础上,也应当针对土地开发、房地产买卖建立城乡公平、统一的税收机制,将农村土地开发、农村商业性房屋买卖也纳入统一的税收管理体系,逐步建立覆盖城乡的财产税制度。

为避免土地财政萎缩,要利用好城镇化率从目前的50%提高到70%这个"过渡期",尽快转变财政制度,建立比较完备的税收体系。建立城乡空间税收调节机制,不但有助于将城乡土地和房地产开发、交易创造的财富转化为城镇化的资本保障,也有利于地方财政逐渐与土地财政脱钩,有利于城市发展从规模扩张向品质提升转化。

第五章　空间生产与中国城市社会空间重构

当前,城镇化被提到一个前所未有的战略高度,《国家新型城镇化规划(2014—2020 年)》对城镇化的重要意义有如下论述:城镇化是现代化的必由之路;是保持经济持续健康发展的强大引擎;是加快产业结构转型升级的重要抓手;是解决农业农村农民问题的重要途径;是推动区域协调发展的有力支撑;是促进社会全面进步的必然要求。所以,把握城镇化蕴含的巨大机遇、研判城镇化发展的新趋势新特点、应对城镇化面临的风险和挑战变得至关重要。

研究中国城镇化发展历程可以发现,中国的城镇化进程大致可以划分为两个阶段,第一阶段的城镇化(1978 年—1995 年)是建立在全球资本对中国劳动力的剥削基础上的城镇化,这一阶段的城镇化是以制造业为代表的产业工人的流动迁徙的低水平人口城镇化。第二阶段的城镇化(1995 年至今)是土地红利的空间生产引致的空间城镇化。权力与资本主导下的空间生产促使社会矛盾激化,出现了空间的泡沫化、同质化、异质化、低附加值化和物性化等。面对出现的"五化"问题,我们认为中国城镇化应该步入一个新的阶段,本书称之为都市化阶段。在都市化的过程中,空间生产仍然是最重要的特征,但需要将权力和资本主导下的资本循环转型为社会主导下的资本循环。同时,在都市化的过程中,空间表现出产城融合的特点,空间与社会之间的辩证和互动关系增强,社会力量对于空间生产和资本循环的塑造也随之增强。

第一节　空间生产与中国城镇化阶段

一、资本空间生产

资本积累与经济发展的关系是各种经济增长理论和发展经济学研究的最

主要的课题之一。各种经济增长理论研究和实证分析都从不同角度论证了资本积累在经济增长和发展中的不同地位和作用。古典经济学派的亚当·斯密和大卫李嘉图认为,资本积累扩大是国民财富增长的根本原因。早期的发展经济学中无论是哈罗德-多马模型、罗斯托的经济增长理论还是刘易斯的二元经济论,都把资本积累率放到了一个极其重要的位置,甚至一度"唯资本论"。直到20世纪60年代以后,西方经济学才开始越来越重视技术进步、要素生产力的提高以及人力资本等其他因素的作用。

强调资本积累在经济发展中的重要地位和作用,并不是"唯资本论"或"资本主义",而是基于一个事实分析一国或者区域经济增长的动力。一地地域系统的积累,通过累积因果效应,会出现三个结果:一是长期积累不足,就会造成一个地区的贫困落后,形成欠发达地区,如果这个地域范围是一个国家,那么就是发展中国家(或者称之为边缘国家);二是长期积累恰如其分,就会带来一个地区经济以一定的速度平稳增长,地区得以稳步发展,形成介于发达地区与不发达地区之间的地区,国家会成为介于发展中国家和发达国家之间的国家(半边缘国家);三是长期积累过度,主要表现为劳动盈余和资本盈余,成为富足的发达地区或发达国家(核心国家)。[1]

对于发达国家来说,劳动和资本是过度积累的,而劳动最终会转化为资本形式,那么最主要就表现为资本的过度积累。而长期的过度积累并不是一件好事,会引致许多问题,也与资本逐利的本性相违背,所以,资本必须要找到出路来最大限度地增值或者缓解过度积累的危机。有两种方式可以吸收过度积累的资金:一是时间转移;二是空间转移。具体来说,第一,时间转移,就是把资本投资于以社会支出为代表的长期项目,如教育、科研等,尽可能地推迟资本再次进入流通领域的时间,通过时间转移来吸收资本。第二,空间转移,就是把资本投资于本区域之外的别处,尤其是投资于长期积累不足的处女地,通过空间转移来吸收过度资本。而我们看到,发达国家的社会事业现在业已达到高度发达的状态,也就是说未来相当长的时间都已经被资本全部安排满,时间中全部充斥着资本,甚至时间维度中也出现了资本的过度积累,靠时间来转移过度积累的资本的潜力已经不大了。相较于时间而言,更有效的是空间转移,特别是在发达国家的资本时间转移已经全部饱和的今天。资本的空间转移就表现在全球范围内的发达国家的资本源源不断地涌向发展中国家的空间之中。资本在

---

[1] 大卫·哈维.希望的空间[M].胡大平,译.南京:南京大学出版社,2006.

全球范围内进行新一轮配置和空间扩张。又由于第三次科技革命,信息技术的发展、现代交通的建设、以互联网为代表的信息化的发展,大大缩短了时空距离,在全球化和信息化的背景下,资本在全球重新配置的速度更加迅猛,范围更加广阔,影响更加深远。哈维等学者把资本全球空间扩张的动力形象地概括为资本空间不平衡带来的"空间势能"和技术发展导致"时空压缩"带来的"空间动能"。

运用以上的资本空间转移或者资本循环的逻辑来解释中国的城镇化进程,我们可以将之前的中国城镇化划分为两个阶段。第三个阶段是笔者根据我国城镇化存在的问题,以及国内外形势和我国城镇化发展的新阶段所提出来的都市化阶段,旨在强调城镇化进程中的社会建设问题。

二、改革开放以来的中国城镇化进程

以上是资本空间生产的机理,中国城镇化正是基于经济全球化的背景下,资本在全球范围内重新进行空间扩张和空间配置的结果,是新殖民主义和新国际劳动分工背景下的城镇化。自由市场的资本主义财富来源有两个:劳动力和土地。[1] 相对应于这两个方面而言,中国的城镇化也经历了(简而言之的)人口红利和土地红利的两个阶段。前者是基于人口红利的制造业发展带来的工业化驱动下的城镇化,后者是基于土地红利的空间生产引致的空间城镇化。这两个阶段的划分以20世纪90年代中期为分界点较为合适。

第一阶段的城镇化(1978年—1995年)是建立在全球资本对中国劳动力的剥削基础上的城镇化,是以资本获得前所未有的高利润和与此相应的中国数量庞大而价格低廉的劳动力为前提的,这一阶段的城镇化表现为以制造业为代表的产业工人的流动迁徙的低水平人口城镇化。

1978年以来,在改革开放的政策引导下,中国经济逐步恢复,农村工业化稳步推进,城镇化稳步快速发展。1978年中国的GDP是3650亿元,到1995年达到了61130亿元,GDP增速在改革开放后迅速在1984年迎来一个高峰,达到15.2%,之后的峰值是在1992年,达到了14.2%,1978年到1994年GDP年均增长10.0%,中国迅速成为世界加工厂。这一时期,我国的经济发展与城镇化都进入了一个新的时期。经济的快速发展带来的人口转移促成了中国改革开放

---

[1] 武廷海,张能,徐斌. 空间共享——新马克思主义与中国城镇化[M]. 北京:商务印书馆,2014:87.

之后中国城镇化的第一次高潮。1949年新中国成立时中国的城镇化率是11%,到1978年改革开放前,中国的城镇化率是18%,也就是说那30年中国的城镇化率只增长了7个百分点。而到90年代中期,截至1994年年底,中国的城镇化率是29%,相较于1978年而言,提高了11个百分点,只用了16年的时间。也就是说,1978年到1994年中国的城镇化率年均增长0.69个百分点,相较于1949年到1978年城镇化率每年提高0.23个百分点,前者是后者的三倍。

这一阶段的城镇化从农村的城镇化开始。20世纪80年代初,中国进行了土地联产承包责任制的农村改革,它打破了计划经济时代以生产队和人民公社为组织形式的农业经济体制,调动了农民的积极性,极大地解放了生产力。农村经济发展迅速,乡镇企业异军突起,城乡二元结构开始松动,小城镇建设取得了较大发展。以苏南乡镇企业异军突起为典型代表,农村城镇化获得突破性大发展。"乡乡冒烟、村村点火",带动了百万农民向非农产业的大转移,创造了"离土不离乡,进厂不进城"的苏南模式。在乡镇企业的带动下,农村的集镇获得迅速发展,农村城镇化呈现突破性进展,形成了"小城镇大发展"的城镇化格局。有了非农产业的乡镇工业,又有了生活条件较好的小城镇,农村剩余劳动力就地转移带来了苏南就地城镇化的雏形。

国家的"撤县改市"掀起了我国城镇化发展的高潮。1986年开始调整设市标准,除了人口指标外第一次增加GDP等经济指标,实行"撤县改市",推广"市领导县",全国设市的数目不断增加,建制镇也大幅提升,1978年我国一共有193个城市、2173个建制镇,1985年中国的城市总数达到了324个,建制镇增加到7511个,改革开放短短8年多,全国的城镇人口就增加到了2.5亿,农村非农就业人口达到5560万人。1995年前后成为全国设市建镇最多的年份。

这一时期城镇化发展的主线是:人口红利—制造业发展—工业化—城镇化。

劳动力和土地是中国农民参与城镇化的两种主要资源。可以说,资本是通过作为可变资本的劳动力的身体来循环的,并因此把劳动力变成资本循环本身的附属物,工人被变成资本增值的直接手段。改革开放后的农村改革使劳动力从农业生产中解放出来,参与非农业生产,劳动力成为商品,参与市场交换,在这样的背景下,中国的人口红利被快速释放出来。这期间中国的就业人口以平均每年0.5%的速度递增,1978年中国的就业总人口是4亿人,到1994年年底这一数字变成了6.7亿,并且就业人口明显呈现往城市倾斜的趋势。工业劳动者队伍进一步壮大,1995年全国工业企业和工业生产单位的从业人员为

14735.5万人,比1985年增长56.8%;工业从业人员占全社会劳动者比重由1985年的18.8%上升到1995年的21.4%。

人口红利带来了中国的制造业大发展,空间生产表现为空间内具体事物的生产,资本集聚在初级循环。资本的全球扩张在中国形成的是全球性产业集聚,投资于制造业,带来制造业的大发展。截至1996年年底,我国总共有制造业法人单位1275921个,占总法人单位的28.98%;制造业从业人员有9655.83万人,占国家全部从业人员的42.04%。在对外贸易工业品出口中制造业产品比重不断上升。1995年乡及乡以上工业企业产品出口交货值比1985年增长了13.7倍,出口交货值占工业成品销售价值的比重由1985年的6.6%上升到15.0%,制造业产品出口交货值达7537.8亿元,占工业出口交货值的比重由1985年的87.1%提高到96.7%,而矿业产品出口交货值197.7亿元,比重由12.8%降至2.5%。

放眼全球化的视角,应该说这一时期的中国以制造业为代表的工业经济的快速发展,是在经济全球化及产品内分工深化过程中,迎合了发达国家跨国公司劳动密集型生产制造环节全球转移的需求,更多地体现了我国在劳动力价格、基础设施和优惠政策等方面的综合优势。

制造业的发展又促成了工业化快速发展。1978年后中国的工业经济总量规模不断扩大,工业发展速度明显加快。到1995年末全国工业企业和工业生产单位为734.2万个,比1985年末增加了41.6%;从业人员14735.5万人,比1985年末增长了56.8%;资产总额为88374.4亿元,比1985年末增长了8.2倍;1995年工业产品销售收入77231.2亿元,比1985年增长了7.8倍;工业增加值为24353.7亿元,占GDP的41.8%,按可比价格计算,比1985年增长2.5倍,平均每年增长13.4%;工业总产值为91893.7亿元,按可比价格计算,比1985年增长4.1倍,平均每年增长17.6%。1985年到1995年是新中国成立以来工业经济增长速度最快的阶段。

大批农业人口转向非农的制造业的过程、大批农民转化为产业工人的过程本身就是城镇化的过程。这一阶段的城镇化的问题在于:第一次人口红利是我们传统意义上的劳动力丰富和储蓄率高。有学者预计到2015年以后会出现一个转折点。第一次人口红利的利用形式主要是劳动力从农业转向非农产业,虽然转换了就业结构,但其身份并未转变,其消费模式、生活方式、社会文化并没有发生相应的转化,所以他们的消费贡献、对公共服务的享有及对基础设施的需求还没有被充分挖掘。因此,这个阶段的以制造业为代表、以产业工人为主体的城镇化是片面的城镇化,是不稳定的城镇化。

第二阶段的城镇化(1995年至今)是由土地红利的空间生产引致的空间城镇化和资本城镇化,是建立在全球资本对中国城市空间扩张的基础上的城镇化,也可以说是以中国土地财政和全球资本对中国城市空间的侵袭为前提的。这一阶段的城镇化是以开发区和大学城的大肆兴建为代表的土地流转与低水平扩张的土地城镇化。

在经济全球化背景下,资本主义的空间扩张已经蔓延到社会主义的中国。这是必然的现象,随着中国社会主义市场经济的建立,参与到全球化经济体系之中,必然就会融入资本主义经济体系。而经济全球化表明资源能够在全球范围内更好地配置,同时也说明资本可以进入全球的任何一个区域,中国未能幸免于难而独善其身。

这一时期中国的经济增长动力发生了变化,在第二产业内部,工业对GDP的贡献率呈下降趋势,而建筑业对GDP的贡献率则逐年攀升。同时,中国的城镇化率在逐年上升,这说明这一时期中国的城镇化已经向建筑业和房地产业带动下的资本空间生产的城镇化转移。这里一个重要的事件就是东南亚金融危机对我国城镇化产生的影响。我国实行了住房制度的改革,把房地产作为主导产业大力发展。全球资本大量进入中国,推动了中国城镇化的快速发展,其表现就是新一轮城镇空间的猛烈扩张甚至一度失控。

改革开放以来,我国出现了三次大规模快速的城镇化发展阶段,分别发生在1985年—1989年、1992年—1995年和2001年以来。[1]第一次城镇化快速发展,是长期发展累积的结果,并没有产生明显的负面倾向。第二次城镇化快速发展表现为大规模的开发区建设。1992年—1994年全国兴办各类开发区2800个,开发区建设成为这一时期城镇化发展和城镇空间扩张的推动力量。1996年—2005年,中国的城镇化率年均增加1.4个百分点,中国的城镇化进入了发展最为快速的时期,在周一星的分类中这属于过度城市化,呈现出明显的超常规加速提升态势。我国在"九五"和"十五"期间,特别是"十五"期间提出"要不失时机地加快城镇化的发展",使本来已处于快速发展状态的城镇化进一步加速。自2001年以来,我国城镇化在原来快速发展的基础上进一步加快,导致城镇化在一定程度上出现了冒进的态势。2000年至2005年,我国城镇人口由4.56亿增加到5.62亿,增加了1.06亿,平均每年增加2100多万人。在这期

---

〔1〕 陆大道,等.2006年中国区域发展报告[M].北京:商务印书馆,2007.

间,我国城镇空间严重失控,产生了严重的后果。竞赛、攀比和大规划大圈地之风越刮越猛烈。城镇周围的空间严重失控,许多耕地和农田被毁掉,制造出大量的失地农民与城市边缘人群。农村人口急速、大规模地向城镇迁移或转移,远远超出了城镇的就业吸纳能力和基础设施承载能力,快速的城镇化引发出了严重的资源环境和社会问题。

这一时期土地城镇化快于人口城镇化。1990年—2000年,我国城市建设用地面积扩大了90.5%,但城市人口仅增长52.96%,土地城镇化的速度是人口城镇化速度的1.71倍;2000年—2010年,城市建设用地面积扩大了83.4%,但城镇人口仅增加了45.1%,土地城镇化速度是人口城镇化速度的1.85倍。这里的人口城镇化率还是按照城市常住人口计算得出的,如果减去2亿多生活在城市但没有城市户籍、不能充分享用城市资源的农民工群体,那么土地城市化率是人口城市化率的2倍多。在很多地方,城镇化演化成大规模的"圈地运动"。

人地矛盾越来越突出。与大规模的土地城镇化相对应的是耕地面积的锐减,我国的人均耕地面积由10多年前的1.58亩减少到目前的1.38亩,仅为世界平均水平的1/2。从2000年开始,全国城市建成区的使用效率开始下降。这表现为,单位面积内GDP增势明显减缓,且这10年间所扩张的面积中68.7%来自耕地,这是对农业和环境的极大破坏。

这一时期城镇化发展的主线是:土地红利—土地财政—空间生产—土地城镇化。

一方面是土地市场化改革。1994年之前的土地市场是从开放的沿海发端,内地的土地市场并未放开,仅为吸引外资打开极少数口子。为了解决地方政府财权、事权不匹配的问题,1994年国家推行分税制改革,土地增值收益归地方政府,同时规定土地必须进行统一的"招拍挂",国家垄断了一级土地市场。放开土地市场,犹如打开了潘多拉盒子,一发不可收拾。表5-1反映了2006年—2012年全国土地出让收入增长的最基本情况。

表 5-1 2006 年—2012 年全国土地出让收入情况

年份	土地出让金收入（万亿元）	占同期地方财政收入的比重（%）	比上年增长（%）
2006	0.7	41.9	
2007	1.3	50.7	85.7
2008	0.96	33.5	−26.15
2009	1.59	48.8	65.63
2010	2.7	76.6	70.4
2011	3.15	71.4	16.67
2012	2.89	42.1	−8.25

资料来源：历年《中国统计年鉴》。

另一方面是住房商品化改革。党的十四大提出建立社会主义市场经济，随后 1994 年把住房的分配方式从实物分配改为货币分配，逐步建立经济适用房和商品房的供应体系，1998 年住房的商品化分配正式停止，全部改由货币补偿，至此完成了住房商品化改革，把原先占绝对主导的单位福利性分房改为商品化住房，并且在 2000 年之后，经济适用房的占比逐年缩小，从 2000 年的 16.4% 缩减为 2010 年的 3.1%。

随着土地改革和住房商品化改革的完成，地方政府热衷于土地财政。一方面，土地国有赋予了地方政府代表国家行使土地所有权的权力，土地转用的严格规定又为地方政府垄断土地一级市场提供了制度保障；另一方面，客观上迫于财政巨大资金需求的现实压力，主观上追求 GDP 主义和政绩升迁的动机，使 2000 年之后土地财政愈演愈烈，2008 年全国土地财政收入为 16255 亿元，到 2011 年增加到 41545 亿元，3 年增长了 2 倍多。国土资源部咨询研究中心的数据表明，2009 年土地出让收入占地方政府财政收入的 48.8%，其贡献份额早已超过工商税费而雄踞半壁江山，到 2011 年这一数字则高达 71.4%，为当年 GDP 总量的 7.3%。土地财政使得地方政府在城镇化建设中陷入追求外延扩张的恶性循环。

一些人热衷于急功近利的城镇规划编修，一些城市总体规划刚刚做完又重新修编规划，甚至请外国专家做不切实际的"发展战略规划"，造成了很大的浪费。有些 10 万到 20 万人口的小城市，5 至 10 年规划要变成 50 万人口的大城市，50 万人口的城市 10 年规划要做到 100 到 120 万人口，以做大人口规模来给城市用地扩张一个冠冕堂皇的理由。

第五章 空间生产与中国城市社会空间重构

这一阶段的城镇化的表现形式是空间城镇化,是资本逻辑主导下的城镇化。随着中国的城乡空间参与全球资本转移,空间参与市场交换的领域逐步扩大,空间与资本融合的广度与深度不断增强,意味着空间生产逐渐成为城镇化过程中不可或缺的力量,中国城镇化逐渐步入"资本城镇化"的进程。

大规模的城市化始于资本主义时代,资本关系在其历史发展中顺应并促进了空间生产的历史发展逻辑。《共产党宣言》中说:"资产阶级使农村屈服于城市的统治,它创立了巨大的城市,使城市人口比农村人口大大增加起来","资产阶级日甚一日地消灭生产资料、财产和人口的分散状态。《共产党宣言》说:它使人口密集起来,使生产资料集中起来"。资本逐利的本能驱使它把空间作为一种增值手段纳入了资本规划,这是资本的本性使然,也是哈维的资本三次循环中的第二次循环,即资本投资于建成环境的投资。资本一旦超越了空间中具体商品的生产,从初级循环跃到投资于建成环境的空间生产,空间就成为资本存在的一种表现形式,那么空间中的一切要素都将被纳入资本逻辑中,包括空间的生产关系、空间的社会关系、空间的价值取向等。空间已经超越了物理范畴,而成为形塑资本主义生产关系的社会关系的范畴。正如列斐伏尔所说:"空间是社会性的;它牵涉再生产的社会关系和生产关系。"

资本城镇化的背后是生产关系资本化,是社会关系资本化,是价值取向资本化。在空间的作用下,资本逻辑下的城镇化,把城镇的价值取向变成资本价值取向。《共产党宣言》说:"它使人和人之间除了赤裸裸的利害关系,除了冷酷无情的'现金交易',就再也没有任何别的联系了。它把宗教虔诚、骑士热忱、小市民伤感这些情感的神圣发作,淹没在利己主义打算的冰水之中。它把人的尊严变成交换价值,用一种没有良心的贸易自由代替了无数特许和自力挣得的自由……"

第二节 权力与资本主导下的空间生产及其问题

一、空间成为资本主义内部矛盾的载体

在任何一个领域,资本价值的最终实现都必须通过消费将商品资本转化为货币资本。近期来看,虽然城镇化空间和资本增值得到发展,但长远来看,权力和资本逻辑主导下的空间生产对中国城镇化的健康发展是相当不利的。空间生产沦为权力和资本逐利的工具,中国的城镇空间将承载资本主义经济危机的

风险。空间扩张的本质是资本主义的内部矛盾向空间转化,空间成为资本主义内部矛盾的载体。我们知道,资本主义的基本矛盾是生产社会化和生产资料资本主义私人占有之间的矛盾,也称为资本逻辑的悖论。一方面,生产无限扩大,而与之对应的是,劳动人民购买力相对缩小,也就是说供给无限扩大而支付能力相对不足。资本主义越发展,生产社会化程度就越高,财富就越集中在极少数人手里(这些人本身的需求是极其有限的),而广大劳动人民的有效需求就越不足,也就是说供给和需求之间的缺口越来越大,资本主义的矛盾越来越尖锐。当这种矛盾的尖锐程度达到或超过临界值,供给和需求完全脱节时,就会爆发资本主义的经济危机,表现为全社会的生产过剩。[1]资本主义历史上有过几次严重的经济危机,都是以普遍生产过剩为标志的并且周期循环,如世界最早的1825年英国经济危机、1857年始于美国的第一次世界性的经济危机、1929年大危机等。由于资本逻辑的悖论,资本主义的生产和消费很难维持在一个平稳状态,因而时刻面临着过度积累的问题。

资本主义的基本矛盾在空间表现亦是如此。资本通过掌握空间中的最重要要素——土地,迅速把财富集中在少数人手中,于是,在土地上生产产品的人用不起土地中生产出来的产品,建大楼的民工买不起房子。而当这一生产还在持续,当空间无限扩张,超过一定的度,量变引起质变时,空间再也掩盖不了资本主义的内部矛盾,这时候,资本主义的内部矛盾就在空间爆发出来,表现为空间的失控与空间有效需求的不足,造成供需之间巨大的缺口,甚至完全脱节,形成空间的极化和极化的空间,城市发展成二元城市,特别直观的现象就是鬼城,鬼城与资本主义经济危机时的萧条景象无异,是给我们的深刻警醒,必须引起重视。资本与空间"联姻",一方面,资本逻辑极大地促进了空间生产,扩大了社会生产力,推动了中国城镇化的进程;另一方面,资本逻辑造就的过度生产和无序扩张造成了空间资源的浪费,背离了空间生产的终极目的,导致了空间生产的异化,同时激化社会矛盾。

空间背后是社会关系。资本的空间按照某些标准把人分类安排,如按照年龄、收入、生活方式、消费习惯把人分类别、分等级,空间被按照社会关系有序安排。我们所看到的空间特征就是这一社会关系和利益博弈的结果的外在表现形式。人,作为社会中的人,不可能独立于社会关系,也不可能超越空间,用资本利诱和强权镇压,可能带来表面的风平浪静,实则会暗流汹涌,社会底层的群

---

[1] 马克思,恩格斯. 马克思恩格斯选集(第1卷)[M]. 北京:人民出版社,1995:276 – 277.

体会以自己的力量对这种失衡的空间进行抗争。强拆造成的流血事件就是边缘化的群体用自己的力量以自己的方式进行的抗争。市场经济的实行、资本空间的侵入、资本价值的蔓延、大规模的社会流动带来了一系列问题,如农村的空心化、骨肉亲情的长期剥离,在空间边缘化的背后是农民政治、经济、社会、地位的全面边缘化,加上失误的政策导向,这种边缘化经由空间这种形式被赤裸裸地暴露和固化,最终是价值观的失落和信仰的迷惘。在这种情况下,一旦一个人脱离了主流社会关系,脱离了制度的庇荫和约束,则个人会表现出可怕甚至极端的力量,如公交车纵火、火车站砍人等报复社会的行为,正是扭曲了的心理意志的表现。

二、权力和资本主导下的空间生产的问题

目前,中国城市空间建构是在三大历史趋势的共同影响下进行的:一是新旧全球化的更迭,主要表现在大片的城镇成为全球资本转移新的空间;二是中国作为新兴经济体的经济增长方式转变和产业结构优化升级,城市空间和土地用途转变掀起一场关于空间增值和空间生产效率提高的革命;三是空间生产和空间消费成为中国现代化建设和全面小康社会建设的原动力,城镇化成为国家战略引领当今中国生产方式和生活方式变迁,这种空间生产和消费却是塑造中国现在社会关系的最重要的推动力。[1] 在这个伟大的历史进程中,权力和资本主导下的空间生产引发了许多问题。

1. 空间生产的泡沫化

传统城镇化是市场起基础性决定作用的城镇化,是先需求再供给的城镇化,有了市场需求再相应地发展城镇化,有了产业经济和产业工人再筹备城镇空间。资本空间生产下的城镇化是通过城镇化空间的建设来激发需求,先供给再需求的城镇化。先把城镇空间建设得非常漂亮,通过土地利用方式的城镇化带动空间城镇化,通过现代化的高楼大厦、柏油马路、高端洋气的商品住宅楼、繁华的娱乐消费场所的建设,来倒逼人的城镇化和生活方式、消费需求的城镇化转变,以供给带动需求,以投资促进内需。我们把城镇化作为扩大内需发展经济的最大动力所在,把城镇化提到战略高度,空间生产成为推动城镇化的重要力量。通过城镇空间的建设来带动空间内要素的城镇化(包括人的城镇化,生产、居住、消费的城镇化),空间生产成为塑造现代中国社会关系的最重要的

---

[1] 孙江."空间生产"——从马克思到当代[M].北京:人民出版社,2008:108-129.

推动力。

例如，从2004年迄今，每年欧盟主要城市的住房竣工总量加起来还不如北京或者上海一座城市的竣工总量；在未来20至30年内，全世界新建的30层以上的摩天楼，90%将建在中国；中国两年半的新建住房总量就相当于新建一个纽约或者伦敦。

这一战略本无可厚非，经济学理论表明适度地扩大供给是可以刺激需求的，但是，若罔顾需求而仅仅强调供给必然走不长远，事实证明这一方式一度遭遇了危机，如产城割裂、形成鬼城等。

本来，"鬼城"属于地理学名词，据全国科学技术名词审定委员会审定，鬼城是指资源枯竭并被废弃的城市。现在，随着中国城镇化的推进，出现了越来越多的新规划高标准建设的城市新区，这些新城新区因空置率过高，鲜有人居住，夜晚漆黑一片，被形象地称为鬼城。鬼城什么都不缺，只缺人，2013年中国内地鬼城现象蔓延，鄂尔多斯、营口、唐山等位列"中国十大鬼城"，康巴新城、呈贡新城、郑东新城等位列"楼市七大鬼城"，就连东部发达地区也有鬼城魅影，如江苏常州等。

缺乏足够有效需求而盖了那么多的房子，造成大面积普遍化的空置，这是陷入了资本的逻辑中。所谓资本逻辑，就是在生产过程中不断追求资本价值增值的逻辑。所谓资本主义的路子，就是为了资本的增值和逐利，一味扩大生产，而不顾有效需求的不足，一味扩大商品生产和商品供给，在空间生产中，空间被当作一般商品被源源不断地生产出来。当城镇空间的供给远远大于了其有效需求，就会出现城镇空间的大面积普遍性过剩，导致经济危机发生。中国城镇化就是在资本的主导下，一味考虑短期内资本的增值而盲目扩大城镇空间生产。事实上，早期资本增值也确实做到了。资本增值不会考虑到最终环节的需求、消费和使用，很多时候资本在生产环节本身就已经攫取到了巨额利益然后适时撤离，资本不会对从生产到交换到消费的全过程负责。以下这段"对话"简单揭示了中国城镇化过程中空间生产的资本逻辑：

侄：叔，最近咱们建的房子好像没什么人买呀。

叔：这事你别管，你只要给我把房子建起来就行。

侄：建起来卖不掉怎么行？

叔：我开发房子不是用来卖的，也没几个人买得起，那只是个面子工程。

侄：你不卖那钱从哪来呀？

叔：找银行贷款呀！

侄：那不用还吗？

叔：比如我从银行贷款5亿，最多花2亿去投资开发房子，3亿就成了自己的了，房子还用卖吗？房子建成后就开始猛炒，把房子炒成价值10亿，不用管有人买没人买。然后就是往外送房，把最好的房子送几套给"人民公仆"，到那些"公仆"手上也有不少房子时，他们也不想让房价掉下来，就会为我们服务了。

侄：那钱不用还银行吗？

叔：还什么钱呀！我用现在的房子做抵押，市值10亿呢，然后再去贷款开发另一幢。

侄：要是最后银行没钱了怎么办？

叔：贷款不了，咱就宣布破产，把房子全算给国家，反正叔的钱全转到国外去了。

侄：原来房子不是盖来卖的，也不是盖来住的。

其实，在这个过程中，关键的一环是"炒房价"，怎么就能轻易把2亿的房子炒成10亿？这里面就涉及一个不动产的动产化和交换价值重于使用价值的问题。

不动产的动产化，是指在资本转移过程中，那些不动产被卷入了商品交易的洪流中，成为流动的财富。

这里的不动产，首先是土地。从一个间接数据来看，国家城镇土地使用税从2005年的137.34亿元增加到2012年的1541.72亿元，7年增加了10.22倍。国家土地增值税从2007年的403.1亿元增加到2012年的2719.06亿元，5年增加了5.77倍。国家耕地占用税从2005年的141.85亿元增加到2012年的1620.71亿元，7年增加了10.43倍。由此可见，土地在用途转换和流转过程中实现了数倍的增值。土地有偿出让成为吸引资本最便利的方式，土地本身也成为一个最重要的资金来源。土地完成了从作为生产要素投入工业化生产到空间生产独立载体和空间增值途径的华丽转身。比土地财政更加疯狂的是土地金融，即通过土地抵押从银行直接获得贷款，目前中国土地抵押的总体规模已经远远超过土地出让金收益。2011年，我国东部城市建设资金中仅有30%为土地出让金收入，60%为土地抵押融资；中西部城市仅20%为土地出让金收入，70%为土地抵押融资。

其次是房产。20世纪90年代中期以来，尤其是2001年以来，商品房价格猛涨。表5-2是几个主要城市2012年的房价平均水平和2003年水平的对比。十年间北京、上海、苏州的房价涨了3倍多，全国平均水平涨了1.5倍多。

表 5-2　几个主要城市 2003 年与 2012 年房价对比

城市	2003 年（元/平方米）	2012 年（元/平方米）	涨幅(%)
武汉	2227	8500	282
北京	4456	20700	365
上海	5118	22595	341
广州	3888	14044	261
深圳	5680	18900	233
苏州	2553	11199	339
全国平均	2091	5429	159

资料来源：国家统计局网站。

从另一个国际上通用的指标——房价收入比（是指房屋总价与居民家庭年收入的比值）来看，国际上认为适宜的房价收入比为 6～8，2012 年我国城镇的房价收入比高达 12.07，一线城市房价收入比高达 25.25。而世界其他城市的房价收入比为：伦敦 6.9，首尔 7.7，纽约 7.9，悉尼 8.5。由此可见，不管是纵向对比还是横向对比，不管是绝对水平还是相对水平，中国的房价现实是居高不下。房价的扶摇直上从另一个侧面佐证了土地的增值速度，地价和房价形成捆绑式上升。

再次是空间。在地价和房价协同上涨的推动下，空间整体抬价。如果说土地有偿使用制度的建立初步将生产性空间转变为固定资产，从而部分空间进入工业生产的资本初级循环，那么土地市场化改革和住房商品化改革的完成则进一步将城市生活空间转化为"耐用消费品"，把整体空间纳入市场和交易中去，空间作为固定财富和流动性财富的结合，其市场价格和交换价值愈发走高。土地金融化、房产投机化，导致土地和房产的金融资产属性大大提高，地价和房价越来越脱离地租和房租的实际价格而越来越表现为资产价格，并且受宏观经济形势和货币政策的影响，也刺激了投机性需求的暴涨。土地金融属性的增加使土地上相关附属物（如房产）的金融相关性和风险性大大增加，房产也超出实物价值部分，越来越成为一种金融资产。房产作为一种抵押交换融资的渠道，其后果必然是投机性大为增加。

前资本主义生产方式注重使用价值的生产，与此不同的是，资本主义追求的是资本最大限度的增值，而资本增值通过交换和消费实现，所以，追求最大限度的交换价值成为资本生产的特征，在资本逻辑下，资本空间生产的特征是注重空间的交换价值大于使用价值,空间追求交换价值超过使用价值。甚至部分空间生产是只追求交换价值,而不注重使用价值,或者说,就算是注重了使用价值,那也是为了获得更高的交换价值而为之。资本主义生产中,交换价值排第一位而使用价值排在第二位。推高房价正是抬高空间交换价值的表现,不少甚至只注重交换价值而完全不顾使用价值,继而出现了房地产金融和房地产投机倒把。

图 5-1 卫星拍摄下的中国鬼城　　　　图 5-2 鬼城郑州新区

图片来源:http://www.360doc.com/content/12/1007/22/9322809_240120981.shtml。

图 5-1 和图 5-2 是卫星拍摄下的中国最大的鬼城——郑州新区。耗资 190 亿美元兴建的新区里,满是空房,高层住宅楼也空空如也,马路很敞亮,没几辆车辆也没几个行人。如此景象,在中国其他城市空间并不罕见。

2. 空间生产的同质化

"资本主义和新资本主义的空间,乃是量化与愈形均质的空间,是一个各元素彼此可以交换因而能互换的商业化空间,是一个国家无法忍受任何抵抗与阻碍的警察空间。因此,经济空间与政治空间倾向于会合一起,而消除所有的差异。"列斐伏尔对资本主义空间的描述与我们今天的城镇化具有很大的相似性。未来中国将从以农耕文化为主导的乡村文明走向以工业化为主导的城市文明。而现代工业文明追求的是标准化的生产流水线,很容易使城市如产品般毫无特色而千城一面。我国的快速城镇化进程伴随着资本空间生产过程,城市空间沦为资本主义生产史上的流水线,空间在资本和政治的驱使下走上了标准化生产流水线,被迅速地压缩制造出来。有时候我们也有这样的感受,身处大城市之中,满眼尽是高楼大厦、宽阔的柏油马路、车水马龙,高档的消费场所连锁经营,不看地名甚至分辨不出这究竟是哪一个城市。在城镇化快速发展、空间生产迅速扩张的过程中,中国城市或多或少都存在现代化发展与传统文化割裂的问题,把象征城市文化、城市性格和个性的历史文化遗产"修旧如旧",殊不知,就在这修复重建的过程中,城市的灵魂在慢慢消散,城市的棱角被慢慢磨平,城市的个性在慢慢褪去。北京不少大厦就是把老文物毁掉后建的"假文物",这已失去了文物的价值和本真;天津的一个中国最早的小邮局,为了修一条柏油马路被拆掉了;南京为了建一栋现代化大楼而要拆除仅存下来的一处慰安所遗址,为了修地铁砍伐了民国时期的梧桐树……而当我们发现这一行为的不妥,认识到城市的个性特点与文化遗产的重要性的时候,却要花费相当大的力气恢复。始建于20世纪初的有着100多年历史的济南老火车站,由德国著名建筑师赫尔曼·费舍尔设计,曾是亚洲最大的火车站、世界上唯一的哥特式建筑群落,也是济南的标志性建筑之一,在1992年被拆除,而现在又将投资15亿元复建,不过,可以肯定的是,建筑的魂已经不复存在,原汁原味是不可能了。文化部前部长刘忠德认为:"在所谓的城市现代化建设的过程中,中国的大城市、中等城市、小城市几乎都变成了一个模样,没有了城市的个性特点,很多城市的文化遗产遭到了越来越彻底的破坏……"而清华大学教授邹广文曾经有如下论述:"任何一座城镇的变迁都应该有自己的春夏秋冬,有自己的喜怒哀乐。应该能够让城镇中的每个人在享受着新生活的同时,又能够通过老街、古建筑、老字号等与流逝的生命岁月相衔接,唤回人们温暖的文化记忆。一座城镇的美好不仅在于它能够带给人们多少今天的温暖,更在于能够留给人们多少昨天的记忆和明天的憧憬。一座城市在光阴的悄然前行中所留下的痕迹,聚集起来便是一个多姿多彩的文化世界。"[1]

目前,我国城镇化在权力和资本的主导下所导致的必然是空间的大一统,如大马路、大立交、大草坪等,忽视了空间的多元性和差异性,这是工业化生产思想在我国城镇化建设中的最重要体现。既然把空间作为商品,那么,空间生产便与一般商品的生产过程是一样的。西方的商品生产走过了自然生产到福特主义生产到后福特主义生产的道路,那么空间生产必然也是经历自然空间到空间复制到空间的弹性生产,即追求空间生产的差异化、多样化和个性化,这也是后现代主义所极力倡导的。随着我国逐步进入都市化阶段,在空间上就必须从共性化转型为多元化的弹性空间。

3. 空间的异化

随着中国城镇化的快速发展与城市空间的急剧扩张,中国城乡之间与城市

---

[1] 邹广文.让城镇化多些文化记忆[N].新华日报,2014-02-26(A04).

内部出现双重二元结构，城市的双重二元结构导致异化甚至是极化的空间出现。自 20 世纪 80 年代末开始，城乡收入差距总体呈扩大趋势，而总体上的地区间收入差距中的 70%～80% 可以由城乡间收入差距来解释。以城镇居民可支配收入与农民人均纯收入之比为例，1997 年为 2.47∶1，2003 为 3.23∶1，到 2007 年已扩大到 3.33∶1；1998 年—2008 年，农民人均纯收入的增量仅为城镇居民人均可支配收入增量的 12.2%；2007 年农村居民人均生活消费支出为 3223.85 元，比城镇居民人均生活消费支出的 9997.47 元少 6773.62 元，仅为城市居民的 32%。在教育、卫生、社会保障等公共产品的分配方面，也呈现出偏重于城市、忽视农村的特点。以 2000 年为例：城镇小学在校生人均预算内经费为 658 元，农村仅为 479 元，只相当于城镇的 72%；农村人口占全国总人口的 63.78%，但农村卫生总费用只占全国卫生总费用的 32.07%，人均卫生费用农村只是城市的 1/3；城镇居民医疗保障覆盖比例达 52.5%，农村只有 9.9%，相差 40 多个百分点。城乡之间的二元结构导致城乡空间的异化。"城市像欧洲，农村像非洲"是对城乡空间异化形象的描述，基础设施、社会设施、公共服务、公共资源在城乡之间分配不均，严格倾向于城市。例如城镇拥有数量绝对多的学校、医院等便利设施，分布合理均匀且质量较高，而农村的社会设施相对匮乏，质量更是无法与城镇设施相比。

在城市内部也存在二元结构。在中国城市的常住人口中，有相当一部分为非本地户籍人口，并且其比例还在不断提高。第六次人口普查显示，城镇常住人口为 6.66 亿，占全部人口的 49.68%，而 2010 年全国农民工总量为 2.42 亿。也就是说，有将近四成的城市常住人口没有城市户籍，随之缺失的是绑定在户籍上面的社会保障、医疗教育等福利政策和公共服务。在城市内部，户籍人口和非户籍人口的对立形成了城市内部新的二元结构，并且这种新二元结构一旦形成，就会长期持续存在下去，带来一系列不利后果。在城市内部空间上的表现就是城市内空间的异化，形成贫民窟、棚户区、窝棚区、城中村等，与周边空间和主流空间格格不入，成为社会空间重构的重点和难题。据统计，我国有 1 亿多进城务工者居住在棚户区，而印度也只有 6000 多万贫民窟人口。根据住建部住房保障司 2010 年 1 月发布的统计数据，中国棚户区有 1100 多万户。

城中村，不知道该叫它城市，还是乡村。高楼与茅屋就这样突兀地矗立着，那道无形的分界线，泾渭分明地表明它们的身份。城中村是中国城市发展中城市和乡村共同的遗留问题，其大多位于城市中心范围区内，楼房建设密集、楼间距狭窄、交通拥堵不堪、环境污染严重、生活设施简陋、配套服务缺乏、居住人群收入低是其显著特点。

可以说,中国当前的空间生产是城市阶级和城市利益集团对空间的新一轮占领和扩张。被资本和权力的增长联盟排除在外的群体,在城市空间占领上也处于绝对的劣势之中,有的失去了对空间的支配和享有,有的在空间争夺中远离核心空间,退却到城市外围的边缘区。空间的异化也引起了人的异化。物质的充裕、交往空间的穿透,引发了人关于自身安全的紧张不安。人自我保护的本性容易导致对他人的疏离,这在日常生活中随处可见,同时也体现在防盗门窗和家庭窗帘的安装上面。现代空间常常让人们感觉孤独和无依,于是人们用一种理性的思维模式来建立防卫机制,以抵御外界环境的各种矛盾。工具理性被强加在城市里的每一个人身上,人们开始变得世故圆滑,用头脑代替心灵做出反应,不断计较利益得失。马克思认为现代社会在"拜物教"的影响下人和人的关系都被笼罩在资本与商品的关系之中。不管是人格的"物化"还是物的"人格化",都诠释着资本对于整个社会人的异化。

我国的快速城镇化进程伴随着资本空间的生产过程,把人置于冰冷的绝对理性空间之中,斩断了人关于空间的归属感,如乡愁的缺失、方言的失传。空间沦为商品和工具,原本应该处于空间的主体中心位置的人沦为空间的被动接受者甚至是受害者。普通的工薪阶层,部分买得起房的成为追逐空间脚步的被动接受者,而买不起房的群体(农民工群体)被排斥在资本化的空间之外,变成了游离于城乡空间之间的边缘群体,成了空间的受害者,他们关于空间需求的权利被无情地剥夺,随空间权利一起被剥夺的,还有公共服务和福利政策。吉登斯在《社会学》一书中写道:"城市属于谁?一方面,城市是'都市魅力'的汇聚之所,有令人眼花缭乱的时髦餐厅、酒店、大厦、机场和剧院,为新全球经济的建筑师和管理者光顾。随着全球化的扩张,这一部分'城市用户'的人口将继续增长。而另一方面,成千上万生活在经济增长边缘的'城市用户'对城市所拥有的权利同样重要,却通常不受重视。外来移民、穷人和其他下层人口在世界都会中正逐渐占据越来越醒目的位置。"对于最普通的社会大众来说,他们现在所置身的这个空间不是舒适的空间,而是冷漠的空间,甚至是一种失望的空间。在城市的高层住宅楼里,人们变得冷漠,甚至不知道对门住的是谁,更不要说"远亲不如近邻"的亲密了。是城市的空间压抑了人内心深处的情感,把人的情感带到了冰冷的硬质的绝对理性的空间之中,这种空间观和空间感甚至渗入现代城市中的人的内心深处,外在的空间压迫到了人的内心世界。面对这样的情况,必须要完善空间的分配与再分配制度,彰显空间的公平正义。应管理空间和实行集体占有,减少空间生产中的资本导向,把增长的方向指向社会建设及其质量提升。比如现在提倡城市社区建设,就是一种对农村生活方式和农村社会关系的回归。这种回归不是简单地回到原点,而是在一个更高层次上的回归。历史在前行,空间在发展,人本身也在不断进步,我们所提倡的社区建设是在物质生活富足的基础上企图建立一种愉悦的、自由的、个体解放的日常生活社区,这是一种曲折前进和螺旋上升的回归,是一种更高层次上的回归本源。

4. 空间生产的低附加值化

刘守英认为:土地的宽供应和高耗费来保障高投资,通过压低的地价来保证高出口,以土地的招商引资保证工业化,靠土地的抵押和融资来保证城镇化推进的过程。吴敬琏指出,中国城镇化最大的问题就是效率太低。其根本原因在于城镇化进程中形成了资本和权力的增长联盟,而且权力逻辑支配了空间生产。资本空间扩张也不应该只是简单的同质化的复制,不是摊大饼似的片面扩张,而应该是一个不断提高资本的空间效率的过程。在解决方法上,要应对中国城镇化的低效率,地产制度一定要改革,并且要改变相应的财政体制,重新界定市场和政府的职责,政府在做规划的时候只能因势利导,而不能取代市场。其实,在中国空间生产的过程中,要为城市空间无序扩张负主要责任的恰恰不是资本,资本逐利是资本的本性,资本既可以导致城市空间无序扩张,也可以使得城市空间附加值更高。美国经济学家钱纳里和斯莱里温森经过分析发展中国家和发达国家的经济增长情况后得出结论:"(发展中国家和发达国家)主要区别是,前者经济增长的主要原因是投入物的积聚,而不是其使用效率的提高。"日本学者小林实曾明确指出:"中国经济是以投入巨额资金为先决条件和根本特点的。"把这段结论放在中国城镇化空间生产上同样适用。中国城镇空间生产应该不再依靠投资的无限追加,而应依靠对空间效率的深度挖掘。而目前,在这方面做得相当不尽如人意。空间利用效率低,而其中土地利用效率低是最直观的表现,中国很大一部分开发区和工业园区不同程度地存在土地闲置以及土地利用效率低的问题。吴得文、毛汉英等基于数据包络法对全国 655 个城市土地投入产出效率和规模效率进行了分析,发现目前中国城市土地投入产出效率普遍较低,并且呈现出东部地区高、中西部低的空间分布格局。[1]上海全市建设用地的产出率大概是香港的 1/14、纽约的 1/29。上海市漕河泾开发区土地利用效率最高,每平方千米的工业产值是 200 亿元,而台湾的新竹则是

---

[1] 吴得文,等.中国城市土地利用效率评价[J].地理学报,2011(8).

513亿元。

在中国城镇化建设与空间生产过程中非常有必要通过科学的空间规划引导,整合空间资源,合理配置空间生产要素,提高空间的产出效益,最大限度地发挥空间生产力作用。空间在反映和表现社会关系的同时,也能积极能动地形塑社会关系。空间生产是一个社会过程,是生产关系、社会关系再生产的过程,也是社会利益再分配的过程。空间是一种环境,是一种整体效益,是所有要素和关系集合形成的综合发挥,当所有这些都聚集到位时,空间将会产生不可估量的集聚效应。资本与空间的有机结合能够使一切生产要素在空间内集中,产生的知识溢出效应、集聚效应和外部经济效应能够促进创新,提高全要素生产率、提高经济技术水平、提高社会生产力。

5. 空间生产中的物性化

"化地"是空间生产中物性化的最重要表现,我国城镇化不仅表现在空间的蔓延和扩张上,也包括附着在其上的政府办公大楼、宽马路、立交桥、高速公路、高速铁路等交通基础设施的超前建设。著名经济地理学家陆大道院士将其称为"空间失控"。他说,大规模发展交通运输建设是近年来我国各地区发展战略的重要组成部分,是GDP两位数增长的重要支撑。2008年起,我国高速公路建设进入快速发展阶段。按照各地区的规划,全国高速公路的总里程要达到18万千米左右,许多省提出了"县县通高速"。我国许多省份的高速公路的长度和密度均超过了发达国家,高速公路网的规划规模与空间覆盖水平背离了其技术经济属性。远程城际高铁、大城市的城郊铁路系统的盘子过大,大项目上得过快。超大规模的交通规划和建设,导致交通投资占GDP的比重上升到7%~9%,这是很不正常的比例。2011年全国钢产量在8.86亿吨,占全球总量的45.5%。近年来,除个别年份外,每年钢增量在7000~8000万吨。2011年全国水泥产量为20.99亿吨,约占全球总量的60%,水泥产量每年攀升,仅2011年就比2010年增加2.17亿吨。2011年全国能源消费总量达到34.80亿吨标准煤,以煤为主的能源消费结构没有变化。固定资产投资的弹性系数,在2004年—2011年均为2.42,2009年高达3.6。这就是说,经济高速增长在很大程度上是投资拉动的。产生这些现象的原因是将城镇化简单理解为物化过程,而忽视了空间生产的人化过程。资本本性使得物的价值得到充分的张扬,甚至人的关系成了物的关系、人的个性成了物的个性,社会生活的丰富表现为物的丰富。资本逻辑下空间生产背离了人的自由发展这一终极目标。从国际经验来看,城镇化的目标都是以人为本的。在中国传统概念中,城市实际上是军事要地,核心是国防,是政治,而不是人。中国城市的关键词是"城",城市也被称为"城池"。近现代大多西方城市起源于商贸要地,关键词是"市",主要是为了解决人的居住问题。这并不是说西方的城市化就没有问题,但城市化以人为本的目标是明确的。西方很多城市的基础设施使用了数百年都没有问题,主要是设计时考虑了人的需要这一问题。尽管从政策口号上我们的目标是以人为本,但实际层面是以 GDP 等经济数据为本。

三、超越资本和权力的逻辑,回归空间生产的人本观

总体来说,中国城镇化进程应该包括三个阶段:一是人口红利引致的城镇化(我们可以把它称为初级城镇化、流动的城镇化);二是土地红利引致的空间城镇化(我们可以把它称为中级城镇化,也可称之为稳定的城镇化);三是包括人本回归的价值取向在内的全面深度城镇化阶段(亦是我们提出的新型城镇化阶段,是全面深化的城镇化,或者可以称为弹性的城镇化,即下文要谈到的都市化的阶段)。

1. 中国城市空间必须超越资本的逻辑,用社会主义的逻辑战胜资本主义逻辑,用社会力量制衡资本的力量

未来二三十年,空间生产仍然是我国城镇化需要关注的重大课题。虽然空间资本化是在资本逻辑下资本追逐最大增值的手段,但是客观地讲,只有启动空间生产,中国才能走出僵化的空间计划,走上资本城镇化的道路。不过,我们只有规范引导乃至驾驭空间生产,超越资本的逻辑,才能把握和超越资本城镇化进程,化解城镇化危机。社会主义的城市空间不能完全陷于资本主义逻辑中,它必须考虑群众的空间需求,尊重人民的空间权利,建立社会主义的公共空间以满足最大数量的人民的空间需求。列斐伏尔在《空间的生产》中有如下论述:"社会主义空间的生产,意味着私人财产以及国家对空间之政治性支配的终结。这又意指从支配到取用的转变,以及使用优先于交换。"

理论上,这是空间失衡的表现,是主导力量的失衡,是资本、政治、权力主导了空间格局,那么我们有必要找到一种力量来抗衡。结合新马克思主义空间观,我们认为唯一能够平衡资本、权力的便是社会的力量,社会的力量基础扎实、根基深厚,并且与我国走中国特色的社会主义的道路是相统一的。社会主义的本质在于满足大众的需求,空间正是为了满足需求应运而生的,我们所说的需求,或者我们所看重、所要满足的需求,不是资本的需求,不是政治的需求,也不是权力的需求,而是最广大人民群众关于空间的需求,是社会关于空间的

需求,关于空间使用价值的需求。社会主义的空间生产意味着国家政治和权力对空间支配的终结。空间既可以承载资本主义社会矛盾,也可以化解资本社会矛盾,把空间作为化解危机的途径,通过地理空间的革命和社会空间的革命形成空间的联合行动,通过改变资本的空间变成社会的空间,化解空间社会矛盾。

我们认为社会力量主体存在于以工人和农民阶级为代表的社会大众中,而当下他们是自在阶级而非自为阶级。马克思在《哲学的贫困》中指出,仅仅是大批工人的共同经济地位和他们与资本家的共同利害关系,形成一个"自在阶级";只有在冲突中,为自己的利益团结起来,才能成为一个有意识的"自为阶级"。自在阶级有独立于意识形态和意志之外的独有的属性,不过是有限的、分散和零星的,也属于独立的个体。自为阶级是社会性和政治性的统一体,其兼具统一性、社会性、政治性,通过自我管理、自我否定甚至是自我毁灭实现自治自决,成为历史与政治的主体。从社会力量主体来说,要完善社会力量诉求渠道,与资本和权力的谈判需要放在一个平等的位置,而不是恩惠和施舍性地给予和获得,如果地位不对等,关于空间的配置将永远不均衡。

近年来频发的群体事件是独立、零星的社会力量与资本、权力联盟的冲突,是在"对话"渠道堵塞的情况下畸形的爆发,不过由于没有足够强大的组织和疏通的渠道,没有谈判的平台和资本,少数获得了些许的补偿,极少数可以获得当政一点点的改良,而为此付出的代价是惨重的。劳动力在资本面前是弱势群体,所以,劳动力对抗资本必将是一个艰难的过程。在这里必须弄清楚一个依据,那就是,在资本雇佣劳动力的过程中,资本对劳动力商品拥有完全的权利,然而,与奴隶制不同,对劳动者个人,资本不拥有合法权利。劳动者,作为劳动这个商品的载体,是自由的。然而,我们看到的是,中国2亿多的农民工群体从事最脏、最累、最危险的工作,缺乏社会尊重和尊严,几乎没有任何福利和保险,在劳动力市场上谈判力微不足道,住所是简陋的,抚养孩子的条件是恶劣的,消费形式是最低限度的,对公共服务和基础设施的享有是最少的。中国农民工和底层社会群体的生存状况是堪忧的,并且必将对社会整体造成令人惊骇的影响。改进"穷人"和边缘化群体的福利就成了当务之急,无论是依靠当政者的自觉还是社会力量的裂变。劳动者可以要求与所做贡献相符的各项权利,包括空间权利和尊严。反映在城市空间重构上面,就是说,务必要注重社会群体关于空间的需求,重视社会群体的空间均等权利,建立公共空间和共享空间,兼顾空间分配的公平与正义,改善边缘群体的空间状况。建立全国统一的劳动力市场,即不管在什么地方工作,福利和组织关系都是可无障碍转移的,打破原有的空间壁垒,创造一个新的统一的劳动力空间格局。当前,我们城镇化过程中最集中的问题就是农民工跨地区进城的问题,尤其是东部大中城市中无本地城镇户籍的常住人口转化成本地市民的问题。

不过,在这个过程中,我们所说的个体和集团积极发动社会转化过程,以构建新的结构秩序、构建新的未来,这对民众的主体意识和能动行为提出了要求,呼唤民众的觉醒,在空间变革中不再仅仅是被动的接受者甚至是被排挤的受害者,而是扮演参与者甚至主导者的角色,积极参与空间构建。马克思主义思想最耀眼的光芒在于它的人道主义,基于马克思《1884年经济学—哲学手稿》中关于"全面的人"的思想,列斐伏尔引出"总体的人"的概念,认为人类终将实现其所有的潜能而成为"总体的人"。作为空间生产主体的人,能否在新一轮空间生产和社会建构中真正发挥其中心作用是非常关键的。

2. 超越空间的工具理性,回归空间的价值理性

实际上,我国目前的主流空间观还是物质的和功利的空间观,仅把空间当成实现经济增长的工具,这是工具理性的典型表现。工具理性,亦称主观理性,它是以主观的、工具的意识来理解的理性。著名哲学家霍克海默是这样界定主观理性的:"本质上关心的是手段,却很少关心目的本身是否合理的问题。"所谓价值理性,又称客观理性,是一种更为本质的、综合的理性。霍克海默在《理性之蚀》中这样界定:"一个包括人和他的目的在内的所有存在的综合系统或等级观念,理性程度由其与这一整体的和谐所决定,关键的是目的而不是手段。"客观理性关心的是事物之"自在"而不是事物之"为我",它要说明的是那些无条件的、绝对的规则而不是那些假设性的规则。客观理性是一种涉及终极关怀的理性。

今天统治阶级把空间当成工具来使用以实现多个目标:分散工人阶级,把他们重新分配到指定的地点,组织各种各样的流动,让这些流动服从规章制度,让空间服从权力,控制空间,通过技术来管理整个社会,使其容纳资本主义生产关系。列斐伏尔分析了工人阶级与法国巴黎城市空间矛盾后认识到,早期在历史城市的中心地区,资产阶级和工人住在一起,工人住比较高的楼层,资产阶级住在下面;后来,为了汽车和军事,把工人抛离城市中心地区,迁向周边地区和未来的郊区,占据了被波拿巴主义和统治者的战略所排除的空间,而巴黎公社可以从空间矛盾中做出解释,工人阶级试图重新占据象征政治中心和决策中心的城市中心空间。

长期以来对物质财富的追求更多地体现了人们对工具理性的追求,工具理

性把人们的注意力集中到对外部世界的控制上,人类驾驭自然界的能力空前发展起来,不仅给人类带来高度发达的物质文明,还给人类带来了新的困惑,那些关乎人类生存和发展需要的非实用性、非功利性、非技术性和非工具性方面的另一维度受到了忽视和排斥。随着科技的飞速发展、实证主义思潮的泛滥,工具理性得到了高度发挥。平等、公平、正义、幸福等被认为是理性所固有的概念失去了它的知识根源,价值理性显得黯然失色。

现在我们的城镇化空间陷入了空间的工具理性的误区,对空间的认识都是物质的和功利的,把城市空间集中到对外部世界的控制上,一味地改造自然、驾驭空间,而那些真正关乎人自身的生存与发展的非功利性、非工具性、非技术性的维度一味地被弱化、忽视甚至排斥。在空间生产的过程中,我们的注意力集中在如何扩大空间生产力、提高空间生产率上,而忘记了为什么要进行空间生产和建设城镇化空间。随着科学技术的飞速发展,我们的空间生产能力得到了空前的提高,空间的工具理性也得到了高度发挥,但是,如果在空间生产过程中或者新近形塑的城市空间中,公平、正义、快乐、幸福等美好的体验和感受都消失不见了,那这样的空间生产出来到底是为何? 这倒是要叫人唏嘘的了。

第三节　中国城镇化的新阶段——都市化

我国城镇化经过了以人口红利为主的工业化阶段和以土地红利为主的空间生产阶段,未来将进入第三个阶段,这个阶段可以称为都市化阶段,其发展过程将表现出更复杂的特点。农业社会、工业社会和都市社会之间都具有一定的过渡性,其界限不是泾渭分明的。目前中国城镇化已经表现出了一定的都市化特点,其中最重要的特点就是社会发展和城镇化的综合性和复杂性。

一、要素城镇化的不可持续性

哈佛大学经济学教授迈克尔·波特把国家竞争优势发展分为四个阶段:生产要素驱动发展阶段、投资驱动发展阶段、创新驱动发展阶段、财富驱动发展阶段。这个理论也适应于城市发展。当前我国城镇化必须由过度依赖廉价劳动力、土地等要素驱动和大量投资形成的投资驱动发展阶段向创新驱动发展阶段转变,实现从重数量的外延式扩张转向重品质的内涵式发展。站在我国城镇化进程新阶段的起点,传统的依赖土地红利和人口红利的要素驱动城镇化发展模式能否持续是值得深思的重大问题。

1. 土地红利城镇化模式的不可持续性

第一,土地资源供应具有有限性。据王元京测算,未来我国城市建设用地供求缺口为6000~7000万亩,见表5-3。不可再生的土地资源将成为制约城镇化可持续发展的重要约束。

表5-3 未来10年我国城市建设用地供求缺口估算

单位:万亩

用地类型	建设用地需求	建设用地供给量	供求缺口
全国建设用地	10000	3000~4000	6000~7000
居民用地	3000	900~1000	2000~2100
工业用地	2500	630~840	1660~2140
道路用地	1500	315~420	1080~1185
商业用地	1500	315~420	1080~1185

资料来源:王元京:《城镇土地集约利用:走空间节约之路》,载于《中国经济报告》,2007年第3期。

第二,土地资源的有限性决定了土地财政推动城市发展的不可持续性,以土地财政收入中占比较大的土地出让金为例,2012年1月—8月,全国国有土地出让金为15579亿元,同比下降26.1%。另外,由于土地财政对经济周期的依存度高,财政收入会伴随经济周期的波动产生大幅震荡,使经济的不稳定性增加;当市场繁荣,会推动GDP和财政收入增加,但市场陷入低迷,则导致GDP和财政收入快速下降。还有土地财政以金融为媒介,扩大土地抵押融资规模,致使地方政府负债过重,给我国社会经济发展带来巨大的隐患。

第三,地价和房价螺旋式上升,造成房产泡沫化和实体经济的萎缩,削弱了城市产业基础。从城镇固定资产投资看,2003年—2008年房地产投资在城镇固定资产投资中的比例适中,保持在20%以上,年平均增速维持在25%的高水平。社会资本短时期内快速集中于房地产行业,加速了房地产的"泡沫化",导致了对实体经济投入的下降,削弱了城镇发展的产业基础。

第四,土地供给结构失衡加剧了居民住宅用地供需矛盾,过高的地价和房价透支了居民的消费能力。对照国际上一些比较约定俗成的经验性看法,城市用地构成中,工业用地一般不超过15%,居住用地一般占45%,道路广场和绿地均为8%~15%。国土资源公报显示,2011年我国工矿仓储用地与建设用地供应总量占比为32.7%,住宅用地为21.3%,住宅用地远未达到国际标准。在有限的居民住宅用地中,过高的地价、房价透支了居民的消费能力,抑制了居民的消费需求,制约了城镇化的可持续发展。

2. 人口红利城镇化难以为继

人口红利已经呈现逐步衰弱的趋势,半城镇化导致的过高的社会代价超出了其所带来的收益,过度依赖人口红利来推动中国城镇化难以为继。

第一,农村剩余劳动力供给量下降与年龄结构老化并存,劳动力供需缺口不断扩大。从需求方面来看,2011年末我国城镇化率达到51.27%,城镇化人口为6.91亿,包括2.53亿的农民工。我国农村人口为6.57亿,如果按照我国城镇化率为70%来估算,大致还需要2.5亿到3亿农村人口转移到城市。但从供给方面来看,我国劳动力已经从"无限供给"向"有限剩余"转变;从劳动年龄来看,现阶段主要集中在40岁以上,这部分人口是难以城镇化的。所以支撑我国城镇化人口的"供"与"需"出现了缺口。

第二,过度依赖"候鸟式"和"钟摆式"的农民工非家庭式迁移和异地流动,这种往复流动带来的社会矛盾阻碍了城镇化的发展。2011年2.5亿的农民工中,外出农民工有1.59亿人,举家外出农民工只占20.7%。这形成了一种"候鸟式"和"钟摆式"的农村劳动力流动方式,对于我国低成本城镇化战略的扩张起到重要的作用。但其带来的社会代价决定了它的不可持续性。据统计,在农村人口中,约有5000万留守儿童、4000万留守老人和4700万留守妇女,留守老人的赡养问题、留守儿童的教养问题以及留守妇女的婚姻家庭问题突出。

第三,农村人口过多流向特大城市,引致区域之间的城镇化非均衡化,带来了"大城市病"等问题。从就业地区分布来看,2011年在东部地区务工的农民工占农民工总量的65.4%,在中部和西部务工的分别占17.6%和16.7%;从城市群分布来看,长三角和珠三角务工的农民工分别占全国的23.1%和20.1%;从城市类型来看,在直辖市务工的占10.3%,在省会城市务工的占20.5%,在地级市务工的占33.9%。这导致大城市的资源环境和社会公共服务超出了其承载能力,形成"大城市病"。中小城市基础薄弱,却未能得到很好的发展,形成了城市空间结构的失衡。

二、都市化阶段与其发展逻辑

1. 中国城镇化新阶段——都市化

通过上述分析,我们可以看到传统依靠要素驱动的城镇化的不可持续性,城镇化需要进入一个新的发展阶段,我们将这个阶段称为都市化阶段。这个阶段相对于前两个阶段,其典型的特征表现为两个方面:第一,从供给角度来讲,应该凸显一种"创新驱动"的特点;第二,从需求的层面来看,主要表现在一种社会建设。这两个重大的特点实际上是一个问题的两个方面,是从不同角度来分析的。其共同的汇聚点在于一种制度建设,实现"制度红利"对于城镇化的推动。创新驱动与社会创新是相互支撑、相互促进、协同发展的,缺少创新驱动,社会建设就缺少一种动力基础,反过来讲,如果缺少社会建设,创新驱动就缺少内部需求的支撑,缺少动力基础。所以,这两者互为动力之源。

2. 都市化的新发展逻辑

列斐伏尔把人类社会发展划分为三个阶段,即农业社会、工业社会、都市社会。在都市社会中,其思维不同于工业化的思维。工业化思维更多的是一种线性化和大型标准化的思维,总体上是一种机械思维,即福特制的发展模式,而都市社会更多体现一种共生思维和非线性思维,即"后福特制"的发展模式。中国长期工业化过程中,廉价的劳动力和土地资源分别推动了我国城镇化的快速发展和空间扩张,还带来了一个巨大的边缘化社会阶层的产生。郑永年等学者将整体社会发展划分为经济改革和经济发展阶段、社会改革和社会建设阶段、政治改革和民主化建设阶段这三个阶段。他还认为中国目前发展到了关键的社会建设和社会改革的阶段,这个阶段所进行的社会建设既是推动中国社会经济可持续发展的重要基础(社会建设的最重要目标就是塑造良好的以中产阶级为主的社会结构),同时,还将为中国下一阶段政治改革和民主化建设提供稳定的社会基础。在这样一个关键时期,对于中国城镇化来讲,要超越经济学意义上的城镇化,凸显社会学意义上的城镇化,即我们提出的中国城镇化的都市化阶段。中国城镇化进入都市化阶段一个重要推动力量是长期的资本和权力增长联盟所带来的社会反向作用或反制作用。这种反向作用力恰恰构成了中国未来发展最重要的动力。这种反向作用会推动体制变革,进而推动一种社会建设。我们要善于发现和引导这种社会反向作用力,促进政府职能转变,推动社会空间的重构。

二、曼库尔·奥尔森和卡尔·波兰尼思想的启示——反制运动和保护社会的思想

奥尔森集体行动逻辑的中心思想是"大型集团或潜在集团一般不会自愿采取行动来强化其共同利益"。这样"集团越大,就越不可能去增进它的共同利益"。而"小集团和大集团不仅有着量的不同,还有着质的不同,而且不能用小

集团存在的理由来解释大集团的存在"。小集团往往成为特殊利益的集团,特殊利益集团面对的激励将会使它们给社会造成极大的损失。奥尔森在《国家兴衰探源:经济增长、滞涨和社会刚性》中提出,在稳定的社会环境里,市场中的个体与公司的逐利行为会产生因私利而勾结共谋的"卡特尔"式的组织严密的社会网络。社会运转如果缺少变革且愈加僵化,这样的网络组织就会变得更加强大,经济增长速度也就会愈加趋缓。奥尔森认为:随着时间的推移,稳定的民主政体中将会集聚一批政治权力与日俱增的分配联盟,进而阻碍社会经济的发展。并指出:德国和日本的战败使经济增长的特殊利益集团随之覆灭;与此同时,特殊利益集团在英国的权力正如日中天,它们正是英国经济疲软的罪魁祸首。奥尔森的思想揭示出在社会发展的过程中既得利益集团的形成对社会发展和转型的强大阻力。[1]

著名的经济学家卡尔·波兰尼主张市场经济和现代国家不应该被理解为截然分开的两个主体,而应该被视为浑然一体的人类发明,他称之为"市场社会"。他认为,市场社会是不可能持续的,因为它会对人类赖以生活的自然与人文环境造成致命的破坏;市场社会不是自然演进的结果,"放任自流"早在计划之中,它的原动力来自于国家行为;所谓自由市场的形成,正是政治力量的"有形之手"操纵下的杰作。另一方面,社会对市场的反制运动或自我保护行动则是自发的、无计划的,它们来自社会各方不自觉的联合,以对抗市场带来的毁灭性冲击。波兰尼认为,自我调节市场的结构,使社会必然分为经济和政治领域。自我调节市场在带来空前物质财富的同时,也导致大量社会动荡和社会自我保护自发运动的崛起。市场倾向于把土地、劳力和金钱看作"虚构产品",将社会的本体置于市场规律的管制之下。自由市场一旦想脱离社会结构的束缚,社会的自然反应——社会保护主义就会产生。这种反应被波兰尼称为反制运动。

综上所述,奥尔森提出的利益集团对社会发展的阻碍作用,以及卡尔·波兰尼所揭示的市场力量对社会的破坏作用,在某种程度上就构成了一种对既得利益集团或者说权力和资本增长联盟的"反制力量"。同时,虽然二者都没有涉及城市社会空间问题,但在某种程度上都对城市空间的均衡发展具有重要的指导作用,现代空间理论(本书以列斐伏尔和索加为例)特别是空间—社会辩证法的理论也集中体现了两位思想家的智慧。西方城市规划的理论发展也体现了一种集体参与性和多元社会的均衡博弈。

---

[1] 曼瑟尔·奥尔森.集体行动的逻辑[M].陈郁,等,译.上海:上海人民出版社,2010:5-10.

三、社会的反制力量成为社会空间重构的动力之源

从总体上来讲,目前中国还没有产生一个"两头小、中间大"的橄榄核型社会,即中产阶级的社会。我们应该学习日本和"亚洲四小龙"主动进行社会建设,而不应该像欧美那样被动地进行社会建设,因为被动的社会建设将会给社会发展带来更多的波动和灾难。

社会建设应该成为一个国家越过中等收入陷阱的最关键选择。无论是西方还是中国,空间发展的阶段性都表现出一定的规律性,这种阶段的规律性在本书的第三章已经做了深入的分析。西方社会大规模的工业化阶段对应着被动空间的概念,空间成为一种工具,成为一种追求经济发展的手段。空间在此时有大规模的扩张,芒福德对此有深刻的批判。正是因为被动空间观导致空间扩张,空间扩张必然产生一种新的社会阶层以及社会的反向作用力。民众觉醒,认识到空间权利,社会反制力量形成,进而形成一种能动的空间和行动的空间,这是一个持续发展的过程。中国发展到了由被动空间观向能动空间观转变的关键点上,也就是说社会—空间辩证法应该成为中国城镇化的一个重要指导思想,我们应该深刻地认识到社会建设和社会发展对于今天中国城镇化发展的意义所在。社会—空间辩证法要求权力和资本增长联盟下的空间生产,转型为"权力、资本与社会"三角均衡的空间生产。我们迫切需要突破权力和资本增长联盟下的大一统的空间生产,走向多元差异的空间。社会—空间辩证法直指我们政府主导下的城镇化发展,迫切需要转型为社会主导下的城镇化发展方向。当然这里并不是不要资本的循环,没有资本循环就没有社会的发展,大卫·哈维的三次资本循环是客观存在的,关键是这种资本循环需要社会参与和监督,才能实现一种希望的空间。社会—空间辩证法或者空间生产的理论在中国的应用,很重要的一点就是体现社会在塑造空间中的作用,超越权力和资本增长联盟,带来空间均衡。

中国沿海许多城市的发展已经步入后工业化阶段,政府和资本增长联盟下的大一统的空间观已无法适应都市化阶段的多元化、个性化和差异化的空间需求和空间权利需求。对于中国今天的发展来说,大一统的背后掩藏着多元化空间的张力以及这种力量对空间重构的需求,我们必须要看到大一统背后的社会多元化发展的需求。比如每年各地的群体事件,其背后是空间权利被剥夺的体现。因此,社会反向作用力或者社会力量对于权利的维护,将破坏这种大一统的空间观,并裂变为一种多元均衡的空间观。

四、都市化理论对中国城市社会空间重构的作用

都市化理论对于当前中国城镇化发展具有重要的指导性。上文谈到中国城镇化的两个阶段,一个是工业化的阶段,另外一个是城镇化的空间扩张阶段。综合这两个阶段不难发现,这就是我们经常讲的产城割裂阶段,资本第一循环和第二循环割裂的阶段。我们提出的都市化就是针对这样的割裂,试图通过都市化阶段来改造制造业或者工业化的发展。另外,经过长期的外向型经济发展,东部沿海地区到了由外生性向内生性发展的转型阶段,而都市化建设是综合性理论,中国今天经过长期快速发展,空间快速扩张,各种问题复杂交错,特别是空间问题,已经与经济、社会、生态等联系在一起了,用单一的工业化线性思维已经无法指导中国的实践。除此之外,社会—空间辩证法、消费型社会的建设、社会建设和社会治理都是基于都市化理论的,而这些都是中国从工业化社会向都市化社会迈进的重要标志。我们要用都市化理论指导中国的城镇化社会空间结构的重构,要将空间与权利关联起来。要坚持空间正义,首先要在空间规划的源头进行必要的改革。西方城市规划理论大致可以划分为三个阶段,理性规划模型是第一代规划理论,主要是关注规划过程的科学理性;倡导性规划是第二代规划理论,焦点是转向规划过程的公平性,特别是对弱势群体的关注(程序理性);协作性规划是第三代规划理论,关心的是规划过程的集体理性,以及在利益多元化的条件下,基于集体理性建立共识的决策过程(新的价值理性)。正如弗里德曼所说,人类生存环境,更加具体地说是城市人居环境是多种力量在不可预知的方式下相互作用形成的。他提出6种类型的社会空间过程,简单地说就是城市化、区域经济增长和变化、城市建设、文化差异和转变、自然变化,以及城市政治和授权,这6种过程造就了我们生活其中的多元化的人居环境。在我国,关于空间和城市的规划更多地停留在关注规划过程的科学理性上,而忽视规划过程的公平性,更没有进入协作和参与式的规划。这也是导致我国空间工具化和非正义化的重要原因。

五、经济、社会和生态等"多维目标"下的都市化过程

进入都市化的新阶段,从发展目标上来讲,新型城镇化应实现由"一维"经济目标到经济、社会和生态"三维目标"的转变。无论是"一维"还是"二维",对城镇化的理解都有失偏颇。长期以来,我们的城镇化是简单的一维城镇化,追求城镇化的"大跃进",是一种典型的GDP主义主导下的城镇化,也是政府主导

下的土地城镇化,以牺牲社会和生态环境为代价。这种大规模的城镇化强烈地改变了我国的自然和社会结构。但当其发展到一定阶段,必然受到资源环境和社会结构的反作用,其发展速度必然要降下来。这是因为由于满足经济增长和经济利益因素的同时,还受到社会公正和控制生态环境恶化因素的制约,使得发展会产生"外部不经济",经济增长速度低于"二维空间",更低于"一维空间"的发展状态。我们倡导"多维"目标下的城镇化新趋势不仅是一种美好的理想,同时也是城镇化可持续发展所必须遵循的客观规律,是我国城镇化发展进入新阶段的必然要求。

城镇化进程中经济结构、社会结构和自然生态结构具有相互制约性和相互促进性。合理的经济结构必须要有合理的社会结构来支撑,同时合理的经济结构和社会结构也受到合理的自然生态结构的支撑。畸形的经济结构必然伴随着畸形的社会结构和生态环境结构。新型城镇化必须要实现社会、经济和生态之间的协调发展,这是一种在三维目标下的高级协调。权力和资本的联盟只能带来经济结构、社会结构和自然结构等大系统的失衡,这种高级的协调只有通过社会的作用才能实现,所以,在这个大系统中我们首先需要考虑的是社会结构的完善。这也是我们从更高层面上提出社会建设和社会改革的重要原因。

西方城镇化和社会经济的发展也经过了由一维的经济目标到多维目标的转变。特别是西方近期的城镇化理论的很多方面值得我们去借鉴和反思,比如以列斐伏尔、大卫·哈维、索加等为代表的新马克思主义流派对城镇化本质深层的解读非常值得借鉴。城市空间不是一个容器,空间与社会具有根本上的统一性,空间具有多维性,我们需要从社会—空间辩证法的视角去认识城市空间的转型和演变。单一的实证主义的空间观已经无法科学地解释城市空间的演变和转型,社会—空间辩证法为我们重新认识城市转型、城市空间的多维性和深层本质性打开了一个全新视角。

第四节 都市化进程中的产城融合

一、背景

中国的城镇化经历了前面的两个阶段,尤其是第二阶段的空间生产阶段,一个突出问题就是产城割裂的问题。20世纪90年代以来,我国城市空间通过建立产业园区的方式进入快速扩张时期,全国各大城市争相建立产业园区或新城区作为促进经济发展的增长极,但也暴露了越来越多的问题,其中最突出的问题是忽视产城融合,产业和城市相互脱节,即产城割裂。一方面,新城市空间出现了单纯产业化;另一方面,不少开发区又出现了产业空心化。前者是说不少产业园区建立之初,单纯以招商开发为目的,缺乏成熟的衣食住行、商业休闲等基础设施,开发区成了"工业孤岛";后者是说一些地方的开发区侧重于房地产开发,产业的发展不受重视,出现了产业空心化。以上两种都是产城割裂的现象,城市产业空城、交通潮汐化、宜居与宜业矛盾突出,是产城割裂的典型特点,不仅造成城市资源浪费,更不利于城市的创新发展。为了解决这些问题,便催生了产城融合,即产业和城市的融合发展,如空间融合、功能融合等。当前,产业园区、新城区如何走出产城割裂的误区,走向产城融合的综合新城区,成为热议的话题。这也与我们所说的中国城镇化的第三阶段——都市化阶段分不开,产城融合既是都市化的首要特点,也是向都市化阶段迈进的途径。

二、关于产城融合的研究

关于产城融合的研究由来已久,其提出基于我国产业园区中出现的产业功能与城市功能分离、生活空间与生产空间错位、社会事业与经济发展不对等等问题。学术界对于产城融合的内涵进行了诸多探讨,但就目前来说,产城融合这一概念尚没有明确定义,也尚未有公认的、系统的标准。为了弄懂产城融合的内涵,首先就必须明确"产"和"城"所指何物。综合现有研究,我们认为"产"是指产业(特别是非农产业)的发展、产业园区的建设,"城"是指城市建设、新城建设,包括城市的功能建设、配套设施建设、社会建设等。

关于"产"和"城"的关系,不少学者进行了较为详尽的论述。孔翔和杨帆认为,产业发展为城市功能优化提供经济支撑,反过来,城市功能的优化为产业发展创造优越的要素和市场环境,两者共同服务于人类文明的进步。[1]那么,产城融合就是要实现产业依附于城市,城市更好地服务于产业的"产""城"协同发展。孙玲霞把"城"界定为城市化,认为产业发展和城市化的关系是产业发展推动城市化的提高,产业结构影响区域城镇发展结构,反过来,城市化又为产

---

[1] 孔翔,杨帆."产城融合"发展与开发区的转型升级术——基于对江苏昆山的实地调研[J].经济问题探索,2013(5):124-128.

第五章 空间生产与中国城市社会空间重构

业发展提供基础。[1]

回归到产城融合的内涵方面,刘增荣、王淑华认为,产城融合包含三层含义:一是新区产业发展与城市功能完善同步;二是新区产业甄选和布局与城市发展定位吻合;三是新区与老城区有机融合,最终实现新老城区的共生和新陈代谢。[2]陈云将目标定位于以产业区建设促进新城发展,认为产城融合主要应服务于集工业区、居住区和商贸区于一体的新城建设。[3]林华认为,产城融合是居住与就业的融合,核心是使产业结构符合城市发展定位,途径是通过产业调整服务于城市功能改造。[4]

关于产城融合的实现途径,学者也进行了深入探讨。张道刚认为产城融合的关键是要把产业园区打造成城镇社区,途径是通过城市功能建设促进产业区发展,实现产业园区"工业园区—产业集中区—产业社区—城市特色功能区"的嬗变。[5]陈云从功能的角度给出了产城融合的实现路径,即只具居住功能的"卧城"—具有半独立功能的卫星城—集居住区、工业区和商贸区三者为一身的产城融合新城。[6]裴汉杰认为产城融合的突破口是激发城镇社区这一结构单元的活力,把产业园区精心打造为城镇社区,把城镇社区努力提升为"产业发展服务区"。[7]

综上所述,目前学术界对于产城融合的研究主要集中于产业和城市的功能复合、配套完善以及空间融合布局等方面,并且大多数研究都是基于具体实践中某些产城融合的成功案例或者凸显的产城割裂的现象进行经验总结或者批判矫正的,或针对某些新产业区新城区建设发展提出规划性和指导性建议。所以,关于产城融合的研究,实践性比较强,理论性略显欠缺。

国内关于产城融合和空间生产的研究时间不长,可以说两种研究各自为政,把产城融合与空间生产结合起来的研究并不多见。少数把产城融合与空间结合起来的研究,主要是对产城融合的空间布局进行的研究,对城市空间急剧扩张进行的反思,而运用新马克思主义空间观从社会空间角度看待产城融合,

---

[1] 孙玲霞.河南省产业发展与城市化关系研究[J].科技创业,2011(10):1-5.
[2] 刘增荣,王淑华.城市新区的产城融合[J].城市问题,2013(6):18-22.
[3] 陈云."产城融合"如何拯救大上海[J].决策,2011(10):52-54.
[4] 林华.关于上海新城"产城融合"的研究——以青浦新城为例[J].上海城市规划,2011(5):30-36.
[5] 张道刚."产城融合"的新理念[J].决策,2011(1):1.
[6] 陈云."产城融合"如何拯救大上海[J].决策,2011(10):52-54.
[7] 裴汉杰.浅议十二五期间产城融合的新理念[J].中国工会财会,2011(7):13.

现有研究并未涉及。我们尝试运用空间生产理论，通过对产城割裂的理论进行批判来对产城融合进行思考，同时在理论上对新城市空间产城融合提出一些建议，以此作为关于中国城镇化的第三阶段——都市化阶段研究的补充。

三、基于社会空间视角对产城割裂的批判

1. 产城割裂忽视了产、城之间的辩证关系和互动作用

产城融合是产业和城市的功能融合、目标融合、结构融合、空间融合，是产业所代表的工业化和城市所代表的城市化的全面融合。我们知道城市化与工业化存在着对立统一的辩证关系。目前学界对于二者的基本关系大致有三种观点。第一种观点认为工业化是因城市化是果，把二者联系在一起的是集聚经济；当工业化进行时，外部经济效益、聚合经济效益、大市场的吸引力等功能决定了城市也必然发展。第二种观点认为两者互为因果关系，工业化过程也就是城市化过程，而城市化过程又推动了工业化的过程。第三种观点认为工业化与城市化的变动关系因工业化发展所处的不同阶段而不同，不同类型、不同收入水平国家的工业化与城市化变动关系各不相同。与此相关的理论有刘易斯的二元经济论、钱纳里结构变革论、托达罗人口流动模型、巴顿的聚集经济理论等，它们从不同角度解释了工业化与城市化之间的关系。从中我们可以发现，工业化和城市化相互统一、相互促进、缺一不可。城市是产业的空间载体，产业是城市存在与发展的动力。市场经济是市场发挥决定性作用的经济，在市场机制的作用下，产业的集聚必然带来城市化，城市作为产业的空间载体反过来又会促进产业的发展。产城割裂产生的原因是在市场机制的作用之外人为地添加了很多诸如资本、权力、地方政府意志、阶级利益、规划等人力与政治因素，扭曲了发展路径，或加速了某一地经济发展的过程，使经济发展水平超越了相应的空间集聚和发展的水平，或人为地聚拢和杂糅相关要素在同一空间内，而忽视了该空间对经济要素自发吸引的有机发展过程，使空间水平超越了经济发展水平。进一步来说，现代城市空间已经不纯粹是传统的产业集聚的中心地和增长极，而成为夹杂了资本、权力和阶级利益的场所和工具。

2. 产城割裂首先是产、城的空间割裂。

产城融合是空间融合，是空间上产业与城市的相互渗透，你中有我、我中有你不可分割。产城割裂是空间割裂，是产业和城市的时空错位。而在我们现有的经济技术发展水平上，空间距离还是一个很大的现实问题，我们的公共交通建设和科学技术还没有达到完全压缩空间的水平，还不足以抵消时空位移带来

的相当大的负面经济效应。产城割裂的一个重要的空间特征就是居住空间和就业空间的分异性大,通勤距离和通勤时间长,导致产、城不对接。北京城市规划设计研究院的李秀伟、张宇通选择北京 CBD、金融街、中关村和亦庄开发区 4 个产业区研究其就业人员的居住空间布局、通勤距离和时间,发现亦庄开发区的产、城陷入了怪圈:城市功能滞后,留不住高端人才;外来务工人员在周边地区消费,产业区就业人员并未成为城市功能的消费群体,产业区成为中心城就业人员的居住地,导致产、城割裂和空间错位。[1]所以,空间割裂成为产城割裂的最直观表现,而这一表现在城市空间的低水平盲目无序扩张的过程中被放大,借由土地城镇化的大肆兴起,开发区成了产城空间割裂的重灾区。

3. 产城割裂是生产关系和社会关系的割裂

空间不仅是一个物理范畴,空间背后是社会关系,空间是错综复杂的社会关系利益博弈的结果。列斐伏尔在《空间:社会产物与使用价值》中指出:"空间是社会性的,它牵涉到再生产的社会关系,亦即年龄、性别与生物—生理关系,也牵涉到生产关系,亦即劳动及其组织的社会分化。"空间按照某些标准把人分类安排,如按照年龄、收入、生活方式、消费习惯把人分类别分等级,空间被按照社会关系有序安排。我们所看到的空间特征就是这一社会关系和利益博弈的结果的外在表现形式。空间背后是社会关系,空间就是社会,这是社会空间辩证法的主要内容。另外,从经济学上来说,产城割裂,割裂的是空间背后的社会关系,不利于外部经济,不利于交易成本的降低,不利于知识的溢出效应,不利于规模效应和范围效应,不利于全要素生产率的提高,不利于社会发展,导致严重的社会问题出现。

4. 产城割裂是资本在第一重和第二重循环之间的割裂

哈维认为,当代资本主义的资本转移和空间修复过程是一个包含了三次资本循环在内的体系。这三次资本循环包括:资本投资于工业生产过程的初级循环,资本投资于建成环境的第二级循环,资本投资于科学技术研究以及与劳动力再生产过程有关的教育和卫生福利等社会公共事业的第三级循环。为了克服危机,资本需要在三级循环中不断流动、转移,从而不断形塑城市的空间特征。

从新马克思主义空间观出发,结合资本的三重循环理论,不难发现,产城融合中的"产"主要是资本投资于初级循环,"城"主要是资本投资于第二级循环,

---

[1] 李秀伟,张宇.从规划实施看北京市"产城融合"发展[J].北京规划建设,2014(1):11-21.

产城融合的实质是资本在三次循环中的初级循环、第二级循环的有机融合。只有在亲密无间的有机融合中,资本才能创造出更大的价值,在集聚经济的作用下,通过乘数效应,产生 1+1>2 的综合效益。如若把产城割裂开来,就如同把资本的两重循环割裂开来,要么难以为继,要么作用有限并且效率低下。产城一旦割裂,资本在三重循环中的流动和转移将形成明显的空间位移,一旦资本流量很大,将加大城市/区域风险,使得城市/区域根基不稳,不利于城市/区域的可持续发展。严重的产城割裂的空间表现——工业孤岛和鬼城现象正是基于资本在第一重循环和第二重循环中的自由转换出了问题而产生的。只有"产"不见"城"的工业孤岛现象是资本停滞于初级循环,没有及时向第二级循环转化的表现,而与之相反的只有"城"不见"产"的鬼城现象是资本跳过了初级循环直接投资于第二级循环的表现。资本没有初级循环和第二级循环的相辅相成、自由转换而偏废其中任何一个的话,都将会是难以为继的。

5. 产城割裂归根到底是人的割裂

产城割裂是产业与就业空间割裂,是人的生产空间与居住生活空间的割裂,归根到底是人的割裂。产城割裂下的空间是资本主导下的空间,沦为资本、权力、政治的工具,短期看,它满足了资本需求,体现了资本的意志,把城市空间打造成绝对理性的冰冷的物理空间,但长期而言,产城割裂下的空间由于若干负面经济效应最终不利于资本的增值需求。它罔顾人民群众的空间需求,罔顾经济空间、社会空间和精神空间的有机融合。人关于空间的需求是多样化的,不仅有对产业和就业的空间需求,更有对居住、消费、基础设施、公共服务的空间需求,并且这些需求相互影响、相互促进。比如说,人们对产业空间和就业空间的需求会衍生消费需求,反过来,人们对消费空间的需求又会促进产业和就业空间的进一步发展。只有把产业、就业和消费需求在空间上有机结合起来,才能产生良好的综合效益,无论是城镇化进程还是经济社会发展,追求的都是综合效益,而不是顾此失彼的单一效益。从这个角度来说,产城割裂就是没有满足人民群众关于空间的多样化需求在空间上的反映。产城割裂表面上是空间的割裂,实则是人的需求的空间割裂,归根到底是人的割裂。

四、都市化进程中的产城融合

1. 都市化进程必然是马克思主义空间理论指导下的产城融合过程

注重产城的辩证关系,发挥产城之间良好的互动作用,建立良好的互动机制,以产促城,以城带产。产、城是一个整体不可缺少的两个有机组成部分,是矛盾的两个方面,相互对立统一,融合于空间这个载体,不可偏废其一。现在并不少见的工业孤岛是唯产业化、唯工业化的产物,而鬼城是唯城市化、唯城镇化的产物。要知道,没有产业的支撑,再漂亮的城市也只能是"空城""卧城";而没有城市的依托,再高端的产业也只能"空转"。

2. 注重产、城的空间融合,建立合理、有序的产城空间布局体系

新城市空间建设通常选址在城市郊区,地域空间独立,功能相对单一。单一功能在空间上的集中,能够迅速提高集聚效应,但随着实践的发展,在新环境、新形势下,产城的空间隔离已经成为阻碍产业园区进一步发展的最大问题。而产业园区和新城区应该成为城市空间扩张和再开发的资源,所以,我们提倡都市化进程中的产城空间融合是指产业空间和城市空间的相互渗透,居住、就业、服务、娱乐、绿地等空间相互融合,营造便捷舒适的新区环境,形成多中心格局下的综合新城。

3. 都市化进程必然是在社会空间辩证法指导下注重产、城社会主义生产关系的融合过程

建立产城空间与人的积极联系,以人为本,建立满足多样性需求的产城空间,回归社会主义生产关系,重点满足最大部分的社会大众对于产业和城市的多样性需求。当前中国的空间城镇化是功利主义空间观指导下的城镇化,所打造出来的城镇化空间是功利空间,空间沦为资本追逐利润的工具,沦为权力追逐政绩的表现,这种扭曲的空间价值观成为导致产城割裂等空间问题的主要原因。其实,空间是为了满足需求而生的,但这个需求不是资本的需求,也不是权力的需求,而应该是社会的需求,空间不应该是资本性的、权力性的、政治性的,而应该是社会性的、人本主义的,这是马克思主义空间观的基本立场。体现在中国产业园区和新城区建设当中,产城融合的本质就是从功能主义导向向人本主义导向的回归,重点是以社会主义的社会关系为主要内容的城市空间形塑和集产业功能、城市功能、生产功能、服务功能为一体的总体空间形塑。

4. 打造资本能够自由流通转换的产城空间

打破二元论,在新产业区和新城区建设中,允许存在他者和第三方,存在一个第三维度,在黑白之间允许有灰色的过渡带,并且很多时候灰色过渡带往往更加重要,反映在空间上亦如此,否则空间结构的对立矛盾就特别明显,如城乡的对立、产城的对立、资本在不同循环中的严格对立等。建立资本能够自由流通转换的产城空间,就是允许有一个过渡带,过渡带承接的是交流沟通和试验过渡转化的功能,使得资本在平稳过渡中流向合适的循环,达到空间的共生

和产城的和谐。

5. 倡导都市化进程的人本主义空间回归

我们迫切需要用人本主义空间观和马克思主义空间观来均衡一种物质主义和功利主义的空间观,倡导产城空间的人本主义回归。在中国空间城镇化建设阶段初期,在以经济建设为中心的号召下,在经济全球化的背景下,中国的城镇空间生产建设首先就是为了扩大开放、筑巢引凤,缺少人文关怀,人的需求被搁置。但是,随着我们的物质生活水平和社会文明程度的提高,被压抑的人的需求在渐渐萌芽。当主要矛盾解决了,原本掩盖在主要矛盾下面的次要矛盾就开始凸显,并且量变的积累会形成质变,次要矛盾在某种情况下会上升为主要矛盾。现在,人民群众对于公共空间的需求和多样化空间的需求已经越来越凸显。面对日益增加的人的需求,尤其是关于消费的需求和公共空间的需求,城市空间必须向人本主义回归。在新背景、新形势下,有的产业园区做得非常好,及时转向人本主义的回归,而有的没有处理好人的需求和经济建设之间的关系,无论处理得好坏,所有矛盾处理结果在空间中毫无保留地全部展现出来。真正合理而有效的产城空间应该是人本主义的空间,人本回归体现的是一种综合效益,即通过土地利用方式的多样化渗透,使产业园区既满足资本需求又满足人民群众对空间的需求,也只有这样,产业园区新城区的建设才能取得成功,都市化进程才能顺利得以延续。

第五节 都市化进程中的社会空间转型

除了第四节所讲的产城融合是都市化的首要特点和实现路径,从社会—空间辩证法角度认识城市社会空间转型也是一个重要的切入点。社会—空间辩证法就是社会和空间之间的相互作用、空间安排、结构影响着人们的行为,反过来,人们的行为和其他人的相互影响,持续地改变现存的空间安排并构建新的空间,以表达他们的需要和渴望。西方在最近30年来,由于全球化和新自由主义的影响,社会空间分异和社会极化进一步扩大,特别是自2008年的金融危机后,人们对新自由主义进行反思和批判,社会公平和正义成为指导人们行动和追求的目标。社会反制力量的不断形成和强化,表现在空间上就是多元社会力量博弈下的均衡空间观的形成。改革开放以来,我国城镇化快速推进,城市空间急剧扩张,城市空间结构加快重组,生产出了大量弱势和边缘群体,产生了新的社会群体和社会结构,这种社会结构在空间上的表现就是城市空间分异出现和不断地扩大。但在空间分异过程中,难以形成一种社会的反制力量以对抗资本和权力的联盟,大量城市问题和社会问题交织在一起,不能得到有效的解决。目前,我国社会经济发展所面临的国内外背景已经发生了巨大变化,国内外双重倒逼机制迫使我国城市社会空间必须转型,在这样的大背景下,重建社会并形成一种社会的反制力量,不仅对于我国城市社会空间由失衡到均衡有重要意义,对于城市和区域可持续发展亦具有重大的现实意义。

一、西方城市社会空间理论与集体行动的意蕴

1. 由静态的空间描述到动态的空间行动

国外有关城市社会空间的研究可以追溯到19世纪恩格斯对曼彻斯特社会居住模式的研究,其后20世纪二三十年代以帕克为代表的芝加哥生态学派对一些城市做了大量社会学调查,后被演化为三大城市社会空间模型——同心环、扇形和多核心模式。此后研究集中在城市社会区和因子生态分析上。最近30年来,西方城市发展背景发生了巨大变化,基于福特制的经济发展模式和凯恩斯主义影响下的福利政策发生转型,表现为新自由主义的抬头和对福利制度的怀疑与摒弃,加之经济全球化、信息化背景下的"时空压缩",社会分异在空间上放大。因此,在结构主义、新马克思主义等影响下,城市贫困、社会极化等成为城市社会空间研究的重要内容。沙森研究了全球化对纽约、伦敦、东京等全球城市社会形态的巨大影响,提出产业变迁引发了西方城市"沙漏型"社会结构以及社会极化现象。还有许多学者先后研究西方社会转型在就业制度、家庭和人口结构、福利供给等关键领域发生的变化及引起的城市贫困化和社会极化等问题。城市社会极化使城市空间呈现破碎化、分散化、断裂化以及向不确定方向发展,促使学者对城市社会空间认识进一步深入。索加(1980)认为,空间与社会存在一种双向互动的社会—空间辩证法。卡斯特尔(2003)认为,"空间是社会的表现"。总之,相对于以前基于城市社会要素分异的描述和一般性解释而言,当代城市社会空间研究更加注重背后的社会与文化机制阐释,社会空间形成背后的社会结构、体制、权力等解析成为主流研究范式,同时在当代的都市理论中更加关注一种空间和社会的双向互动的作用,以及多元社会力量博弈下的城市空间的均衡态势,特别强调一种均衡资本和权力联盟的社会反制力量的形成和社会空间集体行动的意蕴。

2. 社会—空间辩证法与集体行动的意蕴

列斐伏尔社会空间理论主要从三个层面表达"空间生产的辩证法",这三个层面是:(1)空间实践,即人们对物理性环境的改变,人们在一定的观念和计划的指导下,把自然改成"人化的自然";(2)空间的表达,现实中的空间必然表现、表达了占主导地位的生产关系,空间的现实性呈现着政治与意识形态,感性地表达着现实世界的不平等等深层问题;(3)表达的空间通过对空间的想象性运用,他们具有一种潜能,挑战空间实践和空间概念的统治者。

索加提出了空间、历史和社会的三元辩证法,特别是提出了"第三空间"的理论。[1] 在索加看来,一方面,第三空间是被统治、被动的空间,另一方面,第三空间又是最具有变动潜质的空间。在被动性与变动性的辩证统一中,第三空间是真正的鲜活空间,是一种"处于变动中的另一个的第三"。"在这个不同的或'第三'视角中,都市生活的空间特殊性是完全鲜活的空间,既是真实的又是想象化的,既是事实又很实际,既是结构化个体的位置,又是集体的经验与动机。"索加强调第三空间,其深层原因在于他希望通过切实可行的集体行为,改变空间生产与社会结构的不平等性,改变生活于第三空间中的人的边缘位置。

二、中国城市空间分异与社会反制力量的缺失

1. 中国城市社会空间分异的形成

自1978年以来,中国社会经济开始转型并蕴含市场化与现代化两个进程:前者为"体制转轨进程",即从计划经济体制向多元的市场体制转变;后者为"结构转型进程",即从封闭的、半封闭的传统社会向开放的现代型社会转变。在此背景下,中国社会结构中弱势群体逐步扩大,并出现社会结构的断裂以及由此产生的"拉断效应",并随着中国逐步融入经济全球化,对社会结构产生更强的拉断效应。城市社会空间重构与分异趋势加剧,诸多学者对此进行了深入研究,但概括起来,自然地理环境、城市经济发展政策、城市开发与规划、区域历史背景、住房制度改革等因子是影响中国城市社会区形成的主要因子,同时,社会经济状况、家庭结构、民族和籍贯因素等渐渐成为城市社会空间分异的重要因素。进入21世纪,转型期中国城市社会空间分异研究成为新动向,研究结果表明,转型期中国大都市的社会空间分异更趋显化,传统的户籍制度、规划政策、

---

[1] Edward W. Soja. 第三空间——去往洛杉矶和其他真实和想象地方的旅程[M]. 陆扬,等,译. 上海:上海教育出版社,2005:77-81.

历史因素仍然是当今我国大都市社会空间分异的底色,并将因为"路径依赖"作用而继续存在,但以经济指标为核心的市场要素主导下的分异有强化趋势。这些研究更加注重对全球化、后福特主义、新自由主义等新语境的吸纳,某种意义上是对西方同行研究的回应性研究。

2. 中国城市空间扩张与增长联盟的形成

1990年以来,由于中央权力的下放,中国地方政府独立决策能力上升,成为城市发展的主力,它们大多采取吸收国内外投资拉动经济增长的发展战略,土地成为重要的资源,加大土地投入以承载投资资本成为城市发展的基本思路,并在现实中得以大力实施。但由于中国民主化、法制化进程尚在完善过程中,城市市民社会、非政府组织(NGOS)的力量极其薄弱,所以,民众被排斥在城市增长联盟之外,并且这种增长联盟不受监督。这种增长联盟伴随我国城市化空间扩张和蔓延,成为在扩张中城市新的社会阶层形成的根本原因。列斐伏尔提出了空间生产的概念,这些年我国城市空间的扩张和空间结构的变化与我国社会结构的变迁是紧密联系在一起的,这种城市空间的扩张带来了一种空间垄断以及大量社会弱势群体和边缘群体的形成。据估计,2000年全国已有5000万农民失去土地。在2001—2004年4年间,全国又净减少2694万亩耕地,按劳均4亩耕地计算,相当于增加了约670万农业剩余劳动力。如果按照这种趋势发展下去,到2020年又将有6000万农民失业和失去土地。由于土地价格低、补偿不到位等,农民利益受到严重侵害,甚至陷入"种田无地、就业无岗、低保无份"(即所谓"三无农民")的困境。

3. 城市空间的垄断与反制力量的缺失

我国城市空间扩张中形成的增长联盟成为影响我国城市和区域空间最重要的垄断力量,也是导致我国城市空间扩张和失衡的重要原因。近10年来,我国城镇化进程中空间失控极为严重。这是城镇化发展"冒进式"的重要表现之一。全国地级以上城市建成区面积由2000年的16221平方千米增加到2004年的23943万平方千米,增加了53.77%。在这种土地大扩张的情况下,城市人均综合占地很快达到110~130平方米的高水平。[1]这是大多数人均耕地资源比我国多几倍乃至十多倍的欧美发达国家的水平。空间扩张过程实质上就是增长联盟土地空间租金的瓜分和掠夺的过程。这些年我国地方政府财政收入绝大部分都来源于土地的租金收入,在这个过程中房地产商也获得了巨大的商业

---

〔1〕 陆大道,等.2006年中国区域发展报告[M].北京:商务印书馆,2007.

利益。由于城市空间扩张产生巨大空间租金,各地城市规划根本无法起到约束城市空间扩张的作用,反而由于领导人的不断更换,为城市空间扩张寻求合理的理由。在城市空间大扩张的过程中,产生了大量边缘群体和失地农民,无法形成一种城市空间扩张的反制力量,包括一些中产阶级实际上也成为"房奴""孩奴",也无法对增长联盟形成反制。我国城市空间扩张实质上仍然延续着古代的"大一统"的空间观,只不过由单一权力的空间观发展到权力与资本联盟的空间观,还没有形成一种可以与权力和资本博弈的反制力量。空间和权力联系在一起,这种权力不仅包括经济利益、政治利益,还包括社会利益等。在城镇化快速推进的过程中,大量农民对于土地并不具有所有权,因而也无法将土地资源资本化,这实际上等于被剥夺了一种空间权,一旦政府要征地,必然陷入一种"三无"困境。另外,到城市就业的农民工一般以非正规就业为主,收入水平低、居住条件简陋恶劣(多为城市边缘地区的"城中村"、简易房,或建筑工棚、地下室等,与"贫民窟"相差无几)。对于这部分边缘群体来讲,其在城市没有空间权,相应也就不会在教育、医疗、就业、社会保障等方面享受应有的权利。总之,城市空间被权力和资本所垄断,无法在多元利益参与下形成科学的空间规划。

三、社会重建与中国城市社会均衡空间观的形成

1. 改变 GDP 主义导向,实现深层的社会转型

郑永年指出,当前的 GDP 主义导向对于社会发展具有极大的破坏性,同时这种 GDP 导向其实深层问题仍然是巩固一种增长联盟。[1]中国的 GDP 主义导致了很多方面的结果:第一,GDP 主义进入很多社会领域,错误地把社会政策领域"经济政策化";第二,GDP 主义盛行,社会政策就不可能建立起来。这主要表现在社会保障、劳动保护、教育公平、农民工权利等方面。没有社会政策,已经形成的中产阶级就没有保护机制,而更多属于中下层的人则更难以上升为中产阶级。换句话说,GDP 是以破坏社会来保障经济增长的。GDP 导向就是通过大型基础设施建设实现城市空间的大扩张,而这种大扩张与社会重建之间是相互冲突和矛盾的,通过空间大扩张无法实现社会重建,只能制造出更多失地农民和弱势群体。现在各地都提出转型升级,但是如何转型升级、转型升级的深层内涵是什么、转型升级和空间扩张是什么关系、经济转型和社会转型之间内在的关系又是什么等问题,依然没有得到解答。其实我们可以看到,很多地方提

---

〔1〕 郑永年.中国模式[M].杭州:浙江人民出版社,2010:164-169.

出转型升级仍然集中在经济的转型升级上,看不到经济转型与社会转型的内在关联性,看不到在当前特有的历史发展阶段,只有通过社会重建才能最终实现经济的可持续发展。故狭义的经济转型仍然体现着一种根深蒂固的 GDP 主义导向,体现着一种城市空间的大扩张,其只能制造更多的社会问题。

2. 初期分配注重公平,二次分配推进社会改革

如果初次分配不能达到基本的社会公平和正义,那么二次分配再怎么进行也很难促成社会公平。中国的初次分配出现了什么样的结构性问题呢?在众多因素中,有两个互为关联的因素显得特别重要,即国有企业的垄断和中小企业的不发达。在 20 世纪六七十年代,日本、韩国和中国台湾等经济体中,私营企业占四分之一资本。中小企业的壮大也为日本和"亚洲四小龙"造就了比较公平的社会财富的分配。但现在的中国不一样,研究表明,中国的国有企业占有四分之三的资本,但其产出只占全部产出的四分之一到三分之一。也就是说,中国大量的资本流向了国有企业,但尽管国有企业占有着如此高的资本比例,也积累了大量的财富,其效率却非常低下。因此,要改变社会的公平问题,从经济结构上来讲,要限制国有企业的垄断,改革国有部门的治理机制;同时要从法律、制度和政策层面为中小企业的发展提供优越的环境。也就是说,要从初次分配入手来改革收入分配机制。在二次分配上,必须大力推进社会改革,包括社会保障、医疗卫生、教育和环保等服务。

3. 强化社会制度建设,扩大中等收入者群体

长期以来,GDP 主义的盛行导致社会政策难以建立,突出表现在社会保障、医疗卫生、教育公平、农民工市民化等方面。没有社会政策,业已形成的中等收入群体就没有保护机制,而更多中低收入者更难以上升为中等收入者。GDP 主义只能制造出更多失地农民和弱势群体,使得我国经济增长模式长期固化,过于依赖投资和出口,缺乏增长的内生性,内需市场难以启动。城市空间扩张和蔓延不但不能有效地改善社会结构,反而是在不断恶化着社会结构。

我国要启动内需市场,向消费社会转型,就必须建立一整套有助于消费社会发展的社会制度,完善医疗卫生、社会保障、教育和环保等。但启动内需不是简单地让老百姓花钱这样一个简单的问题。必须要调整社会利益关系,通过社会结构的转型和相关社会制度的建设,形成均衡的空间结构,这个问题才能得到真正的解决。因此,必须强化社会制度建设,扩大中等收入者群体,形成"橄榄核型"的社会结构。

第一,政府要深化教育、医疗卫生和社会保障的改革,进一步加大对这些领

域的财政投入,保证社会建设的公平正义,推进基本公共服务均等化。调节收入分配关系、缩小贫富差距是扩大中等收入群体的基本条件。要强化二次分配调整,尽快提高城乡居民的实际收入水平。居民收入倍增要向城乡居民倾斜、向劳动者报酬倾斜。提高居民收入有利于扭转贫富差距不断扩大的趋势,为广大中低收入者向上流动创造更多的机会和条件。

第二,加快城乡一体化进程,推进农民工市民化。人口城镇化是扩大中等收入群体的重要载体,城镇化的发展转型将为中等收入群体倍增提供巨大空间。2012年,我国城镇化率为52.3%,但人口城镇化率只有36%左右,远低于中等收入国家48.5%的平均水平。要挖掘"第二次人口红利",促进农民工的市民化。中国要向消费社会转型,就必须建立一整套有助于消费社会发展的社会制度。没有这样一套制度,不可能出现消费社会。在进行社会改革的过程中,我们必须要很好地利用"第二次人口红利"。第一次就是我们传统意义上的劳动力丰富和储蓄率高。有学者预计2015年以后会出现一个转折点,但还是有一些第一次人口红利可以挖掘的。第一次人口红利的利用形式主要是劳动力从农业转向非农产业,虽然转换了就业结构和就业身份,但其消费模式、社会身份没有转化,所以他们的消费贡献、对社会公共服务以及城市居住设施提出的需求还没有被充分挖掘。因此,应该把推进农民工的市民化,推进公共服务的均等化,看作是对第一次人口红利另一半的挖掘。现在我国人口城市化率接近50%,而非农业户口人口的比重只有33%,中间还有13个百分点的差距,第二次人口红利开发将有利于我国内需的扩大、经济发展方式的转变,同时,也有利于促进我国城市和区域发展内生型模式的形成。

第三,加快服务业主导的经济转型,将增加中等收入者的就业机会。人口城镇化必然拉动服务业的快速发展,带来中等收入群体的快速增长。如果消费主导的经济转型明显加快,未来5年,服务业比重有望提高到50%左右,服务业就业占比有望达到40%以上;未来10年,服务业比重有望达到60%左右,服务业就业占比有望达到50%以上。按照这个预测,到2020年全国劳动就业人口大约为9.3亿,其中在服务业就业的人口将不少于4.5亿。服务业尤其是现代服务业就业人口规模的扩大,将明显拉动中等收入者比重的提高。

4. 加快中小城市、小城镇发展,优化城镇体系空间格局

在今后一段时间内,城市空间扩张蔓延应转变为协调城乡空间结构为主的均衡的城镇化模式。以2008年市政公用设施建设固定资产投资为例,城市人均投资分别是县城的2.26倍、建制镇的4.48倍、乡的7.27倍和行政村的

第五章 空间生产与中国城市社会空间重构

20.16倍。城镇等级体系和规模结构出现严重失衡。2000年—2009年,我国特大城市和大城市数量分别由40个和54个增加到60个和91个,城市人口占全国城市人口的比例由38.1%和15.1%增加到47.7%和18.8%,而同期中等城市和小城市的数量分别由217个和352个变化为238个和256个,城市人口比例由28.4%和18.4%下降到了22.8%和10.7%。近10年来,我国城镇年占用耕地在300~400万亩。因此,城市化的空间均衡是中国城市化进行过程中的发展方向,对于促进城市化健康、可持续发展具有重要作用。中国城市化的"非均衡"突显、"城市病"出现以及农村"空壳村"问题是实行均衡型城镇化的现实动因,在城市进程中以及城市化模式抉择的形势下,实现城市的网络化、寻找最佳城市规模、实行农村"就地城市化"和优化产业空间、促进产业升级,已经成为我国实现均衡型城市化的现实策略选择。

在未来城镇化的过程中,要改变城镇化的空间模式,不能将所有的资源都投入大城市和特大城市,忽视中小城市和小城镇的发展。要不断地优化大城市的发展,加快中小城市和重点小城镇的基础设施建设,积极构建以特大和大城市—中等城市—小城市(包括县城)—小城镇—农村新型社会为框架的城镇等级体系。推进农村新型社区及中心村的建设,特别是中小城市、小城镇在城乡统筹发展中发挥重要的作用,以县域城镇化作为未来10~15年中国城镇化发展的重要环节。这种新型城镇体系的构建重视了中小城市和小城镇的作用,同时也把农村新型社区纳入城镇体系,这是对传统规模性城镇化的重大突破,特别是对东部发达地区更应该重视这种完整城镇体系的建设。在城镇化发展进入新的阶段后,我们要提出城镇化新的内涵,传统城镇化主要是"化城",忽视了农村的发展。城镇化进入新的阶段,要把"四农一村"(即农村、农民、农业、农民工和城中村)作为城镇化最重要的内涵。传统城镇化称为"半城镇化",现在需要一个完整的城镇化,要把"四农一村"作为城镇化的重要任务。十八届三中全会的《中共中央关于全面深化改革若干重大问题的决定》提出,要健全城乡发展一体化体制机制,形成以工促农、以城带乡、工农互惠、城乡一体的新型工农城乡关系,让农民享受到现代化和城镇化进程中的好处。所以,城镇化有两大任务:一是城市本身的发展问题,在相当长时间表现为转型升级;另外就是农村的发展问题。农村发展必须依靠城市实现由传统农业向现代农业的转型,注重农村产权制度的改革和土地流转,并重视农村生态和文化功能的挖掘。在今天,我们需要重新思考当年费孝通提出的"小城镇,大战略"的内涵。经过长期发展,我国东部很多发达地区,比如苏南地区,要将城乡一体化作为新型城镇化的重要内容,在城乡之间的关系上必须要有全新的发展理念,即注重城市和乡村的"均衡性、等值性、城市性和共生性"。这四个"性"体现了一种新型的城乡关系,即实现城乡关系相对的均衡性,城市和农村在价值层面的等值性,要把城市的文明或者"城市性"向农村进行辐射,最后实现城市和农村的共生。

5. 加快城市体制改革,实现城市层级的扁平化

城市体制改革要考虑到以人为本的原则,考虑全球化的背景。但无论是以人为本还是全球化,都需要城市的扁平化,也就是说把城市的权力从政治和行政当局分权给社会、个人和社会组织。城镇化要结合行政体制改革的主题。城市行政体制改革具有很大的空间,应当把城市行政体制改革确定为城市升级和新型城镇化建设的一个重要的内容。如果政府要在新型城镇化方面扮演一个主要角色,那么城市行政体制改革势在必行。浙江、广东等省的改革表明,改革开放之前设计的乡镇政府可以改革了,要么完全取消,要么就转型成为县级政府的派出机构。同样,城市内部也没有必要再设立三级政府。另一方面,资本积累也并不是无条件和无限制的,资本积累既有量的限制,又有赖于效率的提高和机制的完善。

6. 由大尺度的空间规划走向小尺度的社区规划

城乡均衡空间的重构需要改变大尺度城市空间扩张的问题,在规划方面的最重要表现即由大尺度的空间规划走向小尺度的社会规划。中央城镇化工作会议提出要以人为本,推进以人为核心的城镇化,"十二五"规划也以"调结构、转方式、惠民生"为主线,更加突出人的全面发展,更加突出民生建设和公正公平,开启我国以社会建设为主轴的"二次转型"。城市发展和城市规划的重点要从物质空间转向社会空间,从功能空间转向行为空间,从服务经济生产为重点转向服务个体生活,推动低碳发展,提高生活质量。因此,要紧扣社会变迁的大背景,立足于市场化转型的起点,积极应对社会化转型的挑战,构建未来30年我国城镇化和城市规划发展的政策体系框架。随着我国城市规划层次体系逐渐完整化,小尺度的社区规划将成为空间优化的主要手段,城市管理体系的重心也将继续沉淀在社区层次。对于社区建设,彼得·卡尔索普反对标准化、专门化和大规模生产,而强调场所、社区的特性及以人为尺度的原则,以"市民的参与、良好的社区机构、互相帮助的规范及信任"组成社会资本,以促进社区运行,并鼓励人们共同解决社区问题。因此,城市规划需要转变规划思路,以社区为依托载体,构建以每一位普通市民为服务对象、以日常行为空间为客体的生活服务规划和政策框架,引导转变生活方式。

第六章 地方政府企业化与城市社会空间重构

20世纪70年代以后,以滞涨为典型特征的经济危机推动了政府变革,建立注重活力与效率的企业型政府成为改革的重要方向之一,然而实践中的变形和越界,诱发了地方政府放弃社会福利最大化转而追求自身政治经济利益最大化的企业化倾向。改革开放以来,在全球化、市场化、分权化共同形塑的转型发展环境中,制度的变革和权力下放使地方政府谋划区域发展的动能得以释放,拥有更大自由裁量权和自主经营权的地方政府充分利用掌控的资源推动了我国工业化、城镇化快速发展,创造了30多年的经济高速持续增长的奇迹,并在较短时期实现了由农业社会向城市社会的转变。然而这一时空压缩的转型过程中,地方政府的角色和职能也同样出现了企业化的倾向,在增长主义、功利主义、本位主义等驱动下,地方政府企业化倾向导致城市空间结构出现了无序蔓延、居住分异、社会空间缺失、文化空间被破坏等偏离科学发展的趋势与问题,要扭转这些不利于健康可持续发展的苗头,处理已经凸显的问题,必须打破传统的政府主导的一元化管理模式,从模式、目标、主体、边界、内容等方面推进地方政府企业化治理向"善治"型地方城市治理模式转型,构建以"顾客满意"为中心、面向公民需要的、积极回应环境变化、充满发展活力的良性治理模式,这也是党的十八大提出创新社会治理体制,改进社会治理方式的应有之义。

第一节 地方政府企业化

一、企业型政府与政府企业化

20世纪70年代至80年代后期,"经济滞涨"引发的全球经济衰退加剧了政府掌控资源减少与高福利制度对公共服务需求数量和质量提升之间的矛盾,基于福特制的经济发展模式和凯恩斯主义影响下的福利政策发生转型，表现为新自由主义的抬头和对福利制度的怀疑和摒弃。与此同时，西方经济学的研究领域与范围也逐渐超出了传统经济学的分析范畴，其中之一是国家和政府被视为一种"政治市场"纳入经济分析之中，以布坎南和塔洛克等人的理论为代表的公共选择理论对国家干预进行强烈的抨击，指出由于存在"政府失灵"，市场是解决问题的唯一选择。[1]加之全球化、信息化以及知识经济时代的来临和冲击，西方国家普遍推崇市场化，强调发挥市场机制在公共管理领域中的作用，积极借鉴私营管理的技术和方法来改革政府，最终导致了新公共管理理论和模式的产生。1987年，美国学者彼得斯在《政府未来的治理模式》一书中提出了政府未来治理模式的四个趋向：市场化政府治理模式、参与型政府治理模式、灵活型政府治理模式、解制型政府治理模式。澳大利亚著名学者欧文·E.休斯认为以官僚制为基础的传统政府管理模式正在转变为以市场为基础的新公共管理政府治理模式。[2]在实践领域，英国政府自1979年撒切尔夫人上台后，任命雷纳为小组顾问，开展了以绩效考核为手段的评审，开始进行政府改造；美国自1993年克林顿上台后又掀起了大规模的政府再造运动，以企业化体制代替管理体制；新西兰、澳大利亚等国家也先后启动政府再造。

以新公共管理理论为指导的政府改造的进程中，企业型政府是最重要的方向之一。1992年，美国学者戴维·奥斯本和特德·盖布勒在所著的《改革政府：企业家精神如何改革着公共部门》中提出用企业家精神改造政府，以企业化的管理技术代替僵化的官僚体制，并给出了重塑政府的十大原则：(1)起催化作用的政府，掌舵而不是划桨；(2)社区拥有的政府，授权而不是服务；(3)竞争性政府，把竞争机制注入提供服务中去；(4)有使命的政府，改变照章办事的组织；(5)讲究效果的政府，按效果而不是按投入拨款；(6)受顾客驱使的政府，满足顾客的需要，而不是官僚政治需要；(7)有事业心的政府，有收益而不浪费；(8)有预见的政府，预防而不是治疗；(9)分权的政府，从等级制到参与和协作；(10)以市场为导向的政府，通过市场力量进行变革。[3]

所谓企业型政府，是指借助企业家的精神和企业家的创新能力、组织能力、管理能力配置稀缺公共资源，运用追求质量、效率和顾客至上的服务理念和科

---

[1] 郑秉文.西方经济学20世纪百年发展历程回眸[J].中国社会科学，2001(3).
[2] 欧文·E.休斯.公共管理导论[M].张成福，等，译.北京：中国人民大学出版社，2002：76-99.
[3] 戴维·奥斯本，特德·盖布勒.改革政府[M].周敦仁，译.上海：上海译文出版社，1996：21.

第六章 地方政府企业化与城市社会空间重构

学管理方法改变行政官僚体制下低效率的公共产品供给方式,形成以需求为导向、活力与效率并重的政府管理模式。但是企业型政府是追求社会福利最大化,而非追政府自身利益最大化,并不是要将政府转变为真正意义上的企业,正如奥斯本和盖布勒在提出企业型政府的同时所声明的,"许多人认为政府简直可以'像企业那样来运作',他们也许会以为我们的意思也是如此,那就错了"[1];毕竟政府和企业是两种根本不同的机构。他还从领导者的行为动机、收入来源与方式、组织运转的动力、对组织雇员的考核标准,以及雇员对风险的看法和报酬5个方面指出了政府组织和企业组织的巨大差别。

企业型政府理论是走国家主义与自由主义的中间道路,在传统的"大政府"和盛行于20世纪80年代的自由市场逻辑之间探求一条兼有二者优势、弥补二者缺陷的第三种选择道路。如20世纪90年代以后世界范围内出现的政府权力、职能和责任的全面退却,市场边界的不断扩展,最小的政府被认为是最好的政府;2008年次贷危机引发的全球性金融危机被归咎于美国信奉新自由主义而推进市场自由化,放松金融管制,以约瑟夫·斯蒂格利茨为代表的新凯恩斯主义开始重新审视政府的作用,呼吁政府必须有效地监管市场活动。在地方和城市政府层面,除了调控宏观经济之外,企业型政府还有另外一层含义,即具体化为面对全球化进程中日益激烈的竞争环境,获取更多发展资源和发展机会,促进城市与区域经济增长,以提高综合竞争力。如伦敦与巴黎的欧洲金融中心地位之争、纽约与奥兰多的美国最受欢迎旅游城市之争、奥运会举办城市之争等。

企业型政府在实践中取得了巨大成功,以"顾客"为中心,的确克服了公共服务供给方面存在的诸多问题,改善了公共服务品质,提高了回应公民诉求的能力,提升了政府的活力与效率,某种意义上缓解了政府的财政危机、管理危机和信任危机。但企业型政府也存在自身难以克服的缺陷和局限性,西方学者从不同角度对其提出质疑,如奥斯特罗姆指出对行政过程的效率问题过于专注,这与民主思想背道而驰;莫尔指出以市场机制解决公共问题基本上违背了政府存在的目的。[2]张京祥、罗震东等指出,如果缺少完善、系统的整体规制框架的约束,地方政府在权利不断扩大的过程中会偏离"企业型政府"的界定,而表现出"政府企业化"的倾向——即地方政府利用自己对行政、公共资源的垄断性权力转变为经济人,追逐特定利益集团的经济和政治利益,也就是西方公共管理

---

[1] 戴维·奥斯本,特德·盖布勒. 改革政府[M]. 周敦仁,译. 上海:上海译文出版社. 1996:21.

[2] 王丽莉. 新公共管理理论的内在矛盾[J]. 南京社会科学,2004(11):42-46.

中所说的"城市增长机器"。[1]与企业型政府必须坚持以公众需求为导向提供公共物品和公共服务、追求社会福利最大化不同,政府企业化行为的动机和目标是政府官员和特定组织的利益最大化,从某种意义上可以说是企业型政府理论在实践中"变形""越界"所产生的新概念、新问题,是企业型政府理论的负面效应,也即戴维·奥斯本和特德·盖布勒所担心的政府彻底转变成真正意义上的企业。

二、中国地方政府角色转变的背景

一方面,在加速发展的全球化进程中,市场、资金、技术、人才、资源的国家界限被打破,国家与国家之间的竞争越来越表现为不同国家的主要城市在全球产业链和价值链中所处位置的竞争,参与竞争的主体已经由国家和企业转变为城市。同时,在技术创新与信息化背景下,全球劳动地域垂直分工越来越趋于成熟,但历史形成的"核心—边缘"型区域发展格局不是被熨平,而是进一步加剧,在全球城市等级体系中,各城市按照区位、能级参与全球竞争与合作,有的成为具有国际性职能的全球城市,控制和掌握着全球经济命脉,有的缺乏独立性和组织性,沦为附属或边缘,蕴含着潜在的发展风险。因此,作为区域经济发展主要组织者的地方城市政府具有充足的动力来提高城市能级,承担全球城市等级体系中相对高级的战略功能,提升和获得持续竞争力。

另一方面,在计划经济时期,中国城市发展基本上是通过自上而下进行的,即根据国家总体战略部署与安排以及确定的社会经济发展计划,完成中央政府下达的指标和任务,缺乏主动谋求发展的意愿和能力。但与市场化改革相伴随的放权、分权打破了自上而下通过行政层级分配发展资源的要素配置方式,尤其是1980年开始实行的财政"包干制"、1994年开始实行的分税制,以及陆续下放的国有企业管理权限,让地方政府在分权化的财政体制下获得了相对独立的财权和财力,成为拥有特殊利益结构和效应偏好的行为主体。其行动导向的动力机制和基本准则发生重大变更,得以强化地方政府的自主性,使其无论是执行上级政府制定的政策还是制定自身行动目标都拥有了前所未有的选择余地,甚至可以根据自身的效应目标配置可掌控的公共资源同上级政府展开博弈。因此,在计划经济体制向市场经济体制转轨的进程中,不仅提供私人产品的企业之间竞争激烈,原本以提供公共物品为主的地方政府受以GDP为导向的政绩

---

[1] 张京祥,罗震东.体制转型与城市空间重构[M].南京:东南大学出版社,2007:143.

考核机制的影响,相互之间也形成了激烈的竞争发展态势。表现为在增长主义原则的指导下,各级地方政府不得不通过拼政策、拼土地、拼环境,寻求与跨国公司、垄断企业等利益集团结成各种"增长联盟",吸引资本和项目来获得较高的 GDP 增长率彰显政绩,作为政府官员连任和升迁的政治资本。地方政府逐渐演化成为"发展型政府""准市场主体""超级企业"而非"服务型政府"。

总而言之,在全球化、市场化、分权化共同形塑的经济社会转型发展的整体环境中,我国地方政府拥有了更多的资源控制权、自由裁量权,同时也更有发展地方经济的积极性,地方政府职能和权限的膨胀相应增加了地方政府行为的不确定性,其既要调控宏观经济又要促进增长的双重职能,使之成为裁判员与运动员叠加身份的特殊行为主体,这构成了地方政府企业化的根源和基础,在此基础上地方政府的角色和行为也表现出了较强的企业化倾向。

三、地方政府企业化治理的表现

以"放权让利"为主基调的改革开放增强了地方政府的自由裁量权和企业的自主经营权,激发了计划经济体制下几乎窒息的国民经济活力,连续 30 多年的高速经济增长从根本上改变了中国的社会面貌,提高了城乡居民的生活水平,创造了享誉世界的"中国奇迹"。然而一个不容忽视的问题是:中国在 20 世纪 90 年代初步建立起来的市场经济体制还是很不完善的。这种不完善性,主要表现为国有部门仍然在资源配置中起着主导的作用,形成了"政府主导型市场经济",政府依然通过手中的权力在资源配置中起主导作用,以国有经济为主导、强政府驾驭市场成为中国模式的主要特征。政府强大的资源调配能力和自上而下的运作机制适应了"生存阶段"追求总量扩张、确保经济高速增长的阶段性目标要求,但在社会经济发展由"量"向"质"转变的过程中,强政府主导的经济发展模式是否仍具有优势是值得商榷的,在错误政绩观指导下表现越来越明显的地方政府企业化倾向和行为事实上已经成为"中国奇迹"之下的副产品,对社会经济的健康持续发展产生了消极作用,积累了一系列结构性的矛盾和问题。地方政府的企业化倾向突出表现在以下几个方面。

1. 增长主义主导下的发展目标失衡

增长主要是指国民生产总值的提高,它以产出量的增加作为衡量尺度,而发展较之增长具有更广泛的定义,既包括增长所强调的产出的扩大,也包括分配结构的改善、社会的变迁、人与自然的和谐、生活水平和质量的提高,以及自由选择范围的扩大和公平机会的增加;增长强调财富"量"增加,而发展强调经济、政治、社会"质"的提升。发展与增长存在逻辑上的联系与统一,没有经济的增长,谈不上发展,但是过分强调增长会导致发展的不平衡,反过来会阻碍发展。因此,科学发展观要求在保持一定经济增长的前提下,走一条资源节约型、环境友好型的经济发展道路,要统筹城乡发展、统筹经济社会发展、统筹人与自然和谐发展、统筹国内发展和对外开放,实现经济社会又好又快发展,实现科学发展。但是在增长主义的逻辑下,"发展就是硬道理"被简单理解为"增长就是硬道理","以经济建设为中心"被视为"以经济增长速度为中心",GDP增长成了衡量发展的要素,并且官员晋升也与经济增长紧密挂钩,由此导致地方政府逐渐演变成增长饥渴、财政饥渴的竞争实体,原本应该是市场的"守夜人"转型成了像企业一样的"经济人"。[1]在经济效益、生态效益和社会效益发展目标的博弈中,地方政府普遍确立了增长主义的城市发展战略,以经济效益为核心目标,追求经济总量增进而不是结构优化,不惜以牺牲资源、环境为代价追求产值,逐渐形成了以高投入、高消耗、低质量、低产出为典型特征的粗放型经济增长方式,忽视了社会进步、环境安全等功能性目标,违背了科学发展观"发展度、协调度、持续度"辩证统一的本质要求,由此引发了一系列结构性、素质性的矛盾和问题。

一方面,由于人口基数大,中国各种自然资源人均占有量普遍低于世界平均水平,耕地、林地和淡水资源与世界其他国家比较,差距明显(表6-1);主要矿产资源人均占有量占世界平均水平的比例分别是:煤67%、石油6%、铁矿石50%、铜25%,是一个不折不扣的资源小国。但同时我国又是一个货真价实的资源能耗大国,已经成为煤炭、钢铁、氧化铝、铜、水泥、铅、锌等大宗矿产消耗量最大的国家,石油、铁、铝、铜、钾盐等大宗矿产严重依赖进口,对外依存度分别达到:石油54.8%、铁矿石53.6%、精炼铝52.9%、精炼铜69%、钾盐52.4%。另一方面,我国资源利用效率极低,2012年我国单位GDP能耗是世界平均水平的2.5倍、美国的3.3倍、日本的7倍,中国每消耗1吨标准煤的能源仅创造14000元人民币的GDP,而全球平均水平是消耗1吨标准煤创造25000元,美国的水平是31000元,日本是50000元。[2]

---

〔1〕 张京祥,赵丹,陈浩.增长主义的终结与中国城市规划的转型[J].城市规划,2013(1):45-55.
〔2〕 王秀强.中国单位GDP能耗达世界均值2.5倍[N].21世纪经济报道,2013-12-02(03).

表 6-1　中国人均耕地、水资源、森林资源与世界其他国家比较

指标	俄罗斯	加拿大	中国	美国	巴西
人口总量(亿人)	1.52	0.35	13.4	3.24	1.96
人口密度(人/平方千米)	8.6	3.2	131.0	27.5	19.1
耕地(公顷/人)	1.390	1.800	0.095	1.140	0.807
水资源(立方米/人)	30599	98462	2292	9413	42975
森林面积(平方千米/万人)	49.66	70.63	1.00	4.47	28.88

资料来源：段进军，姚士谋：《中国城市化研究报告》。

过度低效率的资源利用方式诱发了严重的环境污染问题，近两年在我国中东部出现的"雾霾天气"使全国陷入了严重的环境危机，100多座城市都陷入空气污染之中，覆盖了近一半的国土。按照《环境空气质量标准》（GB 3095—2012）的评价，2014年2月，全国74个主要城市空气质量评价达标天数比例为60.3%，评价超标天数比例为39.7%，其中轻度污染占20.3%，中度污染占7.2%，重度污染占8.3%，严重污染占3.9%（图6-1）。超标天数中以PM2.5为首要污染物的天数最多，占超标天数的91.8%。空气质量急剧恶化，严重影响城乡居民日常工作生活，危害身心健康，也引发了公众对增长主义的集体反思，对高能耗、高污染、高排放的粗放型经济增长方式的高度依赖，一味谋求GDP高速增长而罔顾环境保护，已经让公众品尝到了大自然惩罚的恶果，与此同时，水污染、土壤污染、生物污染、光污染、噪声污染等各种环境污染的后果都在加剧，当前我国已经进入环境污染集中爆发期。

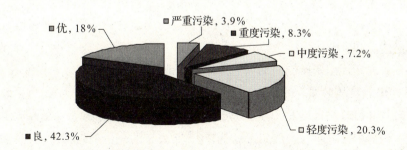

图 6-1　2014年2月全国74个城市空气质量级别分布

资料来源：中国环境监测总站发布的《2014年2月京津冀、长三角、珠三角区域及直辖市、省会城市和计划单列市空气质量报告》。

此外，在唯GDP论英雄的增长主义指导下，"效率优先，兼顾公平"的发展原则在执行中过分偏好"效率优先"，在追求经济快速增长的过程中，城乡居民

收入差距迅速拉大，贫富差距明显，虽然自2008年以后，我国基尼系数呈现一定的下降趋势，但近十年来始终保持在0.47以上(图6-2)，超过国际公认的警戒线，社会结构迅速由计划经济时代的高度"均质化"向高度"异质化"转变，整个社会的分层日益明显。在收入差距总体扩大的趋势下，社会公平正义不断受到质疑和挑战，由于仇富、仇官心理而引发的社会问题时有发生，也出现了不同社会阶层之间矛盾激化的苗头。

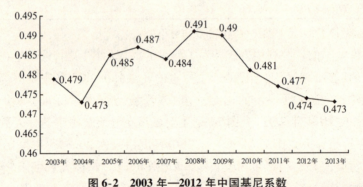

图6-2 2003年—2012年中国基尼系数

数据来源：国家统计局网站。

2. 在功利主义诱导下地方政府直接参与经营性活动

地方政府企业化最为明显的特征是以"超级企业"的准市场主体身份直接参与微观市场经营活动。在增长主义的诱导下，地方政府行为超越了其进行宏观经济调控旨在建立和维护规范、高效、公开、透明的市场环境的职责范围，转而直接"越位"参与经营活动。最典型的是发端于20世纪90年代的招商引资行为，由于外资的税收效应、就业效应对当地经济增长具有明显的拉动作用，许多地方政府把引进企业和资金作为拉动经济增长的捷径，引进外资一度成为各级地方政府的首要任务，"招商引资压倒一切""全民招商"成为地方政府惯常的提法和做法。在唯GDP论英雄政绩观的影响下，各地为了完成招商引资任务，争先恐后地出台优惠政策和财政扶持政策，让完土地让税收，让完税收让污染，恶性招商竞争在各级地方政府中普遍存在。国家审计署2012年公布的一份报告指出，一些县在招商引资中变相减免财政性收入，接受审计的54个县中有53个县2008年至2011年出台了221份与国家政策明显相悖的招商引资优惠政策文件，以财政支出方式变相减免应征缴的财政性收入达70.43亿元，其中2011年变相免征33.36亿元，相当于其当年一般预算收入的5.81%。这种政策优惠大比拼的结果是"鹬蚌相争，渔翁得利"，将巨大的利润空间拱手让予投资方，消耗的却是本地居民的权益和资源环境。

近年来，随着工业化、城镇化进程加快推进，城镇建设用地需求急剧膨胀，在公共设施、各类园区及招商引资项目引发的圈地浪潮中，大量土地良田被征用。然而，由于现行土地制度存在缺陷，"低征高出"的征地收益分配模式和招商引资上项目所产生的 GDP 预期收益给了地方政府强烈的激励，许多地方政府时常在土地征收问题上为投资商扮演了马前卒的角色，冲锋陷阵，不惜牺牲农民利益进行暴力强拆，致使因征地补偿、征地拆迁引发的矛盾和纠纷日益突出，成为近几年来的社会热点问题。2013 年 1 月—9 月，广东省信访局收到的来信来访事项为 17120 件，其中有关土地征用的信访最多，有 2489 项，占信访总量的 14.54%。

此外，地方违背经济规律直接干预市场的行为还体现在超常发展战略性新兴产业上。2010 年 9 月，国务院发布《关于加快培育和发展战略性新兴产业的决定》，明确将从财税金融等方面出台一揽子政策，扶持节能环保、新一代信息技术、生物、高端装备制造、新能源、新材料和新能源汽车七大战略性新兴产业发展。自此之后，从沿海到内地，无不把战略性新兴产业作为当地发展的重点，作为结构调整的主要抓手，但是在快速推进的同时，某些战略性新兴产业也遇到了很多困惑和问题。以光伏产业为例，前瞻咨询数据中心检测显示，全国 31 个省、市、自治区都将其列为优先扶持发展的新兴产业；600 个城市中，有 300 个发展光伏太阳能产业，100 多个建设了光伏产业基地。2008 年中国光伏企业还不足 100 家，经过几年的快速发展，至今已膨胀至 500 余家，致使该产业短期内迅速陷入结构性产能过剩的困境，国家发改委能源研究所的数据显示，2012 年中国光伏组件产能达到 45GW，而当年的全球产量仅为 38.4GW，即使假设组件销售一空，中国的产能也超出世界总需求量近 7GW。光伏产业短期内陷入产能过剩困境表面原因是光伏企业在高利润的驱使下盲目扩大产能，在国内市场未开启的前提下，严重依赖外需，遭遇欧美"双反调查"，根本原因是在实利和概念的吸引下，地方政府为谋求转型升级的政绩，粉饰 GDP，违背市场经济规律，"越位"为光伏企业提供包括土地、贷款、融资等在内的优惠政策，直接降低了产业进入的壁垒，导致盲目重复建设。

3. 本位主义驱使下行政区利益最大化诉求

计划经济体制向市场经济体制转型过程中，市场经济"竞争逐利"的本性客观上激发了地方政府或所属部门出于自身利益最大化的考虑，将作为空间载体的行政区划转变成资源流动的天然"壁垒"，利用行政权力干涉市场竞争，限制资源和要素的自由流动，造成市场分割，诱发地方政府间的无序竞争，增加了地方政府间博弈的复杂性。如由于长三角都市圈内大中小城市间的隶属关系复杂,在同一经济区域甚至是同一行政区域内引发的许多经济问题,却因行政隶属关系不同悬而未决,即使处理有时也不按经济规律而采用行政手段加以解决。典型的例子如上海因为举办"世博会"需要动迁4000户企业,周边城市都以为这是接受辐射的大好机会,可上海采取了在自己行政辖区内消化的做法。近年来,全国各地治理、整顿市场经济秩序的"打假"之所以频频受阻,"清障"之所以屡屡被困,相当程度上也正是缘于地方政府利益最大化诉求的企业化倾向。

行政区划调整也成为地方政府迅速获得发展资源,进行利益整合的重要手段,但行政区划调整中的利益博弈仍然激烈而复杂,如市县两级政府在对待"县改市"和"县改区"时呈现出两种完全不同的态度。县改区后招商引资、产业布局、基础设施建设将纳入整个城市进行通盘考虑,政府的公共服务水平也将从过去的县级水平提高到地级市级水平,福利待遇水平也会参照地级市的标准,县改区对中西部落后偏远的县很有吸引力。但因为撤县设区也意味着县级政府所掌握的财政、人事等方面的自主权力受到削弱,地级市政府掌握更多的财政和人事权力,因此对于东部发达地区的省级政府直管县而言,县改区缺乏吸引力,甚至产生强烈的抵触,他们更渴望的是"县改市",而市级政府则倾向于推动"县改区"。由此造成市县矛盾激化的案例时有发生,如2005年湖北大冶、2013年浙江长兴都因县级政府的强烈抵制迫使"县改区"计划搁浅。

4. 以共同利益为基础的"增长联盟"与反增长联盟间的利益博弈

"增长联盟"(又称"增长机器")是20世纪70年代以后对西方城市发展产生深远影响的重要理论之一,哈维·莫洛奇基于对美国城市发展经验的研究指出,城市最主要的任务是增长,地方官员发展地方经济的强烈愿望与拥有资本的经济精英聚敛财富的动机主导着城市发展的方向,并因此形成了由政治精英和经济精英组成的联盟。[1]另外,莫洛奇也观察到,当"增长联盟"损害到其他利益群体的利益时,那些利益群体将结成"反增长联盟",阻碍城市增长,甚至使增长联盟的行动纲领无法实施。[2]

在中国体制转型过程中,受到上级政府以政绩考核的方式将经济增长的压力向下传递和追求自身政治利益与经济利益最大化的影响,地方政府和官员都具有强烈的增长意愿,但市场化改革使地方政府相对于计划经济时期可以直接

---

[1] Harvey L. Molotch. The city as a growth machine[J]. The American Journal of Sociology, 1976(82):309-332.

[2] 罗小龙,沈建法. 中国城市化进程中的增长联盟与反增长联盟——以江阴经济开发区靖江园区为例[J]. 城市规划, 2006(3):48-52.

掌控的发展资源日益减少，地方政府促进经济增长不得不借助于市场的力量，尤其是跨国集团、垄断集团、大型央企和国企。与此同时，在中国业已形成的"政府主导型市场经济"的背景下，企业组织要获得发展机会和优势从而获得超额利润，不得不借助于地方政府和职能部门的支持，于是社会经济体制转型尤其是快速城镇化进程中，基于共同利益诉求和"双赢"发展目标，政府官员与企业家互相兼职，地方政府搭建融资平台，地方政府与利益集团也结成了各种形式的"增长联盟"，成为主导城市发展方向的利益共同体。基于增长联盟的政商结合，本质上是行政权力与资本力量的结合，在某种程度上"增长联盟"的形成迎合了全球化营造的竞争激烈的发展环境，实现了促进城市经济增长的目标，但在隐蔽的"非法利益链条"中，增长联盟也产生了巨大的寻租空间，成为"滋生腐败的沃土"，近年来反腐工作成果揭示的一个典型特征就是"政商勾结"，巨贪巨腐背后往往会牵涉某个或某些企业集团。但在"集团越大越难以形成共同利益"[1]的集体行动逻辑下，我国的"反增长联盟"发展滞后，分散的利益主体未能形成有一定话语权的利益组织，其对应的个体往往成为"增长联盟"主导下快速城镇化进程中的弱势群体，他们难以通过合法有效的渠道或途径维护其合法利益，转而借助或通过一些极端手段表达利益诉求。当前我国"增长联盟"与"反增长联盟"之间的利益博弈呈现出不平等、不公平的典型特征。

20世纪70年代以后，由"滞胀"引发的经济危机推动了政府变革，掀起了政府部门市场化改造的风潮，其中奉行以企业家的精神、理念和能力构建企业型政府成为重要方向之一，在实践中也取得了较大成功，但在实践中由于"变形""越界""过度"，又出现了政府企业化倾向，违背了政府部门本应秉持的追求社会综合福利最大化的应有之义。中国改革开放后，在全球化、市场化、分权化、城市化背景下，进入发展环境转型期，地方政府的角色和职能也呈现出向企业型政府演化的趋势，同样也出现了地方政府企业化的倾向，致使在增长主义、功利主义、本位主义等驱动下出现了违背基本发展规律、偏离社会发展目标的问题和现象。

第二节 地方政府企业化主导下的城市社会空间结构

20世纪70年代以来，西方马克思主义与现代地理学的结合在社会理论界

---

[1] 曼瑟尔·奥尔森. 集体行动的逻辑[M]. 陈郁，等，译. 上海：上海人民出版社，2010.

引起了一场令人瞩目的"空间转向"。列斐伏尔在《空间的生产》(1974)一书中首次提出"空间生产"的概念,构建了"社会—历史—空间"的三元辩证法,并指出城市空间并非社会关系演变的静止的容器或平台,而是社会关系的产物,它产生于有目的的社会实践,空间和空间的政治组织表现了各种社会关系,但又反过来作用于这些关系;曼纽尔·卡斯特尔斯认为城市空间是人类根据一定的生产方式创造出来的,空间是社会的表现;大卫·哈维继承了列斐伏尔"空间生产"的思想,又立足于马克思主义把空间问题与资本批判相结合,提出"时空压缩""空间修复""空间正义"等重要概念,指出资本主义的"时空压缩"导致全球在空间上的不平衡发展,带来全球社会发展的不公正[1];索加认为,空间与社会存在一种双向互动的社会空间辩证法,空间安排和结构影响着人们的行为,反过来,人们的行为和其他人的相互影响,持续地改变现存的空间安排并构建新的空间,以表达他们的需要和渴望[2]。

基于社会—空间辩证法,中国地方政府企业化倾向和行为也必然作用于快速的工业化、城镇化进程,形成特定的城市社会空间结构,并进一步反作用于社会经济发展,抑制城镇化健康发展。

一、城市空间蔓延:土地城镇化与人口城镇化

在增长主义逻辑指导下,以 GDP 和财政收入为核心的政绩竞赛及以此为基础的干部考核制度,迫使地方政府必须动用一切资源谋求财政收入和 GDP 增长。然而 1994 年实行的分税制度改革将一些税源稳定、税基广、易于征收的税种大部分划归了中央政府,地方财政分配比例过小,普遍面临事权与财权脱节、发展资金不足等问题,地方政府不得不谋求以其他方式增加财政收入。由于与土地有关的税收(如耕地占用税、城镇土地使用税、房地产业和建筑业的营业税等)以及与土地有关的非税收入(如土地出让金、新增建设用地有偿使用费、耕地开垦费等)将城市土地出让收入全部划归地方财政收入,经营土地成为地方政府获取收入的重要来源,特别是 1998 年以后,随着住房分配货币化改革的深入和土地市场机制的逐渐健全,土地使用权的市场价格得到充分体现,地方政府不仅越来越依赖出让土地使用权的收入来维持城市基础设施建设,吸引投资发展地方经济,还将其作为地方财政收入的主要来源。如图 6-3 所示,2001

---

[1] 吴敏.英国著名左翼学者大卫哈维论资本主义[J].国外理论动态,2001(3):4-7.
[2] 马克·戈特迪纳,雷·哈奇森.新城市社会学[M].黄怡,译.上海:上海译文出版社,2011.

年—2013年,全国土地出让收入从1295.89亿元增加到31304.5亿元,增加了23.2倍,年均增长30.39%,土地出让金占地方财政收入虽然波幅较大,但总体呈上升趋势,最高的2010年高达76.62%,平均高达45.69%,近十年中有五年的土地出让收入占地方财政收入的比重达到50%以上。

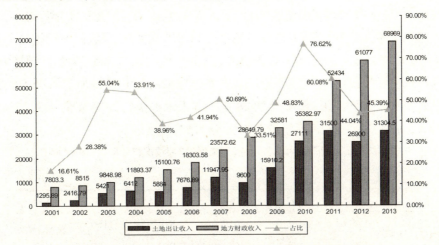

图6-3 2001年—2013年土地出让收入与地方财政收入状况

数据来源:①历年土地出让金数据来自国土资源部或媒体公开报道。2010年全国土地出让金数据,媒体公布为2.7万亿。本图中的精确数据27111亿是由2009年的精确数据(15910.2亿)与2010年的同比增幅(70.4%)得出的。2011年、2012年土地出让金数据采用媒体公布数据。②2001年至2008年地方财政收入数据来自国家统计局,2009年的数据来自财政部。2010年—2013年统计数据来自媒体公布数据。

在土地财政的利益驱使下,许多地方政府打着经营城市的旗号,通过土地储备、"招拍挂"等制度,大肆征用、圈占、开发土地,扩大城市建设规模,各种大马路、大广场、大学城遍地开花,各种档次的房地产项目四面突击,导致土地开发失控,城市空间盲目扩张、无序蔓延,这种"寅吃卯粮",靠透支后代土地资源推进城镇化的方式直接造成了土地城镇化的速度远超人口城镇化速度。2000年—2012年,我国城镇化率从36.22%提高到52.57%,平均每年提高1.25个百分点,城镇人口从4.59亿人增长到7.12亿人,年均增长3.4%,12年间城镇人口增加了1.55倍;而同期我国城镇建成区面积从22439平方千米增长到45565.8平方千米,年均增长5.6%,城镇建成区面积增加了2.03倍。[1]根据管清友、郝大明在《土地财政还将延续》一文中所列举的数据,2002年—2011

---

〔1〕 以上数据均来自2001年至2012年《中国统计年鉴》。

年城市累计征用土地面积 16300 平方千米,相当于城市建成区面积新增的 83%。据相关学者研究,我国城市扩展系数已突破国际公认的合理界线 1.12,城镇建成区扩展弹性高达 1.8,人均城区面积达到 111.3 平方米,远高于发达国家的人均 82.4 平方米和发展中国家的人均 83.3 平方米。城市空间的无序蔓延在一些大都市区体现得更为明显,如表 6-2 所示,北京、上海、广州、天津、南京、杭州等特大城市,改革开放以后城市空间都迅速扩张,建成区面积扩大了数倍。如 1982 年第三次全国人口普查时杭州市区常驻人口 305.77 万人,到 2010 年第六次全国人口普查时杭州市区常驻人口为 627.2 万人,增加了 1.05 倍[1],而城市建成区面积则由 1978 年的 28.3 平方千米扩张到 2009 年的 392.7 平方千米,扩张了 12.9 倍,远高于市区常驻人口增长速度。

表6-2 我国若干特大城市用地(建成区)扩展情况(1978 年—2009 年)

单位:平方千米

城市	1978年	1997年	2003年	2005年	2009年	扩大倍数
北京	125.6	412.0	610.0	819.0	1160.0	9.2
上海	190.4	488.0	580.0	950.0	1349.0	7.1
广州	68.5	266.7	410.0	735.0	927.0	13.5
天津	90.8	380.0	420.0	530.0	622.5	6.9
南京	78.4	198.0	260.0	512.0	598.1	7.6
杭州	28.3	105.0	196.0	310.0	392.7	13.9
重庆	58.3	190.0	280.0	582.0	783.0	13.4
西安	83.9	162.0	245.0	280.0	410.5	4.9

资料来源:段进军、姚士谋,《中国城市化研究报告》。

城市空间无序蔓延及其所导致的土地城镇化快于人口城镇化使我国本已十分稀缺的土地资源严重浪费,各种形式的开发区、工业园区"开"而不"发",被闲置或荒废,不少城市投入巨资建设的新城区人烟稀少,甚至沦为"空城"和"鬼城",地方政府为彰显政绩所建设的大马路、大广场对改善公共服务效果甚微。另一方面,已被城市化的"新增人口"却难以成为真正的"市民",难以享受与城市居民同等的教育、医疗、社会保障等公共服务。而上述问题已经成为当前制约我国城镇化可持续发展的重要问题。

---

[1] 市区涵盖上城区、下城区、江干区、拱墅区、西湖区、滨江区、萧山区、余杭区。

二、城市居住空间分异:分层与固化

住房制度货币化改革以前,我国城市住房制度是一种计划经济思维下靠国家统筹统建、低租分配的福利制度。城市居民由所在单位按工龄、级别、家庭人口、贡献等排队安排住房,同一单位、职级相同者差别不大,不同单位、部门之间差异较大,居住区的规划与建设采取最小通勤距离的原则,工作单位与居住空间糅成一体,在单位制社会体制下,不同身份、地位的人群混居的异质性社区成为居住空间的主体,城市社会空间的特征表现为簇状单位大院之间的分异。并且,由于城市住房交易市场尚未建立,住房的货币价值和财富效应并不明显,住房市场交易冷清,换手率极低,属于静态的异质性分异。随着1998年全面推行住房货币化制度改革,不同支付能力的城市居民拥有居住社区的自由选择权,住房选址也由以往的以单位导向为主转向了以阶层导向为主,居民住房消费行为的空间差异开始出现并不断强化。以上海为例,海外人士、我国港台地区人士和城市最高收入者普遍分布在市中心的新建豪华社区和城市边缘的高级别墅区,中、高收入者主要集中在交通干线附件的商品房社区,一般中等收入者分布在早期以单位分配方式获得的公房社区,低收入阶层主要分布在城市旧城区,外来务工人员这一新的社会群体主要分布在城乡结合部租借廉价私房或搭建的棚户聚居。不同社区在基础配套、社区管理服务、社区文化和公共服务等方面有很大差异,高档社区不仅拥有便利的商业服务、高效的通勤设施和优越的自然环境,还享受着优质的教育、医疗等公共资源,而中、低档社区和棚户区不仅住房条件本身较差,而且上学难、出行难、就医难、购物难等一系列问题也成为困扰市民普通生活的难题。收入差距形成的社会分异在城市居住空间分异上得到了充分的体现。

图6-4 上海某花园别墅与某棚户区

更为突出的是，随着住房交易市场的建立和完善，房产的货币价值和财富效应开始显现，日益活跃的住房交易市场使大、中城市普遍进入房地产"造富"并加剧贫富分化的时代。大规模的开发与建设使愈来愈多的城中村原住民动辄可以通过拆迁补偿获得上百万乃至上千万的拆迁补偿款和多套安置房，实现"一夜暴富"的梦想，并坐拥"房利"，靠收取房租享受奢华生活。2009年北京大望京村拆迁使村民们一次性拿到了上百万的补偿款，一般的家庭除了几套安置房，至少还有上百万补偿款，而多的达七八百万甚至上千万。拆迁让大望京村全村跑步进入百万元户级别。深圳福田区岗厦河园片区改造一次性造就十多位亿万富翁，类似案例在我国各大城市比比皆是。

"炒房团"也是伴随房地产市场井喷式增长和房价节节攀高而出现的新的群体，巨大的升值空间刺激已经完成了原始资本积累的先富阶层将房地产作为投资渠道，甚至放弃制造业的主业，借快速上涨的房价赚钱获取暴利。众多城市的原住民也因为原本拥有的"城市住房"成为中高收入阶层，享受着高品质的生活。而另一方面，由于农民土地确权滞后，大量城市郊区的农村集体用地被征用，而由于补偿标准不一、措施不到位、安置不合理，在快速工业化和城镇化进程中出现了大量"种地无田、上班无岗、社保无份、创业无钱"的失地农民，成为游离与城市与农村之间或寄居于城乡结合部的贫困人群。大量外来务工人员、刚毕业大学生等城市新生力量面对高收入房价比只能"望房兴叹"，靠租房度日。城市居住空间的分异不仅是社会阶层分化的表现，更成为阻碍社会阶层流动的屏障，弱化了贫富差距缩小机制的作用，成为固化社会结构的因素。

在城市居住空间分异加剧社会分化与固化的作用过程中，地方政府并没有进行有效的调控，反而在政府企业化倾向引导下，起着推波助澜的作用。为了保持经济增长和增加地方财政收入，地方政府打着经营城市的旗号，不顾国家三令五申要求"停止别墅类用地供应"的禁令[1]，为开发商打开方便之门，违规审批各类高端房地产项目，并结合旅游、体育、休闲、创意等概念将大量资金用于配套高端房地产项目的基础设施建设，如连接郊区别墅、高端房地产项目与市中心的高速公路（快速路），高档写字楼，商务、休闲、娱乐设施，环境的亮化美

---

[1] 国土资源部在《关于清理各类园区用地加强土地供应调控的紧急通知》中明确提出"停止别墅类用地供应"；2006年5月，国土资源部下发《关于当前进一步从严土地管理的紧急通知》，再次重申在全国范围内停止别墅供地，并对别墅进行全面清理。2008年1月，国务院下发《关于促进节约用地的通知》，要求"合理安排住宅用地，继续停止别墅类房地产开发项目的土地供应"。2010年《国务院办公厅关于促进房地产市场平稳健康发展的通知》又一次重申严禁向别墅供地。

化,等等;而用于改善旧城区居民、下岗职工、乡村移民等弱势群体工作、居住条件的投资相对不足。

三、城市空间跃迁:新城开发与老城改造

新城开发是一个国家与地区城镇化发展到一定阶段的必然产物。改革开放以来,随着我国经济的迅猛发展,工业化与城市化进程加速推进,城市群、都市区、城镇密集区等快速形成,当前我国城镇化率已超过50%,新城开发能够拓展城市空间、缓解城市人口和产业压力,确实是有效解决布局混乱、交通拥挤、环境污染等大城市病的有效途径。而且新城开发在西方发达国家城市化进程中也已得到广泛应用,取得了良好的效果,如英国战后通过卫星城建设有效遏制了伦敦等大城市无序蔓延的发展趋势,北欧国家通过新城建设实现了都市区的优化布局与有机增长,法国通过新城计划的实施一定程度上扭转了国土与区域发展中巴黎"一股独大"的不平衡状态,苏联也通过新城开发促进了广大东部落后地区的发展。

因此,地方政府在决定空间增长与发展顺序时,新城理所当然地成为城市与区域规划、开发和建设的热点,地方政府常常通过大气魄、大规模、大手笔的新城开发来宣示政绩和发展城市的信心,并借此吸引更多的发展资源。2012年国家发改委城市和小城镇改革发展中心对12个省区的调查显示,12个省会城市全部提出要推进新城新区建设,共规划建设了55个新城新区;在144个地级城市中,有133个提出要建设新城新区,占92.4%,平均每个地级市提出建设1.5个新城新区;161个县级城市中,提出新城新区建设的有67个,占41.6%。北京新一轮城市总体规划(2004年—2020年)就明确提出今后城市建设重点逐步向新城转移,并将建设延庆、昌平、门头沟、怀柔、密云、平谷、顺义、房山、大兴、亦庄、通州11座新城。杭州确立了跨江(钱塘江)发展战略,提出从"西湖时代"走向"钱塘江时代"的空间跃迁,提出建设20座新城的战略构想。但受目前任期制与"显现政绩"观念的影响,在城市空间发展、演化过程中常常难以长期延续一个稳定的战略意图,随着领导更迭、领导者思维的变化、政治与政策的需要的转变而不断发生着大跨度的跳跃。例如南京市近年来城市东、南、西、北几个方向几乎轮番成为城市开发的重点区域,结果导致发展资源极度分散,各个片区都成为"半生不熟"的地区。

另一方面,普遍存在的人口居住过度密集、建筑密度过高、土地配置效率较低的问题,使住宅拥挤、房屋破旧、人居环境恶化的老城区难以成为城市建设关

注的重点。然而,不顾旧城,另起炉灶,采取"空间跳跃式"建设新城,新城与旧城彼此不相关联,孤立发展,则有可能造成"一兴一衰"甚至旧城衰落、新城萧条的两败俱伤的不利局面。实践中不少城市已经出现了这些问题,如功能定位上,产业集中于旧城区(新城区),居住集中于新城区(旧城区),导致了"鬼城""睡城"的出现。城市居民奔波于新、旧城区之间,过着"钟摆式"的生活,中国城市居民以平均每天 42 分钟用在上班路上的时间领先全球。在产业关联上,工业集中在新城区,第三产业集中于老城区,新、旧城区之间产业缺乏有机整合与有效联系,既不利于形成合理的城市产业体系,也不利于发挥产业的规模与集聚效应。在空间联系上,很多城市新、旧城区规划与建设各自为政,缺乏统一的总体规划,导致城市建设紊乱、功能失调,甚至道路、市政设施互不衔接,相互间可达性低,加大了通勤成本,既不利于资源优化配置,也难以实现城市发展的整体目标。

四、城市空间缺失:社会空间与文化空间

作为人类聚居地的高级形态,城市不仅是在一定地域范围内营造的包括街道、广场、公园、公共建筑等在内的物质空间,同时还具有独特的社会文化属性,每一个城市都有自己的社会空间结构及与此空间结构相适应的文化特征。城镇化进程不仅表现在经济意义上的物质空间的更新与现代化,同时也必须是城市社会文化空间的有机更新。一个充满活力和持久魅力的城市,不仅在于有繁荣丰富的物质生活空间,还在于提供了具有人文精神与历史积淀的人性化、多样化、多层次的社会文化空间,让不同经济收入、不同社会阶层和不同社会背景的人们各得其所、安居乐业,有强烈的家园感和归属感。

但是,在地方政府企业化倾向主导下的快速城镇化进程中,增长主义诱使城市政府为了保持较高的经济增长速度,以"亩产论英雄",用单位面积产值、单位面积税收考核城市土地利用价值成为惯常而被广泛推崇的做法,高层、高密度的城市建设也成为地方政府进行空间资源配置的优先取向,尤其是城市级差地租高的都市核心区。在城市高密度开发与汽车社会的双重挤压下,城市居民有限的公共活动空间进一步被压缩,市民尤其是老人和儿童普遍存在休闲健身空间不足的问题,城市物质空间对社会空间的侵占使城市居民对大型公共活动数量、质量的需求与城市社会空间缺失的矛盾不断加剧。另一方面,新城区的一些大手笔、大气魄的城市公共空间,特别是大广场,由于缺乏人性化考虑(缺乏树木和绿化、缺少坐憩设计、设施破坏严重、管理水平跟不上),人们无法便利

地使用这些城市社会空间,难以对市民形成吸引力,造成城市公共空间资源的极大浪费。

广场舞遭遇各种暴力阻挠　源于城市社会空间缺失

2013年10月24日,武汉汉口中央嘉园小区的大妈们在跳广场舞时,竟然被人从楼上泼下粪便。原来,因为广场舞的声音大,这个小区的一些居民认为影响了他们的生活,便找物业公司反映,物业公司也与跳舞人员进行了多次沟通,但是因为一时间找不到更好的地方,大家也只有原地进行,没想到,这次竟然有人做出如此过激的行为。

近年来,因广场舞引起的矛盾纠纷其实并不少,各种各样阻挠广场舞的过激手法不断出现。2013年4月,成都一小区几家临街住户由于长期受广场舞音乐困扰,一气之下向跳舞人群扔水弹;8月,北京昌平区一男子因嫌小区广场舞音乐声音过大,朝天空鸣放猎枪示威,并放藏獒冲入跳舞人群;9月,郑州市金水区正在跳广场舞的高大妈被人泼了一盆冷水,当晚就高烧住进医院……

相关统计显示,目前全国广场舞爱好者已经超过1亿人,主体人群是40到65岁的中老年妇女,广场舞类型丰富,包括健身操、腰鼓操、扇子舞等,因其一般在广场上组织和进行而得名。然而,并不是所有的人都欢迎广场舞,其中一个最主要的原因就是广场舞噪声太大,有些扰民。"我并不喜欢这样强有力的节奏,偶尔听听还行,听多了心情会变得烦躁。"住在某广场附近的张小姐说,广场舞声音太大,她有时候想和朋友逛逛街,但是广场舞巨大的声音让他们听不清对方说话。"怎么我们老年人跳个广场舞就变成扰民了?"广场舞爱好者秦阿姨听了记者的采访意图后有些委屈。今年68岁的她每天晚上出去跳两个小时的广场舞,这已经成为她每天的必修课。"老人最怕孤独了,每天晚上去跳跳广场舞,既是锻炼身体,活动筋骨,也是我们这些老年人的精神寄托。"在秦阿姨看来,年轻人应该对广场舞多些理解和包容。但是,事实证明,广场舞这个老年人的精神支柱并不能让所有人理解。

郑州大学公共管理学院副教授杨朝聚说,广场舞作为中老年娱乐活动中的一种,现在饱受诟病,问题的根源就在于城市规划存在缺陷。"随着城市的发展,人口越来越多,但是公共活动空间没有增加,有的小区在建设时一味追求经济利益,甚至没有公共活动空间,居民只得选择在小区内或小区旁边的空地活动。"针对这种说法,记者也沿着商鼎路在黄河南路与东风南路之间调查了一圈,大大小小的社区有几十个,就是没有一个公园。小区内高楼林立,小区外商铺鳞次栉比,别说大点的活动广场,甚至连绿地都被挤占了用来停车。在这种情况下,大妈们见缝插针地在楼栋之间跳广场舞也就不难理解了。

摘自:大河网——河南法制报:http://news.dahe.cn/2013/11-12/102511870.html.

功利主义的行为倾向诱发了城市政府在进行大规模旧城改造运动时对城市文化空间的忽视与破坏。城市的发展演变过程中那些历朝历代积淀而保存下来的文化遗存和历史建筑以其独特性、不可复制和不可再生性而成为一个城市独一无二的发展见证,甚至成为一个城市及城市所在地区的重要象征和代名词,保护历史文化遗产是建设特色城市的基础。早期西方国家大规模旧城改造对历史文化遗迹的破坏就受到了社会的广泛质疑与批评,如简·雅各布在其1961年出版的名著《美国大城市的死与生》中指出,美国大规模的城建摧毁了有特色、有活力的建筑物以及城市文化、资源和财产。我国著名建筑学家吴良镛最早提出的"城市有机更新"的理论指出,城市总是不断发展的,有其自身的过去、现在和将来,一个城市总是需要新陈代谢的,但是这种代谢应当像细胞更新一样,是一种"有机"的更新,是逐渐的、连续的、自然的变化,而不是生硬的替换,有机更新必须遵从其内在的秩序和规律。然而,当前我国一些城市的旧城改造似乎并没有吸取西方国家的经验教训,政府为了追求物质经济利益反而忽略了人文精神与历史传承性,旧城改造使城市文化空间遭到了建设性破坏,传统建筑、古代民居被大面积拆除,取而代之的是一座座隔断了传统文脉、高端大气而没有灵魂和特色的舶来品,一些城市将旧城中的居民全部迁出,把民居改为旅游和娱乐场所,使历史文化街区失去了传统的生活方式和习俗,也失去了文化遗产的原真性,其后果不仅不可逆地改变了城市的特色风貌,使城市失去了灵魂,而且还可能导致城市居民失去认同感和归属感,损害城市原有的社会网络。

五、城乡空间统筹:二元分立与一元融合

改革开放30多年来,在不均衡发展战略指导下,我国城镇化进程中异地城镇化特征明显,产业区域分布不均,引发了全国范围内大规模的人口迁徙,大量人口由中西部内陆地区农村向东部沿海地区迁移。数据显示,2013年我国常驻人口城镇化率为53.7%,而户籍人口城镇化率只有35.7%,两者相差了18个百分点,约2.5亿人口以流动人口的方式被纳入城镇化进程。异地城镇化在空间上导致大、中城市空间资源稀缺、用地紧张,大量人口集聚于有限的空间诱发了交通拥堵、空气污染等"大城市病",大量农民工居无定所,往往只能陷入贫民窟;而另一方面,农民大举进城使一些地方的农村地区出现了大量的空心村,留守农村的老人、妇女、儿童缺乏足够的生产能力提高农村的土地利用效率,致使农村土地资源闲置浪费。因此,城乡空间统筹发展也是破解二元结构、推进城乡一体化的重要课题,城市为提高综合竞争力、调整产业结构、改善人居环境而专注于旧城改造、新城建设、城中村改造与乡村为发展现代农业、落实保护耕地、完善基础设施、缩短城乡差距而重点进行农村居民点整治、工业用地的整改和农用地整改的二元分立的空间调整思路必须向城乡优势互补、一元融合的城乡空间一体化思路转型。2008年颁布实施的《中华人民共和国城乡规划法》把乡、村规划纳入城乡规划的工作范围,明确要求城市的建设开发要统筹兼顾进城务工人员及周边农村社会发展、村民生产与生活需要,镇的建设和发展要优先安排基础设施和公共服务设施,为周边农村提供服务,为城乡空间统筹发展提供了法律依据。

近年来,随着中国城镇化、工业化加快推进,学术界和实践部门对城乡空间一体化也进行了积极探索和实践,其中做法之一是城乡建设用地增减挂钩。快速城镇化使地方政府普遍受到土地资源紧张的制约,而农村建设用地大量闲置、无人问津,城乡建设用地严重失衡这一矛盾诱发了地方政府自下而上的制度创新,城乡建设用地增减挂钩即城市建设用地增加与农村建设用地减少相挂钩,在建设用地总量平衡下进行土地开发权的转移,在土地总体利用规划下,农民宅基地等村庄用地复垦为农田后,将指标转移使用到城市房地产建设用地上。城乡建设用地增减挂钩是近年来城市地方政府推动土地改革的一项重要尝试,也第一次打通了过去完全隔绝的城乡用地市场,打破了过去城乡用地的隔绝和屏障。城乡建设用地增减挂钩一方面部分解决了地方城市政府在抓发展时建设用地指标不足的瓶颈,使地方政府在争取上级政府分配建设用地指标和冒险违法用地外,可以在一定范围内增加城市建设用地的合法渠道;另一方面,理论上确保了耕地保护,提高了农村空间利用效率,并使远郊农民有机会享受快速城镇化带来的收益。[1]

---

〔1〕 华生.城市化转型与土地陷阱[M].北京:东方出版社,2013:145-157.

附2

农民被上楼不是真正的"新农村"

一场让农民"上楼"的行动，正在全国二十多个省市进行。拆村并居，无数村庄正从中国广袤的土地上消失，无数农民正在"被上楼"。各地目标相同：将农民的宅基地复垦，用增加的耕地，换取城镇建设用地指标。他们共同的政策依据是，城乡建设用地增减挂钩。这项政策被地方政府曲解成以地生财的新途径。一场新的圈地运动正在广袤的农村上演。

毋庸讳言，这场拆村运动是对农村和农民一场可怕的掠夺。尽管它可能打着城乡统筹、新农村建设、旧村改造、小城镇化等各种好听的旗号，可本质只有一个，那就是：通过强制减少农村宅基地面积，为城镇建设换取增量用地面积，进而获得更多的土地级差收益，维持并扩大地方政府的卖地财政。

轰轰烈烈的拆村运动，让古老的乡村生态几乎毁于一旦，小集体的熟人社会被强制替换成大集体的陌生人社会，淳朴而深厚的千年传统在社区化的居民楼上不复存在。而在实际生活层面，"被上楼"了的农民依然是农民，但是农民式的生活方式被彻底改变，各种生活成本骤增，耕田种地甚至需要坐车，农具无处堆放，家禽无处饲养，蔬菜无处种植，农作物无处保存，这难道就是地方政府想要的"新农村"吗？

把古老的村庄通通拆了，造几栋楼把农民赶进去群居，等到政府部门破坏完了，却对农民今后的生活甩手不管，只拍拍屁股拿走卖地收益，这是什么样的逻辑？在这场农民"被上楼"运动中，城里面曾经发生过的各种野蛮拆迁行径再度上演，而且无所不用其极；对于维权意识更淡薄、维权手段更稀少的农民，拆起房子来更野蛮更暴力和肆无忌惮。

因为城镇建设占用了过多的耕地，所以要求农民让出自己的宅基地，用以复耕保住耕地红线——这样的城乡建设用地增减挂钩机制，相当于城镇"吃饭"却强要农村来埋单，权利与责任完全错位，原本安宁的农村，莫名其妙就成了城镇建设缺少规划和节制的牺牲者，完全让人看不到公平性何在，农村凭什么总是必须补贴城市？众所周知，历史上的农村补贴城市造成了日趋严重的城乡差距，就在这样的情况下，究竟还要继续让农村补贴城市到何时呢？

在土地既定的情况下，既要保证经济发展用地，又要保证耕地和粮食安全，增减挂钩机制对政策制定者而言也许是一种无奈。但这并不意味着,我们就可以因此而无视公平正义。《宪法》明文规定:宅基地属于村民集体所有。农民对于宅基地的所有权和使用权,是绝不容地方政府肆意侵犯的,违背农民意愿的拆村圈地运动大有违宪嫌疑。

　　退一万步说,就算城乡建设用地增减挂钩机制真要实施,也有一个根本性的前提条件必须保证,那就是:必须建立在公平交易基础上,必须限制地方政府权力滥用,必须保证农民的自由选择权利和获取土地收益权利。在此前提条件无法得到保证的情况下,这种城乡挂钩就是一种变相掠夺,必须紧急叫停。

　　来源:新华网:http://news.xinhuanet.com/local/2010-11/03/c_12732195.htm.

　　然而,由于农村建设用地的减少主要与城市房地产用地增加相挂钩,在强大的利益刺激下,城乡建设用地的良好愿景在地方政府政策执行过程中出现了"跑偏"和"变形",增减挂钩的政策给了地方政府土地开发的权力,但并未以农民市民化为目标,城乡土地增减挂钩是只要土地不要人,没有推出农民进城落户及就业、社会保障等相关配套措施,在土地占补平衡的背后,是政府获得大量土地增值财富,而农民"被集中""被上楼",土地利益被漠视甚至被损害,失去土地的农民仅得到了较少的货币补偿,还要承受上楼后务农带来的生产养殖和生活的诸多不便与费用支出的增加。在一些省区,为了获得更多的城镇建设用地指标,地方政府大规模取消行政村编制、改村变居,打着"新农村建设"的口号,强迫农民拆房、搬迁,甚至引发群体性事件。这种城乡空间的"统筹"没有熨平城乡空间差距,反而与二元分立向一元融合的发展趋势背道而驰,违背了城乡空间一体化的本质内涵。

第三节　地方政府企业化治理转向

　　改革开放以来,我国的社会管理已经从传统的社会管理演变为现代的社会治理,政府部门通过不断地放权、分权,已经根本上改变了计划体制下大包大揽的管理模式,形成了"政府主导"的社会经济管理模式。制度的变革和权力下放使地方政府谋划区域发展的动能得以释放,承担区域发展主要责任和掌控辖区资源最多的地方政府在推进城镇化进程中发挥了积极的作用,并在较短时期内推动农业社会向城市社会转变。然而这一时空压缩的转型过程中,地方政府的企业化倾向和行为也导致城市社会空间结构出现了一系列偏离科学发展、和谐发展的趋势与问题,要扭转这些不利于发展的局势,处理已经凸显的问题,必须从根源着手,转变地方政府的企业化治理倾向,打破传统的政府主导的一元化管理模式,形成适度平衡和建设性互动的多元结构,构建以公民发展为中心、面向公民需要的、积极回应环境变化、使地方充满发展活力的良性地方治理模式,这也是党的十八大提出创新社会治理体制,改进社会治理方式的题中之意。

一、治理基本理论

英文中的"治理"(governance)一词源于拉丁文和古希腊语,原意是控制、引导和操纵,长期以来它与"统治"(government)一词交叉使用,并且主要用于与国家公共事务相关的管理活动和政治活动。自20世纪90年代以来,西方政治学家和经济学家赋予"治理"以新的含义,不仅其涵盖的范围远远超出了传统意义,而且其含义也与"统治"相去甚远,它不只局限于政治学领域,而且被广泛应用于社会经济各个领域。

治理理论的主要创始人詹姆斯·罗西瑙在其代表作《没有政府的治理》中将治理定义为一种由共同目标支持的活动,这种活动的主体不一定是政府,没有政府的治理是可能的。罗伯特·罗茨在《新的治理》一文中认为,治理标志着"政府管理含义的变化,指一种新的管理过程,或者一种改变了的有序统治状态,或者一种新的管理社会的方式"。他还列举了治理的六种不同用法:(1)"作为最小国家"的治理,它指的是国家削减公共开支,以最小的成本取得最大的收益;(2)"作为公司治理"的治理,它指的是指导、控制和监督企业运行的组织体制;(3)"作为新公共管理"的治理,它指的是将市场的激励机制和私人部门的管理手段引入政府的公共服务;(4)"作为善治"的治理,它指的是强调效率、法治、开放、责任的公共服务体系;(5)"作为社会—控制系统"的治理,它指的是政府与民间、公共部门与私人部门之间的合作与互动;(6)"作为自组织网络"的治理,它指的是建立在信任基础上的社会协调网络。斯托克对各种理论进行梳理后指出,学者们提出的关于治理的观点主要有五种:(1)治理意味着一系列来自政府但不限于政府的公共机构和行为者;(2)治理意味着在为社会和经济问题寻求解决方案的过程中存在着界限和责任方面的模糊性;(3)治理明确肯定了在涉及集体行为的各个社会公共机构之间存在着权力依赖;(4)治理意味着参与者将形成一个自主网络;(5)治理意味着办好事情的能力并不仅限于政府的权力。

第六章 地方政府企业化与城市社会空间重构

全球治理委员会对治理定义的提出具有很大的代表性和权威性。该委员会于1995年发表了一份题为《我们的全球伙伴关系》的研究报告,对治理做出了如下界定:治理是各种公共或私人的机构管理其共同事务的诸多方式的总和,它是使相互冲突的或不同的利益得以调和并且采取联合行动的持续过程。它有四个特征:(1)治理是一个过程;(2)治理过程的基础不是控制,而是协调;(3)治理既涉及公共部门,也包括私人部门;(4)治理不是一种正式的制度,而是持续的互动。

城市治理作为治理理论在城市公共事务管理方面的应用,主要集中于对城市政府的研究,如巴罗的《大城市政府》(1991)、巴尼特的《破裂的大城市》(1993)、洛巴拉特的《大城市管治:美加大城市政府透视》(1993)等。在理论上基本上形成了两种观点:一部分人认为城市政府是国家政府的有机组成部分,具有有限的权力和相对独立性;另一类人则认为城市政府是一个合法、自治的单元。[1]近年来,随着城市经济向"后福特主义经济"[2]转型,西方国家对城市治理的研究出现了一些新的特征:城市政府、地方政府的重要性得到了认可并成为制定发展战略的焦点,地方政府行为已不仅包括地方当局,也包括一系列私有的和半公共主体,在协调各种政策领域和不同的利益集团的过程中出现了新的议价系统,地方政府的作用和地位发生了深刻的改变。[3]

二、西方国家城市治理

进入20世纪以来,西方发达国家先后经历了城市化、城市郊区化和逆城市化等不同发展阶段,城市规模不断扩张,城市形态不断向高级化、复杂化方向演进,从功能混杂的城市逐渐发展成具有复合性功能特征的大都市,从而催生了城市职能和范围的重构。与此同时,随着经济全球化的不断深入,城市作为基本空间单元参与全球竞争的特征显著,由此,主要发达国家纷纷围绕"治理理论"改革城市政府体制,旨在弥补传统城市管理模式的缺陷,应对日益激烈的全球竞争。西方城市治理理论也从针对"政治碎化"、强调建立大都市政府的传统区域主义,向提倡建立完善的多元治理和民主市场机制的"新区域主义"演变。

根据萨维奇和福格尔、斯托克、诺里斯等人的相关研究,新区域主义的城市

---

[1] 顾朝林. 论城市管治研究[J]. 城市规划,2000(24):7-10.
[2] 后福特主义(post-fordism)是指以满足个性化需求为目的,以信息和通信技术为基础,生产过程和劳动关系都具有灵活性(弹性)的生产模式。
[3] 陈振光,胡燕. 西方城市管治:概念与模式[J]. 城市规划,2000(24):11-12,26.

治理理念具有以下几个构成要素:(1)参与主体的多样性,传统区域主义倡导建立统一集权的大都市政府,形成由上而下的集权化科层制模式解决城市面临的公共问题被"小政府"治理思想所取代,城市的各个利益相关者包括政府与非政府、营利组织与非营利组织、公共组织与私人组织、甚至是公民个人都是城市治理的主体,权力结构不再是固定统一的,而是灵活分散的;治理主体多样性使得城市治理的实践更加具有可行性和实践性。(2)参与机制的网络性,传统区域主义注重政府部门在规划和行动能力方面的协调能力,而新区域主义则强调多元主体之间的协作,城市治理是对政府、企业、社会组织甚至个人的独特能力和权限做出安排,突出的是一种网络化的平等参与合作机制,而非强势主体主导的合作关系,涵盖了政府管理、市场调节以及复杂的网络化结构。(3)参与规范的灵活性,新区域主义的治理既可以是制度化的约束框架,也可以是非制度化的协议;治理的边界不是根据管辖区来清晰划定的,而是根据公共服务供给内容和方式的不同灵活变动。(4)参与方式的自愿性,新区域主义强调治理参与是自愿而非强迫的,自愿的参与能最大限度地调动参与者的积极性和创造性,使其实现资源的最佳配置。〔1〕

三、地方政府企业化治理转向的基本向度

约束和扭转地方政府企业化行为和倾向已经成为中国社会经济转型期激活社会活力、保障社会公平正义的重要课题,根据治理理论和西方国家城市治理实践特点,当前必须在模式、目标、主体、边界、内容等方面全面推进地方政府企业化治理向"善治"型城市公共治理转型。

1. 治理模式由封闭自治转向公开透明

系统要有生机和活力,就必然要与外部环境不断进行物质、能量和信息的交换,小到一个细胞,大到整个国家,莫不如此。改革开放 30 多年来,理论界与实践部门对开放的共识性不言而喻,在经济、社会、文化等众多领域,开放取得了显著成果,然而政府部门自身的开放进程、开放程度远远落在后面,思想观念不开放、权力运行不开放、决策机制不开放等仍然普遍存在,不透明、不公共的政府运行机制既是当前我国地方政府的常态,也是"灰色地带""寻租空间"的制度基础,地方政府与利益集团结成的增长联盟可以决定城镇化发展的战略空间,旨在熨平收入差距的经济适用房被内部倒卖,面对城市拥堵简单突击性实

---

〔1〕 曹海军,霍伟桦. 城市治理理论的范式转换及其对中国的启示[J]. 中国行政管理,2013(7):94-99.

第六章　地方政府企业化与城市社会空间重构

施限牌,封闭自治的政府运行不仅损害社会公众的直接利益,也在透支政府的公信力,在加剧政府信任危机。

因此,推进地方政府企业化治理向城市公共治理转型首要任务就是推动地方政府由封闭自治转向开放透明,让权力在阳光下运行,通过社会听证、新闻发布、政务公开等多种形式和渠道,让公民了解政府权力的运行机制,监督权力的运行。社会公众拥有了知情权才有可能行使参与权,才有可能表达自己的利益诉求,才有可能参与城市公共事务的决策,从而限制地方政府的企业化倾向和行为。

2. 治理目标由单一目标转向多维目标

地方政府企业化治理倾向典型地表现为增长主义,以物为本的绩效考核目标,导致地方单纯地追求城市经济增长,为了保持高速经济增长从而在政绩竞赛中脱颖而出,地方政府甚至可以不计后果。物质财富的丰富并没有给市民带来幸福感,物质空间的无序蔓延及其对城市社会空间的掠夺与文化空间的破坏使市民记住"美丽的乡愁"成为一种奢望,没有了对城市的归属感。

因此,推进地方政府企业化治理向城市公共治理转型,关键是重构城市治理的目标体系,打破增长主义的发展观,回归以人为本的发展本质,树立"人本主义"发展观,考核地方政府不能仅以物质财富和经济增长为指标,城市是由经济、社会、生态环境共同构成的复合系统,城市的发展不能唯 GDP 论英雄,还应包括社会和谐、文化传承与环境友好,应该实现经济、社会、生态环境多维目标的协同整合。

3. 治理主体由单一主体转向多元主体

不同于之前提出的"社会管理创新",党的十八届三中全会提出要创新社会治理体制,改进社会治理方式,"管理"与"治理"一字之差,但其内在含义发生了质的转变。管理一般是指自上而下的、纵向的、垂直的、单向的管理指挥和控制组织的协调活动,社会管理是政府和国家对公共事务进行管理,带有强制性,地方政府企业化倾向和行为之所以能够对社会经济发展产生巨大的负面效应,与其管理者的地位是分不开的,地方政府作为公共事务的主要管理者,占有辖区范围内最多的资源,加之强制命令性的行政方式使其在某种程度上拥有了难以撼动甚至不容挑战的权威,正是这种建立在管理者地位上的权威使其具备了实现自身利益最大化的能力,也拥有了与利益集团交换进而结成增长联盟的砝码。而治理除了国家和政府之外还强调市场力量和社会力量,治理最显著的特征是多元主体共同参与公共事务,政府、企业、社会组织甚至个人可以在规范的制度框架内平等表达利益诉求,维护自身利益,努力实现社会福利最大化。

因此,推进地方政府企业化治理向城市公共治理转型重点是实现治理的主体由政府单一行为主体向社会多元主体的转变,构建政府—市场—社会良性互动机制。一方面,必须在法制化基础上建立和完善规范的多元主体参与公共事务的运行机制,使多元主体有畅通的渠道能够平等地表达各自的利益诉求,行使参与权;另一方面,两千多年的封建文化传承使人民心理上的臣民意识根深蒂固,虽然近年来在高等教育大众化背景下,公民的文化水平普遍提高,但公民参与公共事务管理的意识和能力仍然欠佳,整体水平偏低,提高公民的参与意识与参与能力也是实现一元治理向多元治理转变的重要条件。

4. 治理边界由辖区治理转向跨区治理

城镇化涉及人口、产业、要素和空间形态由乡村社会向城市社会转换的重大区域发展问题,城市与其所在的区域有着相互依存的联系,城市是区域的统帅和灵魂,而区域作为腹地,是城市发展的基础和保障,单纯来看一个城市建成区内的城镇化水平没有任何实际意义,重要的是考察包含城市及其腹地在内的区域的城镇化水平,城市区域化、区域城市化的发展模式是推进城镇化进程的必然趋势。然而长期以来,特别是20世纪90年代后期,我国逐渐形成了大、中城市优先发展的城镇化发展战略,城市主导的城镇化割裂了城乡联系,造成乡村地区大量优质资源(如优质耕地、熟练农业劳动力等)快速流向大、中城市,城市地区却未能对乡村地区形成有效的资金与技术补偿,城乡差距不断拉大。同时,大、中城市自身也陷入"大城市病"的困境之中,严重制约了区域可持续发展。单一城市主导的城镇化还以行政区划为边界,割裂了城市与城市之间的联系,受行政区划的束缚与激励形成了"诸侯经济"。城市主导的城镇化战略建立在传统区域主义范式之下,地方政府处理公共事务以行政区划、城乡划分为边界,形成本位主义的企业化倾向。然而行政区划与经济区划不可能完全重叠,大量的公共产品、公共服务存在跨界交叉与外部效应,传统的辖区治理模式已难以适应区域城市化和城市区域化的发展趋势。

因此,推动地方政府企业治理向城市公共管理转型必须推动治理边界由辖区治理向跨区域治理转变,重视城市之间、城乡之间的密切经济技术联系,通过复合网络性、连接性的功能整合,强调地区间的横向联系,建立跨区域公共产品供给机制与协调机制,以推进区域一体化、城乡一体化为目标重构空间发展战略。

5. 治理内容由全能政府转向有限政府

新中国成立以后，由于历史和意识形态方面的原因，我国建立了高度集权的计划经济体制，政府部门事无巨细，掌控着经济社会发展的各个领域，形成了全能型的行政模式。虽然改革开放以来长达30多年的分权化、市场化改革使全能型政府向有限责任政府迈出了坚实的步伐，市场配置资源的能力得到了一定程度的强化，然而全能政府的格局并未真正扭转。中央政府掌控的113家国有企业在金融、能源、电力、邮政、通信、航空等领域占有绝对的主导垄断地位，地方政府也普遍存在通过与利益集团结成增长联盟直接参与市场经营的企业化行为，经济社会生活中的大量事项还必须通过政府部门的行政审批、行政许可，在某些行业和领域"限字令"还是政府进行宏观调控的常用手段。而与此同在教育、医疗、社会保障、食品安全等关系民生的领域政府"缺位"现象也是一种常态，企业化倾向使地方政府选择性地"承担责任"，"有利可图抢着做，无利可图踢皮球"成为经济社会发展转型的体制障碍。

因此，推动地方政府企业化治理向城市公共治理转型，必须在治理内容上厘清政府、市场和社会之间的关系，政府要向社会放权，把不该管、管不好的事交给市场和社会，集中力量管好该管的事，切实转变职能，为社会组织营造良好的生存土壤和发展环境，激发社会组织与市场的活力，实现由"全能政府"向"有限政府"的转变。

四、地方政府企业化治理的转型与能动空间的形成

前面已经提到西方空间发展的三个阶段，第一个阶段属于被动的空间，然后到能动的空间，再到行动的空间，这是空间演变的重要规律。能动的空间主要表现为社会在塑造空间中的重要作用，凸显一种"社会—空间"的辩证法逻辑，即空间与社会统一性的问题。中国这样一个长期处于权力和资本增长联盟下的大一统被动的空间，要转向主动的空间，必须要转变政府职能，其中最为重要的就是地方政府企业化治理的转型，虽然这种转型的过程是长期而艰巨的，但我们依然可以看到，在我国一些地区都出现了"政府—市场—社会"的相互博弈对于空间重构和演变的作用，本章第四节运用苏州的案例来分析社会治理的转型，主要是基于微观尺度空间治理的转型。

第四节　苏州城市公共管理协同创新中的"五政"模式

身处改革前沿的苏州,立足于加强和创新社会管理的中央精神和战略目标,突出政府在社会管理创新中的优势,在实践中探索出一套"政社互动、政会互融、政企互联、政民互通、政政互助"社会管理机制协同创新的"五政"模式,开创了城市化进程中城市公共治理的新格局,有力地支持和推动了苏州和谐城市化效应的实现。

一、"政社互动":探索政府与社区互动关系的新机制

政社互动所要达成的是政府与社会的良性互动,内在地包含政府与社会平等的地位,也即在实际中突破了以往政府主导的一元体制。而政社互动也有哲学向度的理论支撑,长期以来,主体哲学"自笛卡儿把'主体'或'自我'规定成一切意义和价值的源泉和基础,自然界和其他人的性质、语言和行动的意义都随'自我'的含义而界定"[1]。在实际中呈现了越来越大的局限性,而交互主体哲学则以更为科学的视界实现了主体间的平等地位和交往平等,这是一种进步。以此观照,政社互动在实际上使得政府与社会实现了主体间的平等态势,呈现出了越来越明显的交互主体的特征,契合了事物发展规律,也由此在理论和实践上很好地支撑了政社互动的理念。苏州的政社互动是走在全国前列的,在实践中,苏州注重改善政府权能和培育社会,真正使得政社互动支撑起了社会管理创新这个大舞台。

1. 太仓:"政社互动"推动基层民主自治

政府在社会管理中难以做到包揽所有公共事务,"包打天下"是不现实的。苏州正在推进的以"政社互动"为核心的社会管理模式,是对社会协同、公众参与的核心概括,在实际中,政府与社会多元主体共同参与社会管理,形成政府与社会协同配合、有效对接的良性互动治理的局面。由于"政社互动"是多元共治的体现,能够弥补政府行政的缺漏,深化社会管理,有效促进经济社会协调发展,故而在实践中展现了很强的活力。

2008 年,苏州太仓率先开展了政社互动的实践探索,开创了规范政府与社

---

[1] 张伟琛.对主体及主体哲学的批判[J].河南师范大学学报(哲学社会科学版),2007(2):14-17.

会关系的先声。太仓实践中尤为出彩的是在"政社互动"推动下的村民自治,村民自治的目的在于还权于民,要推进基层民主自治则必须厘清政府的权责界限。为此,太仓向社会明确表达了"尊重自治权力,建设有限政府"的先进法治思想和"共同参与、和谐善治"的管理理念,先后出台《关于建立政府行政管理与基层群众自治互动衔接机制的意见》《基层群众自治组织依法履行职责事项》等一系列法规,积极推动政府从管理向服务转变,政府与自治组织的关系从"领导"变成"指导"、从"单向"变成"双向",基层自治组织的非法定义务劳动从"无偿"变成"有偿",建立起了"政府管理与基层自治有效衔接和良性互动机制",构筑起了侧重民生、基层和谐的社会发展体系。太仓的村民自治有许多创举,诸如建立村务公开"三日制度"、采取"一票直选"村委会的模式、开展签订《基层自治组织协助政府管理协议书》等,使政府从不该管的事务中抽离出来,让村组织的自治功能发挥出来。政社互动形成了政府调控同社会协调互联互动、政府行政功能同社会自治功能互补的良好局面,太仓村民自治的进步充分说明了"政社互动"的功效,太仓村民自治取得了卓然成效,苏州于2012年发文全市推广。

2. 苏州工业园区社工委:创新政社互动新局面

社工委是社会管理创新的产物。湖东、湖西社区不设街道,只有社工委,社工委的全部工作就是公共服务,经费统一由管委会拨款,由管委会主任担任组长,分管领导担任副组长,与社区职能关系紧密的一把手担任指导委员会委员,设立窗口为居民提供政务服务,社工委下面是居委会,这是一种创新的社会管理体制。社工委创立以来开展了卓有成效的工作,诸如开展"社情民意联系日"活动,从2011年5月以来解决了700多个问题,在此基础上推进制度化,它拓宽了反映民情的渠道,是对现有管理体制的补充,很好地起到了衔接体制内与体制外的作用。又如社工委在社区居民普遍关心的物业管理上,推动物业管理办公室相关的组建、指导和监督等工作,让居委会积极动员优质的业主征集业委会代表、提高业委会代表积极性。将一些协助物业、居委会解决问题的热心居民公开化,鼓励大家积极参与,在实际中取得不错效果。

社工委也是政社互动的生力军,湖东社区工委开展的"中西文化大课堂"就是生动体现。湖东社区的外籍居民有3千多人,占社区人口的10%,湖东社区工委秉持政社互动的原则,以"中西文化大课堂"为载体服务和管理社区。大课堂主要由三大块构成:第一,说法堂。针对外籍人士缺乏对我国法律认识的情况,社区邀请公、检、法等部门宣讲法律知识和案例。通过全力贯彻"教育牵引策略",确保了外籍居民形成强烈的法律意识和观念,从而不仅"知中国法",也"守中国法"。此外,居委会与律师事务所有合同,外籍人士遇到法律上的事务,居委会可以为其找到合适的律师。第二,主要是中外文化互动。诸如外籍人员教做西式糕点,本地居民教授包饺子,加深了居民交流、融洽了居民情感。又如外籍人士对社区调解委员会的性质和功能有疑问时,通过社区工委和企业沟通,让外籍人士明白调解委员会不仅维护职工利益,也维护企业利益。包括从和谐的角度介绍社情民情,以及在邻里发生矛盾时通过活动达成互解互谅。经过沟通,许多外籍人士开始理解并向本地居民生活方式过渡。第三,主要是文明志愿者方面。通过工委、居民和政府部门通力合作,越来越多的外籍人士开始改变不愿参加活动的心理,积极主动地融入各项公益事业和公众活动中,开展"爱心无国界"志愿者活动,诸如"啄木鸟"志愿队,在园区范围内寻找错误的英文标识,提请相关部门更正,提升园区的国际形象,在融合过程中,外籍人士的归属感也得到增强。社工委推动下的工作取得斐然成效,增进了邻里情谊,加速了中外文化融合,睦邻友好、和谐共融的新型社区氛围愈加浓郁。

3. 园区青剑湖社区:动迁小区扬新帆

形成城乡经济社会一体化新格局,是党的十七大针对统筹城乡发展,构建新型城乡关系提出的新要求。苏州在大力推进城乡一体化改革过程中,涌现出的动迁小区人口安置、农民转市民等各种社会问题都有赖于社会管理创新加以破解。动迁社区有其特点,从青剑湖社区来看,它是城乡一体化进程中出现的动迁社区,通过积极贯彻"社会协同、公众参与"的理念,在实际中打开了社会管理的新天地。

(1)就业是民生之本。社区人口由当地12个村的农民构成,农民靠土地生存,农民失去了土地,就业必须要有其他的方式替代。为此,社区在扩展就业渠道上不遗余力。青剑湖社区原来的各个村情况不一,原来有渔业的村,他们在如皋、镇江和盱眙等地包了池塘。社区还成立了物业公司,办起劳务合作社,物业由本地人来管理,包括保安、保洁人员等;此外,社区为在富民商区开店的居民提供房租优惠。富民载体考虑整体富民,日间照料中心,除了可以打麻将、看书娱乐,还能免费看录像。

(2)稳定的经费来源是社区管理得以运转的保障。相较于一般社区经费来源是上级财政拨款,青剑湖社区有自己的收入渠道,收入主要来自门面出租、厂房出租、专业合作社和养殖合作社,2014年动迁小区收入1200万,2015年估计能够超过1500万。社区居民的安置以小高层为主,小高层的建设、保安、水电和物业等都需要钱,社区有了一定的经费来源渠道,才能为社区各项建设奠定一定的基础。农民为发展做出了牺牲,才能上了年纪的农民,适应能力和自身掌握的技术能力相对较弱,理应对他们给予照顾,为此,社区积极推进土地换社保工作,把农民纳入社会保障范围。为进一步提高富民惠民力度,成立了富民合租社,确保12%的分红,农民每年有将近2000元的收入。建立一个留得下、有干劲的干部队伍,要重视干部待遇问题,目前园区的干部工资较高,工作也起劲。

(3) 居民入住新社区以后,又面临着新的矛盾关系,积极引入利益相关者和公众力量参与是当然之选。第一,居民、物业与管委会的利益关系不完全一致,为此,社区坚持了如下做法:房子还是房产公司在管,住户、物业和房产公司共同参与维修,充分听取农民的意见,表达农民的感受,工作也慢慢步入了正轨。第二,在处理邻里之间的矛盾纠纷时,也积极地发动居民参与进来。小区主动发挥"老娘舅"调解室调解矛盾纠纷的功能,调解室组成人员包括一批老干部,这些老干部有一定的资历,懂法律和政策,对此老百姓能信服。让老干部来调解,效果很好,诸如家庭赡养、财政纠纷等问题,依靠这种方式都能解决。社区是居民共同的家园,营造和谐的社区生活,需要各方力量的共同参与,诸如针对居民不注重绿化保护的习惯,就联合学校开展"小手拉大手"活动,由小孩来教育父母亲。

(4) 有序的公共安全体系对于维护社会和谐稳定和保障人民群众切实利益、提升老百姓安全感和幸福感有重要意义。小区积极推进技防建设并实现了全程监控,发动居民加强巡逻、检查和卫生、消防等工作,每家每户都装有收录机,实现了对流动人口的实时录像。出台流动人口的合租房规范,明确房东责任制,外来人一进来就办理居住证,致力于"以证管人、以房管人",流动人口由民警与居委会副主任来管,校区有87个保安,管16000人。但民警不够,就跨塘镇人口就有17万人,加强警力建设是下一步的重点。做好流动人口服务与管理工作,为营造和谐的社会关系打下坚实的基础。

随着城乡一体化改革的推进,社区马上要变街道,在改制转轨的同时,原先农民的一些好的管理模式也应继承下去,当地农民有一种好的管理模式,就是居民小组长制的管理模式,一般情况下是三四栋房子一个,高层则是一栋一个,这种行之有效的方式也得到了很好的继承,深化和完善着青剑湖的社区管理体系。青剑湖的实践显示出了农民普遍具有较强的成群意识,个体在社会管理上的独立性不高,所以对公共事务的参与度很高,社区让农民参与管理是找准了路子,让农民参与管理,不仅契合公共领域自治的趋向,也证明了农民能够自己管理好自己,这是值得肯定的。

二、"政会互融":培育政府与社会组织关系的新动力

随着城市化进程的加速,市场力量介入并夹带着社会结构的变动,计划经济时期的"全能政府"已不适应当今需要,向公共服务型政府转变则是必然选择,社会组织承接部分公共服务职能依然是趋势。与此同时,城市化进程中所形成的权力格局的重塑,也为社会组织发挥其功能创造了空间。从治理层面来说,社会组织嵌入社会治理中,有利于弥补政府力量的不足,同时,社会组织在提供就业岗位、增进社会和谐稳定方面能够有所作为,只要引导得对路,就能够获得很好的正面效果。苏州所实践的"政会互融"模式,通过加强政府与社会组织的融入,实现政府对社会组织的有效引导和管理,明确权能和发挥各方主体的作用,形成了合理调适国家与社会关系的全新方式。

行会是具有共同利益的群体聚合而成的组织,具有特定的利益、目标和价值取向,诸如各类商会、协会等。同时,行会也发挥着社会整合和利益聚合的作用,具备相对规范的动员能力,行会组织是社会管理中不可忽视的重要力量,尤其是在当今转型时期,政府要转型,作为政府外的行会也在转型以适应新的社会经济环境。"如何在有序的状态下顺利完成转型,形成政府与民间组织构建和谐社会的合力,合作主义作为一种主张政府权威和社会团体进行制度性合作,实现双方受益的结构变迁理论体系,为我们在构建和谐社会中塑造民间商会组织的重要角色,发挥民间商会组织的功能提供了独特的视野。"[1]这当中的合作正是实现"政会互融"的方式,使得政府能够对行会组织加以合理调控和引导,携手并进,进而形成社会和谐管理的合力。苏州具有深厚的商业传统,在实践中积极发挥各级主动性,在"政会互融"方面累积了许多卓有成效的经验。

1. 张家港:书写"政会互融"的精彩

政权离不开真正的社会组织的支持,张家港的"政会互融"建设特征在于,通过行业协会承接政府部分职能,协助政府化解企业之间的矛盾,服务壮大协会和协调企业管理,以达到实质的"政会互融"。协会围绕政府的施政,承担起化解政府、企业和老百姓之间矛盾的职能,既促进了经济发展,又和谐了社会,

---

[1] 吴巧瑜.转型期民间商会组织的角色与功能——从合作主义的理论视角分析[J].学术研究,2007(8):15-19.

也提高了自身的建设能力。协会组织参与社会管理作为张家港社会管理创新的特色和品牌,实现了与基层互补、与社会互融,促进了基层政权建设,在实际中取得了很好的效果。

张家港市政府与建筑业协会的互动是一个典范。相对于西方国家协会以和政府博弈、制衡为目的,张家港建筑协会是在政府指导下成立的,协会自己管理自己,自主性很高。建筑行业是高危行业,报价和评优是最根本的两个问题,通过政会互融,政府就能更好地加以掌握。以招标投标为例,原先实行的是最低价定标,实践之后发现最低价中标导致很多工程质量较差,但是这又超越了政府管理权限,于是改为合理定价中标。由不是专业的政府来认定优质工程并没有说服力,于是通过协会处理,协会会长、副会长由民主选举产生,秘书长由管理部门的人员担任,协会非常熟悉行业的一切情况,由协会合理定价时,政府也同时介入,这样的做法就最大限度地做到了公平、公正和公开。又如在建筑企业,以欠薪问题为例,欠薪是建筑行业的大问题,农民工相对处于弱势,讨薪比较难,协会通过成立担保公司为会员担保,并且这部分资金会运营、增值和分红,实现了双赢。保证金是企业拿出来的,协会对不自律的公司进行制裁,拉入黑名单,在网站上公布,还有如评分相应的管理机制。"政会互融"也带动了企业做好工地生活服务设施,为农民工营造了良好的环境。总体说来,整个建筑行业很自律,没有发生违法乱纪现象,行业内部没有恶性竞争,"政会互融"不断深化。

张家港"政会互融"的另一代表是新市民共进协会。这是2010年成立的专门服务于新市民的机构,主要工作是引导新市民自我管理、自我服务、自我约束,协助政府管理。张家港目前有654000位新市民,办理暂住证和居住证的人员,离开一个月就要注销,数据会实时更新,这些工作都是由协会完成的。目前,在社区和新市民聚居地成立29家分会,有6000多个新市民参与。协会运转以来,一是开展协会组织的自身建设,积极引导新市民参与,做好维权、维稳和社会保障等工作,架起了政府和新市民之间的桥梁。二是新市民集中管理,通过给新市民打分,给新市民以入学、入医和入户等优惠政策。协会坚持做好"贴心人""娘家人""明白人",通过开展慈善事业和培训活动,和劳动部门合作,对未成年人提供各种培训项目,这一做法受到了很多家长的好评。协会从创建至今,这些工作已初见成效。

2. 苏州工业园区:业主委员会的"嵌入式"管理

从社区居民而言,业主与建筑、房管和政府都存在一定的利益差别,这也是社区社会管理中的一个持久、常见的难题。苏州工业园区业主委员会通过创新改革,在实践中发展出一套行之有效的方法,主要经验就是每一个委员会必须有一个工委工作人员嵌入该组织,以此协调物业管理与社区建设之间的关系,协助房产行政部门对物业管理进行指导和监督,从而避免业主与业主委员会、业主委员会与政府发生冲突,形成互融关系而不是抗衡关系。将社工委工作人员嵌入业主委员会,主动联系和指导业主委员会,社工委在依法的前提下与业委会保持一种相互尊重的关系,让业委会尽最大可能发挥自治作用。以湖西社区为例,湖西社工委坚持以居民自治为核心,以居委会主任列席业委会会议为载体,创新业委会工作举措,通过加强小区居委会、议事会、业主委员会、物业公司的合作,构建起了社区和谐的"防护栏"。比如在业主委员会选举中,社工委起到监督平衡的作用,极大地强化了业主委员会的内部建设。

3. 盛泽:异地商会在社会管理创新中放光彩

盛泽位于吴江区,经济发达,自古就以商贾云集而著称。改革开放以来,全国各地客商大量涌入,外来经济更是占了很大的比重,各类商会和行业协会如雨后春笋般涌现。自1996年福建客商在盛泽镇成立第一个异地商会"闽南经济促进会"起,如今在盛泽的各类异地商会、协会已有1000多家。各类商会、协会是社会管理可以借重的资源,为此,盛泽党委政府发挥创造性思维。近年来,盛泽镇按照"充分尊重、广泛联系、加强团结、热情帮助、积极引导"的工作方针全面推进商会工作,促进商会在保增长、促发展、促和谐稳定的大局中发挥积极作用。

商会积极行动,促进了盛泽经济健康发展,盛泽的纺织产业是支柱产业,吴江市纺织商会结合自身行业情况,紧紧抓住民营经济发展中存在的难点、热点问题进行深入调研,提出有针对性、前瞻性、可操作性的意见和建议,为市委、市政府决策提供参考意见。在维护社会和谐稳定方面,盛泽有诸多开创性的点子。例如当地政府和异地商会定期召开治安管理联席会议,由统战办牵头,每个月举行一次例会,及时通报各商会近期工作情况、商会主要领导人的动态,探讨商会工作过程中遇到的问题和难题。通过面对面共议盛泽治安管理,不仅强化了商会之间的联系,也加强了党委政府与商会之间的互通有无,有利于及时了解企业情况、掌握第一手资料,提高了治安管理工作的能动性。在政府支持下,商会积极做好信息咨询服务,及时向会员提供政策和经济信息,依法维护会员的合法权益,并配合协助政府有关部门开展招商引资、经贸洽谈、就业服务等活动,为盛泽的经济社会发展注入动力。商会积极行动,积极承担社会责任,会员们积极参与扶贫帮困、光彩事业等社会公益事业,带动了盛泽企业社会责任感意识的上扬。如此种种,把商会纳入社会管理创新体系,不仅强化了商会的社会责任,更推动塑造了社会有序和谐的局面。

4. 沧浪区:"幸福联盟"团队——幸福声里说和谐

邻里情幸福联盟是沧浪区于2007年6月试点的,是由社会群团、各类民间组织和各类志愿者队伍组成的联合体。幸福联盟首创了"1+2+1"管理模式,即在社区坚持社区党组织一个领导核心,设置社区工作站和社区居委会两个办事机构,建立"幸福联盟"一个活动组织。党组织和工作站、居委会等密切合作,合理分工,社区党组织是社区各类组织和各项工作的领导核心,党的领导保证了能够以党组织的强大体系支撑社区管理体系架构;社区工作站是承接政府部门、街道办在社区的事务性工作的平台,提供面向基层群众的公共服务;社区居委会是社区居民实行民主选举、民主决策、民主管理、民主监督的自治组织;"幸福联盟"则在实际中发挥整合社会管理资源、积极引入社会力量参与共治的作用,在承接政府购买的服务、培育和发展社区公益性或服务性民间组织、招募社区志愿者、协调和组织联盟成员、推进社区科教文卫事业、培养居民民主和自治意识方面发挥重要作用。

"幸福联盟"的运作是制度化和规范化的,不仅有专门的《幸福联盟章程》等一系列规章制度的保障,也充分发挥了联盟成员的创造性,这种全新的社区管理模式为民间组织力量的健康发展撑起一片"艳阳天"。以双塔街道"幸福联盟"运行为例,设立有扶贫救助的"志愿者救助中心",为困难家庭子女提供结对助学帮助;在社区党委指导下,"小巷总理"围绕解决居民生活问题,活动开展得有声有色;以党员、志愿者、关心和支持社区建设的组织力量组成的"幸福驿站"紧贴社区生活点点滴滴,营造了情真意切的社区归属意识,实质形成了社会协同、公众参与的管理格局,形成了和谐共生的社区文化内涵,极大地提高了公共服务质量,维护了社区居民切身利益,营造了"有困难找联盟"的贴心氛围,带动了居民幸福感与和谐社区的成形。"幸福联盟"已经实现了沧浪区全区6个街道64个社区的全面覆盖,它的发展壮大,昭示着一种社会管理大格局的美好前景。

三、"政企互联":打造政府与企业合作关系的新平台

企业是市场经济中最为活跃的参与主体,它最真实地诠释了"经济人"的特质。当前,市场力量深刻地形塑了社会的方方面面,企业这一最活跃的市场主

体无疑是核心。在社会管理创新大格局中,抓住了企业工作这一块,也就抓住了市场经济中社会管理的靶向和牢固根基。为此,苏州各级政府围绕"政社互动"工作全面展开,同时,在"政企互联"这一块着力,通过持之以恒的努力,使政企互联顺利展开,进一步强化了政府与企业的关系,强化了社会管理创新的动能。

1. 常熟工会:架起政企互联的金光大道

职工是我们国家最主要的一个社会群体,搞好社会管理和维护社会稳定,首现要有职工的稳定,从某种意义而言,职工的稳定是社会安定有序的基石。工会是联系广大职工的桥梁和纽带,是名副其实的"职工之家",从这个层面上说,工会工作在社会管理系统中占据重要地位。以工会为载体加强社会管理创新,常熟工会的实践展示了内在的生命力。

工会的使命就是维护好广大职工的基本权益,做好这些工作才能使人心安,从而给社会管理提供先决条件。对于维护职工的利益,常熟工会在实践中探索出了可行、有效的路子,具体分几个层面:第一层面是健全企业职工代表大会制度,凡是进入工会的企业百分之百建立职工代表大会制度。职工代表大会制度是企业民主管理的载体,是保证企业和谐发展的工作机制,也是丰富和深化职工主体地位的具体体现。常熟工会已基本实现凡是关系职工切身利益的重大决策都要经过职工代表大会通过,包括企业发展、技术创新、经济结构转型、工资奖金与生活福利发放、奖惩晋升方案的确定等,在这个带动下,工资集体协商、厂务公开,由工会代表职工与企业方进行协商,协商好之后在职工代表大会上通过,充分保障了职工权利。第二个层面是针对劳动争议的,依托工会组织,同步组建劳动争议调解委员会,调解委员会的主任一般由工会主席兼任。企业发生劳动争议后,首先由调解委员会来调解,针对工会组织自身职能和性质的局限,常熟在 2010 年成立了常熟市劳动争议调解委员会,借助其他政府部门的资源和力量来充实已有的调解组织,调解委员会下设几个机构:调解庭——调解工作有难度的、事关重大的、群体性的劳动争议由市总工会进行调解,劳动争议调解员由工会干部,劳动局、人事局和法院的相关领导担任;仲裁庭——考虑到工会不能直接进行仲裁,由人事部门派专职仲裁员常驻工会办公,由他们进行仲裁。通过以上调裁对接,工会企业的劳动争议在工会的调解庭和仲裁庭就能够实现调解和仲裁,在政府部门和工会之间,经过一个分庭的衔接把调裁关系理顺了,使得对处理劳动争议的满意度明显提升,工会的主体地位也得到提高,参与社会管理的力度也得到加大。仅 2011 年,常熟市调解中心和工会仲裁庭共处理劳动争议事件47件,其中裁决30件、调解17件,处理率达100%,取得了不俗成绩。在以上基础上,常熟积极推动市、镇、村企业三级式一体化建设,大力推动各级层面的裁调对接实体化建设。具体做法是坚持"四个有"——有阵地、有人员、有经费、有制度。阵地建设充分利用资源共享,通过人事部门窗口代理劳动争议的调解和仲裁;通过动员工会干部,主动和劳动部门合作,聘用劳动部门的同志壮大队伍建设;在经费来源上,按照企业工资总额2%的标准,当中40%上交总工会,60%作为企业工会活动经费,切实保证了经费来源;制度建设上,由总工会统一制定,切实保障了基层工会运转有章可循。总体而言,这项工作意义重大,对整个职工的劳动争议和仲裁起到了很好的作用,夯实了社会稳定的基础。

　　常熟工会工作开展得有声有色,重要的原因之一是注重职工和企业主实现双赢,双赢的结果是造就了工会工作的勃勃生机。职工稳就是企业稳,只有企业发展了,工人的利益才能得到保障,工会坚持把职工的利益和企业的利益放在一起,以创建劳动关系和谐企业为目标。常熟工会积极推动企业和员工双向承诺制度以明确双方义务,企业对员工的承诺包括严格遵守一系列的法律法规、签订劳动合同、做好要为职工办的实事,职工向企业的承诺包括遵守厂里的各项规章制度,以正常、合法的渠道申诉劳动争议,围绕企业的生产献计献策,等等。这样,企业和职工的利益就捆在一块了。工会还在去年和今年发了两次关于工资专项合同的公开信,通过公开信,晓之以理、动之以情,吸纳民营企业和职工签订工资专项合同,仅2011年签订工资专项合同的企业就有6909家。把工会与政府部门完美地衔接起来,则是以工会为载体的社会管理创新必须重视的问题。为此,常熟成立了劳动三方协调组织机制,由人事局和总工会等5家单位组成,人事代表地方政府,工会代表职工方,工商联、经信委和商务局代表企业方,由人事局牵头组成例会,形成机制化、制度化,在实际中有效解决问题。同时,通过加强工会的领导建设,工会由分管书记分管,市长联系工会,主要领导都是四套班子成员,凡遇到重大问题,情况能直通领导层,也就增加了工会的话语权,工会的自身建设得以强化,其推动社会管理创新的动能也越来越大。

　　2. 非公党建:党委政企合作织就的"锦花"

　　非公党建虽以党的建设为主,但是与政企互联有着密切联系。非公党建强化党的执政能力,发展党务人才和优化党组织的良举,不断探索非公经济党建模式,是苏州一直在坚持的战略性举措。与传统的单位党建相比较,非公党建具有其独特性和复杂性,原有的党建模式需要加以改进,苏州在探索非公党建实践中不断开拓创新,获得了诸多独具特色的经验和成效。调研发现,园区的非公党建注重点线面结合,有层次有重点地推进,注重抓关键的大企业,据悉园区的500强外资企业基本上都建立了党组织。在实际中,企业建立党组织,作用发挥得很好,比如三星半导体公司的党组织涵盖了3000多员工,党委公开挂牌,配有党委办公室和专职党务工作者,在员工居住楼建有党员服务中心,党组织很有凝聚力和战斗力,企业的很多事情依靠党组织就能够解决。党组织在企业生产中发挥了积极主动的作用,对企业有利,同时,提高了党员组织的示范先锋作用,扩大了党组织的影响力和对优秀员工的吸引力,实现了企业和党组织双赢的局面。

随着城市化的发展,楼宇在一定程度上形成了人们全新的聚合空间,按楼宇为单位进行管理是网格化管理的趋势,把握住了楼宇党建的先机,一定程度上也就是占领了党建工作的决胜起点。苏州工业园区在国际大厦搞了一个楼宇党建示范点,楼宇党建打破了分散的党建资源配置方式,形成了统筹集约的党建合力,实现了党建由封闭的体内运作楼宇内外相互促进的转变,实现了楼宇党建与楼宇经济发展的互促双赢。园区200米以上的高楼有140栋~160栋,园区现在已经有3个有代表性的楼宇党建——国际大厦、星海大厦、会计外包服务基地。会计外包服务基地把会计事务集中起来,统一办公,2015年9月份,财政部副部长对会计外包服务基地的党员服务中心提出赞扬。楼宇党建工作不仅提升了载体的知名度,并且增进了楼宇中工作人员的工作热情,在实际上收效不错。总体而言,苏州各地区的非公党建取得了斐然成效。通过这次调研,对非公党建的实践情况有了更为全面的认识,接下来,则是这次调研得到的一些认知和体会。

第一,要在企业主之间加强非公党建工作的宣传工作。一般而言,企业的运营机制更强调高效的商业化运作,本能地反对建立别的组织,要顺利地推进非公党建,必须要让企业主认识到非公党建并不是"洪水猛兽",要结合实际,阐述我们国家的国情和组织架构,介绍中国共产党的组织结构体系,坚持非公党建走双赢之路,既对企业有利也对党组织有利,党组织要鼓励党员双争,鼓励员工争当优秀党员,争当优秀员工,坚持服务企业发展党组织。通过加深相互了解,企业主才能加深对党组织的信任、认识到党组织的强大力量,必须正视党组织所具有的凝聚力和战斗力,有了认可,非公党建就会少很多障碍。

第二,要重视培养一批能力强、肯务实的党务人才。不仅要重视科技人才、信息人才，也要重视党务人才，要把党务人才真正上升到人才高度，搞好了党务人才建设，非公党建工作局面也将为之一新。实际中，能力强的人才往往能够推动非公党建获得大发展。加强党务人才建设，必须重视稳定和提升党务人才队伍，提高党务人才各方面待遇。苏州工业园区的做法值得借鉴：园区根据书记的工作年限和成就颁发党务人才证书，证书是薪酬补贴的依据，支部书记每月补贴300元，党总支书记400元，党委书记500元，这些措施执行得很好，效果很不错。就目前而言，党务人才的补贴力度相较于园区最低1000元每月的人才薪酬补贴还是较低的，这也是接下来要努力的方向。与此同时，加强党务人才队伍的培训刻不容缓，苏州紧抓的"非公企业党组织书记培训班"建设就是对此的积极回应。通过把先进理念和党建经验植入基层领导干部队伍，极大地提高了基层党务领导者的业务水平。在实际中，把优秀人才输送到高校、党校和干部学院，是提升党员的政治素养和业务能力的重要途径。此外，现在机关和党委的专职党务干部非常缺乏，专职党员人才建设也应该提上日程。园区的很多党务工作的开展，几乎都有赖于兼职人员，没有专职人员出来做事，这就导致了非公党建工作基础不够牢固，进一步制约了非公党建的扩展，这也是接下来要花力气解决好的问题。

第三，毋庸置疑，重视非公党建能够使得党的作用下沉到基层，提高党组织掌控全局的能力。非公组织有其自身的自由活动权限，非公党建在协助组织解决一些问题的同时，在一定程度上，还缺乏明晰完善的规范，对原有的行为规则造成了一定的冲击。加强非公党建中的制度和法律规范建设是当务之急，这也是接下来非公党建工作中需要特别加以注意和解决的问题。

3. 镇湖镇：社会管理创新带动区域经济产业化，推动共同富裕

社会管理创新给社会带来欣欣向荣的气息，形成就业和谐、人民安乐、生活殷实的生动图景，位于苏州西边的太湖之滨的镇湖就是一个生动的例子。镇湖占地面积20.1平方千米，有着优良的生态环境资源，但是长期以来，一是因为地理位置较为偏僻，二是因为经济资源缺乏，没有赶上苏州经济大发展的顺风车。近年来，当地充分深挖自身资源，刺绣是镇湖具有悠久历史的一门工艺，当地政府积极扶持刺绣产业，投入建设了"一街一馆一中心"产业基础设施。"一街"是绣品街，"一馆"是中国刺绣艺术馆，"一中心"是刺绣展示中心，其中刺绣艺术馆的投入就将近6000万，投入力度之大可见一斑，这个经济载体为专业市场的形成打下了基础。政府充分发挥作用，在刺绣支持政策、刺绣大师名人培养和教育等方面投入大量人力物力，推动与专业院校合作，培养专业人才，经过

不懈努力,现已形成一个完整的刺绣产业链。目前,镇湖刺绣产业从事人数大概有12600人,其中农民超过10000人,刺绣产业也带动了旅游、现代农业等辅助产业的发展,现在每年有40万左右的游客涌入镇湖,给当地老百姓带来实实在在的收益。当地政府推动刺绣产业发展,其中一个很值得称道的是在政府指导下成立的刺绣协会,通过这种方式引导产业发展、凝聚人心是镇湖社会管理创新的一个重要方向。协会会长最先由政府主要领导担任,现在协会慢慢走上正轨,已由绣娘担任。协会的职能包括负责绣娘职称评定、对外交流、制定行业标准等基础性工作,还承担着关涉刺绣产业的前瞻性战略的制定。协会在刺绣产业中起着规范和引领的作用,镇湖的刺绣产业以实体门店销售为主,实体店已经遍布全国,今后的战略方向是主打电子商务这一块,协会在这当中起了支撑作用。政府和刺绣协会通过建立门户网站,实现电子商务门店与门户网站对接,并通过实现客户群分档,针对不同客户群体提供刺绣产品,如此,镇湖的刺绣产业又将引来一个新的"春天"。

镇湖的实践,生动地诠释了创新社会管理推动就业和创业、就业促进创业、寓社会保障于一体的内涵,同时,也让我们看到,社会管理创新和社会经济发展是相辅相成的,老百姓充分就业了,社会才会和谐。趁着大好形势,镇湖没有骄傲自满,又马不停蹄地计划起下一步的发展重点。镇湖紧紧抓住眼前的机遇,确立了休闲、商务、旅游、度假为一体的发展方向,充分发掘立足太湖景观的生态资源,更注重沿太湖旅游的基础设施建设,形成便捷的交通大格局,达到人文生态效益和社会经济效应的统一。

四、"政民互通":营造政府与民众互信关系的新氛围

政府是现代政治、经济、社会的核心组织者,也是社会的"守护者",而人民群众则是政府服务的对象。契约论认为政府是经过众人的"同意"之后以立约的方式产生的,政府的责任就是服务公众。实际上,马克思主义的国家学说科学地阐述了政府产生和发展的规律。总的来说,政府必须以服务人民为宗旨,政府也必须走到民众中去,走群众路线。只有在实际中贯彻"政民互通",才能一改以往政府高高在上的姿态,政府才能真正地深入民众当中去,才能有政通人和的局面出现。苏州市政府深谙这样的道理,在实践中,依托自身特色和实际情况,有序推进政民互信,努力打破政府与民众的隔阂,创造性地以诸如"警民恳谈""6688工作法"等方式,极大地拉近了民众与政府的距离,进一步深化了政民之间的联系,进而推动政府治理能力的提升,营造了政通人和的局面。

"政府治理行为的水平和质量,是对政府治理模式稳定性、有效性和合法性的直观度量。"[1]政府治理能力的提升加深了民众对政府治理能力的信赖,同时,政府自如驾驭社会治理的空间更大了,释放给民众的空间也增加了,对民众的参与展现了更为信任的姿态。

1. (原)平江区:"警民恳谈"熔铸政民和谐关系

(原)平江区的"警民恳谈"活动是社会管理创新的一个生动脚注。东中市五金特色街的交通治理是"警民恳谈"活动取得成效的典型例子。东中市是一条商业街,当初是一条混合路,随着市场的繁荣、商家的增多,人流变得拥挤,加之面积有限、车辆随意停放,正常通行都很难保障,给管理带来很大压力,一度成为市政协、人大提案反映的焦点。为了解决这一问题,当地部门没少下功夫,当地部门发现根源问题在于没有地方停车,交警支队经过调研,设置单行线限制车的流量,以车辆分流的形式控制流量,但是商家受到影响,造成生活、配送货物不方便,也影响了经济秩序。问题还是没有得到圆满解决,也让当地管理部门重新思考解决问题的思路,通过与商会、其他部门会商,"警民恳谈",商家代表提出了许多建设性的意见,诸如建议限制单行改为在高峰期限制单行,再者,把小巷设置成单行线,一侧可以停车,规划了两三百个停车位,一方面满足商家需求,另一方面也满足了附近居民的需求。商家在五金商会的牵头下,专门组织了一个交通管理志愿者队伍,由商家解决志愿者的吃饭、工资等问题,每个月商家付50元。志愿者不仅维护、疏导日常交通,也帮助商家搬运一些货物,极大地改善了交通警力紧张的局面。此外,在东中市还设置一些即停即走的车位,这些车位的维护和疏导也是靠志愿者,经过一番治理,东中市的治理得到很大的改观。

(原)平江工区的"警民恳谈"是对东中市目前面临的5个现实矛盾的一种突破,第一个是历史问题与现实发展需求的矛盾,第二个是交通公共资源与商家利益的矛盾,第三个是交警职能与商家经济发展需求间的矛盾,第四个是商家经营环境与发展需求的矛盾,第五个是街道对苏州的贡献与苏州应该承担义务的矛盾。从中也可见,当地社会管理创新经历的3个阶段的变化,使政府部门、商会商家、社会组织找到了一条有效的管理道路。总结东中市交通治理的经验可看出:第一,要坚持政府主导、部门联动、商会商家积极参与的管理模式,积极开展社会化管理,同时引进志愿者等社会资源。政府部门在社会化管理中

---

〔1〕 胡鞍钢,魏星.治理能力与社会机会:基于世界治理指标的实证研究[J].河北学刊,2009(1).

要有主导作用,在政府推动下成立了东中市五金特色商业街办公室,由副区长主管,下面有交警、工商、城管、街道和公安合作开展工作。对于商家而言,当然是希望车位越多越好,越方便越好,但政府管理必须兼顾大众的利益,设置隔离带会影响到商家生意,商家有意见,为此,商会做了很多沟通工作。第二,政府和商会积极推动传统的经营模式向现代经营模式转变,鼓励商家搞电子商务、物流配送,把交通拥堵的矛盾通过组织配送来解决。第三,通过商会积极与公安交流,通过警民恳谈、政府放权,商会作为民间组织参与社会管理,商家从原来的被管理者变成积极的管理者,商家拿出资金支持志愿者队伍建设,这种模式有生命力,推动了经济和交通的协调,最终使得单赢变双赢。

总的说来,社会管理创新不是政府的"独角戏",也不能仅仅依靠社会奉献,它所折射的是中国整体的行政改革所面临的问题和挑战,即达成政府间的无缝隙配合。必须加大政府改革力度,在社会管理创新中保护社会成员的积极性和利益,如志愿者行为是社会成员广泛参与的具体体现,事实上他们在政府创新中主动承担很多的职能。国外的志愿者服务有一个比较成熟的客观环境,比如说志愿者的经历对某种就业有优势,对某种经营声誉有影响,整个社会舆论导向也对志愿者地位加以认同。从我国的情况出发,政府创新必须加快推进社会管理体制创新建设,深化志愿者服务社会管理的功能,如此才能彰显志愿者价值的发挥,进而减低政府本身的成本,真正让人民群众参与社会管理。所以,政府跟社会组织之间要保持竞争放权和合理分工,发挥社会中介组织的作用,带动社会化的管理走向成熟,社会管理创新中必须坚持政府对不该管理的事务逐步放手,要向服务型政府转变。在实践中,"警民恳谈"这个平台实际上传达了政府部门综合服务的理念,使政府部门从治理的角度与商会、商家的代表共同商议。比如在征求大家意见的基础上,针对特色商业街的情况,在道路上画出一条线,允许店家适度占道,但是要摆放整齐,社会管理由此实现了基本和谐。此外,政府通过发展购买服务、购买管理来进行社会管理创新取得了好成效,(原)平江区道路保洁以市场化方式运作,由政府出钱购买服务,极大地提高了保洁质量。如此种种,无不说明"警民恳谈"活动契合着社会管理创新的时代大背景,也昭示着它的范本意义。

2. (原)金阊区:"6688工作法"助力社会管理创新

(原)金阊区的"6688工作法"是在实践中发展而来的一套基层建设和管理创新新模式,即"六必访、六必到、八必报、八规范",使社会组织和居民共同参与社会管理,把整个社会衔接成网络状、立体化的管理格局。对关乎社会稳定的公共治安问题,(原)金闾区做了有益的探索。在处理棘手的治安问题上,街道吸收退休党员、干部、青年积极分子组建治安积极分子巡防队伍,通过与公安巡防联合起来巡防,不仅使得合法性增强,也提高了巡防涵盖面。同时,社区成立了综合治理办公室,积极动员辖区各单位参与,比如居民与物业管理公司的矛盾是比较多的,这时综治中心进入物业后,治安巡防队伍就能够联合物业公司共同解决矛盾纠纷,不仅提升了物业管理的层次,也有利于社会稳定。"6688工作法"另外一个创新之处是建立了一个相对完善的信息平台,形成了一套"信息采集—电子屏—反映给网格"的流程,这个平台能够及时协调各部门职能,及时处理问题,使工作规范化,做到重点区域重点管理,以片形成网络化管理格局,实际上建立了"联合管理""联合调解""联合处置""联合创建"。

再有,"老娘舅"调解纠纷的功能更加彰显,留园街道社区有5011户常住居民,流动人口2000多户。从1995年开始成立"老娘舅"纠纷调解队伍开始至今,已经搞得红红火火,得到社区上上下下的一致认可。以此为基础,社区建立了"社区调解委员会—老娘舅队伍—邻里和事员"三级调解网络,按照"6688工作法"的工作规制,在实际中展现了很强的适应力,比如小区有老人意外晕倒,"老娘舅"当机立断办好一切事情,老人被抢救回来了。又如"金阿姨"扶贫志愿者队伍,依据"6688工作法"的"八必报、八规范"等工作规范,与空巢老人、病人家庭、残疾家庭、高龄家庭等结成对子,每月走访,平常电话联系,志愿者跟需要帮助的人联系,充分发挥了社区志愿者和骨干的作用,极大地提高了工作的自觉性和主动性。

归纳总结"6688工作法",我们可以看到:第一,它能够快速及时和全面地掌握情况,有助于为及时处置提供基础。第二,它为社区工作提供了一套可行的制度规范,诸如社区日志、党情备忘录和社区大事记等,比如"民情日志"以"六必访"、实行包产到户的形式加强与社区居民的沟通了解,有助于实现社区的法治,有利于工作的交接。第三,有助于年轻工作人员快速进入角色。第四,有助于拉近基层工作者与群众之间的距离,有利于工作的开展。第五,作为社会管理创新的新举措,能够启发我们下一步寻找工作的源泉和灵感。"6688工作法"开展以来的近两年,对于社区工作者来说,提高了管理和服务能力,激发了工作主动性和积极性。也须看到,"6688工作法"在得到社会认同的同时,对很多问题是无能为力的。此外,当地政府对其越来越重视,拨出了一定的经费,但是总体说来,资金仍不足,这是社区治理所遇到的一个大问题。另外,政府执政理念还有待转换,这些都需要在发展中加以解决。

对于"6688工作法"的前景,我们似乎可以有更多的期许,但这里面有值得深入思考的问题。第一,社区基层工作者的自我约束和要求及其对工作应有的状态、姿态和心态,要体现其对社会的奉献,但是要反思:社区的性质是什么?社区是否干了力所不能及的事情?作为一个基层组织,如果建立在每个人奉献精神的基础上,这个组织不能长久。所以,要重新审定社区到底应该管什么,如此,才能明确服务对象,明确服务对象是否有相应的社会关系、承担相应的义务。第二,社区是为百姓服务和解决问题的平台,社区工作者付出很多,政府要保护和爱惜社区人才,注重科学使用人才,在实际中就不仅要保护和激励,更要有相应的政策体现。第三,社区(主体)参与管理,政府也要承担责任,要推动政府与社会的互动。形成互动、互融关系,就意味着把政府不应该管的分出去。同时,社会组织一定要发展起来,但是社会组织不是短时间能成熟的,现在成立的组织不是一开始就能参与管理的,有一个发展成熟的过程,里面可能裹挟着权力寻租等问题,这就需要政府充当监护人。这正如研究者在论及社区向自治回归过程中提出的政府作用,即"让社区向自治回归,更好地发挥社区的福利递送功能,并不意味着政府可以在社区中缺位,而是要以新型的政府——社区关系为构架,全方位支持社区自治组织、志愿者组织等社会力量,提高社会福利的可及性和水平"[1]。实际上,社会组织通过社会管理创新,可以倒逼政府管理创新,现在我们的政府在试图摆脱计划模式,走向市场经济模式,但是政府思维仍然没有摆脱单向性、封闭性、简单性、迫切性这四个困境。必须改变政府急于求成、急于求大的现状,改革政府管理创新,推动社会组织健康成长,最终形成政社协调的局面。

"6688工作法"作为基层政府、社会组织互信合作与民众上下沟通的重要机制,建立了一个相对完善的信息平台,及时协调各部门联系和处理应急事件,使得基层政府的服务功能在潜移默化间得到实现。纵观"6688工作法"的成效,"在一个开放性的全球社会中,公共社会面临着比以往任何时代都多的不确定因素或始料未及的风险,如大规模的失业、金融风险、贫富差距加大、生态风险和社会冲突等,这些风险的发生都会对人民的日常生活安全带来严重威胁"[2]。基层政府推动形成的"6688工作法"为强化政民互信提供了一套可行

---

[1] 张秀兰,徐晓新.社区:微观组织建设与社会管理——后单位制时代的社会政策视角[J].清华大学学报(哲学社会科学版),2012(1):30-38.

[2] 张秀兰,徐月宾.和谐社会与政府责任[J].中国特色社会主义研究,2005(1).

的制度,政民关系血浓于水,政府成为社会成员抵御风险的后盾,诸如党情备忘录、社区大事记、民情日志等,得到了群众的拥护,提高了政府的管理水平与服务效率,政府的积极作为得到群众的热烈呼应,这些都诠释了城市化进程中苏州"政民互信"的价值所在。

3. "寒山闻钟":网络问政拓展城市公共管理新空间

随着互联网的不断发展,网络在现代人的生活中扮演着越来越重要的角色,网络被称为草根媒体。网络问政是随着网络平台不断发展而新兴的政治现象,是党和政府利用互联网与网民相互沟通的平台,是新时期一种新型的执政方式。2011年起,苏州市委、市政府开办了"寒山闻钟"网络论坛,为广大苏州市民提供了一个积极互动的虚拟平台。苏州"寒山闻钟"论坛开设了"开门纳言""咨询投诉""信息发布"等几大板块,每个板块都有政府各职能部门的负责人员为市民提供及时的回应和互动。

截至2013年4月,"寒山闻钟"论坛平均每天拥有150个主题,800~900个回帖,每日访问人数达到1.3~1.5万人次,并且已经累积主题7万多,累积回帖约79万,累积访问量也高达1500万,相对于苏州其他网络问政渠道,苏州"寒山闻钟"论坛访问和参与人数高出15%~25%。这些数字足以表明,"寒山闻钟"论坛以简洁性、快捷性和有效性,让民众接受了它。

目前,苏州"寒山闻钟"论坛里几乎90%以上的信息发布都由苏州阳光便民服务员发帖来公布,而每当信息公布后,将会出现对此表达不同意见的民众发声,这些民众以各自的语言来发表对事情的看法,发布的信息重要性越大,影响的民众范围就越广,发表意见的人就越多。例如:"公车管理,三不放过"这个信息发布4天内,就有3千多人浏览,约80人还纷纷参与其中,各抒己见,这便大大地影响了民众对网络问政的积极性和主观性。"寒山闻钟"这个网络平台便利了政策过程中的政民互动,促进了政府与民众的交流与沟通。

"寒山闻钟"论坛为了弥补网络问政的有效性不足的局限,加入了各种不同元素的问政方式,从而使民众愿意加入,愿意相信这种网络问政的平台,在这里,充满着辩论与答辩,让民众充分地相信信息来源的可靠性,而民众也可以在五花八门的问政系统中找到自己擅长的方式,从而增加了民众对网络问政的依赖性。在"寒山闻钟"论坛里,民众可以把自己遇到的、想问的、碰到的烦恼咨询到论坛上,从而得到合理的答复或者等各级政府和职能部门处理此事。由此可见,苏州"寒山闻钟"是个更加快捷地了解政策、解决问题的服务性平台。民众也能更加真诚理性地面对政府的各项政策。

五、"政政互助":构建城市政府间协调关系的新形式

政府是城市化进程中公共治理的"主梁",随着市场经济的不断发展和区域经济一体化的推进,地区间的共同利益和相互联系不断增多,城市公共治理呈现了区域糅合的局势。加强政府间联系作为强化城市公共治理的方式也得到越来越多人的重视,尤其是实务领域所带来的积极效应,这也是我们关注城市化进程中政府与政府互通关系的转型缘由所在。因此,城市化进程中政府之间的合作共建是强化府际关系的必然趋势。苏州所实践的"政政互助",在原有的府际合作基础上有了进一步深化,拓宽了政府间合作的方式和路径,是社会管理创新探索的新方式,展示出了良好的前景。

1. 震泽:"庭所共建"谋社会管理创新之实

震泽的"庭所共建"是政民互通的生动写照。震泽镇靠近浙江,南临乌镇,西达南浔,社会情况相对复杂,矛盾频发,发生的工伤事故也比较多,这些压力压到庭所部门,考验着本来不多的人手,严峻的现实倒逼当地部门找寻新的社会管理模式,合作共建就是出于现实压力,由当地部门发挥主动性和创造力而产生的。总的来说,当地在部门间合作共建方面积累了一定的经验,例如当地推行综治委工作例会,综治委由法庭、派出所、司法所、交警、城管、环保、城建、劳保等成员单位和联动单位组成,每个月定期开展工作例会,一线部门在例会上加强相互协作,告别单兵作战,走向"联合作战",在实际上收到了很好的效果。这当中,派出所和法庭共建是震泽最具代表性也是最核心的。法官和警官严格来讲是互相监督的,也是互相支持和互相配合的,这是一体两面,庭所共建有利于最大限度地利用部门各自的优势,民警第一时间掌握信息,反应快,有丰富的处置突发性事件的经验。而法庭的优势在于从法律的角度去思考问题,它的调解网络非常广,信息搜集范围也很广泛,通过"庭所共建",在实践中能够整合优势,也提高了部门办事效率,能够有力地化解问题。震泽的庭所共建在实际中取得了很好的效果。例如在2011年12月31日,一所小学的厕所墙倒塌,压死了一个小孩,警察马上出动,司法所跟进调解。公安起到了维护社会稳定的作用,司法所施展调解,法庭参与,显示了三个好处:第一是法律知识得到了进一步的宣传。法庭的人来了,法院制服一穿,依法赔偿就有现场的支持。第二是进一步得到司法确认。学校和学生家长达成赔款协议,协议书签字以后就归法院的司法确认,确认了以后直接叫执行庭执行。第三是确实解决了群众劳民伤财、来回奔波的问题。法庭、司法、公安都在场了,如果调解不好,法官就在

现场,当场可以写起诉书,可以当场解决问题,便利了老百姓,提高了法律效率,确实能做到小事不出城,大事不出镇,难事不上交。

震泽镇"庭所共建"机制之所以能够积极有效地推行,以下这些因素是不可少的:第一,震泽历史悠久,当地政府与民间有着较为密切的联系,部门合作共建机制有一个良好的人文氛围。第二,党政领导重视共建,把共建观念放在首位。在党委政府的高度重视下,法庭庭长就是再忙,庭长助理或者副庭长也会过去,部门领导的到场,凸显了办事力度。第三,震泽镇的庭所共建有一个成熟的框架机制,震泽镇搞的共建是有协议的,震泽镇综治委和 23 个村、4 个社区以及 250 家相关规模的企业签订协议,形成了密切的合作共建网络。比如针对工伤事故有劳动保障,至少有一个副处长要出面,安检、劳动、公安、保险和司法等部门参与。一个村出了事件以后,村书记、村主任必须要参与处理。这些基本上能够保证相关部门全部到位,同时也体现了政府部门的公正。同时,合作共建的实践推动形成了一个流程——绿色通道。劳资纠纷是比较常见的问题,震泽镇成立了专门的劳动监察中队,中队的任务是查用人单位与工人是否签订劳动合同,按《劳动合同法》规定,一个月不签订劳动合同的要双倍补贴,企业停产倒闭以后必须支付职工一年的工资以作为经济补偿。这些问题出现后,要第一时间保障职工的工资。这里面就有一个流程,涉及劳动仲裁的由仲裁委员会做出仲裁,再由法院来立案,形成了冻结、诉讼的系列流程。对于突发事件,能够做到第一时间沟通,特事特办。通过这些创新,既达到制度的要求,有制度的依据和合法性,同时又更快捷地达到原来程序所能达到的效果,这体现着创新精神。

合作共建机制本身也是一个交流机制,是合作机构交流能力不断提升的过程。以法庭为例,请资深民警到法庭给青年法员上课,讲授对一些突发事件的处置以及巡回审判法庭设置的物理间距等内容,很受法员欢迎。针对现在的大部分干警学历很高,但是做群众工作比较差、沟通能力有待加强、面对突发事件经验不足的情况,法庭设置了一个民警调解能力培训基地,有专人指导调解,每个受训民警每个月有几天到法庭办理案件,参与调解,极大地提升了民警自身的能力。此外,通过加强合作,司法安全工作也做得扎实了,这些做法对于共建单位各自能力的提升,都大有裨益。当前,社会管理的任务很繁重,震泽同样也面临警力不足等难题,只有真正发挥好"社会协同、公众参与",才能破解这些难题。震泽成立了一个吴江区申请、苏州市备案的特约调解员协会,协会下设 4 支队伍,每支队伍由 10 个人组成。第一支队伍是说法队伍;第二支是法律咨询队伍;第三支是各行各业的组织行业协会,包括宗教协会、体育协会等,通过协会组织的力量化解矛盾纠纷的效果明显;第四支是新震泽人队伍,新震泽人愿意参加调解员协会,有证书,也增强了新震泽人的荣誉感、归属感。展望震泽的庭所共建,在此基础上,震泽正在实践推进"连环共建""复合共建"等更为全面的合作共建机制,将有助于打破部门间壁垒,实现资源共享和府际密切合作的大推进,届时,"社会协同、公众参与"的精髓也将更加深化。

  2. 金寨县:府际合作共建社会管理创新

  吴江盛泽经济发达,本地人口超过13万,登记注册到派出所办暂住证的18万多,总共加起来31万多人口,庞大的人口压力,给当地的社会管理带来不小的挑战。流动人口为盛泽的经济建设做出了很大贡献,盛泽对待外来人口的心态是宽和的,希望外地人来扎根,希望他们来共同建设。盛泽当地政府部门积极引入当地企业参与解决外来人口住房问题,新建了一批新盛泽公寓,大部分是70~90平方米。但是在管理过程中,流动人口会认为本地人管外地人,本地人有地方保护,本地人保护本地人、欺负外地人。盛泽镇就想出个办法,与来盛泽打工人数最多的县进行沟通,安徽金寨在盛泽打工的大概5万人,在盛泽的河南固始人大概有七八万人,于是盛泽政府就去和这两个县的县委、县政府的领导沟通。又比如外来人口关心的医疗门诊问题,盛泽镇政府与金寨县通力合作,成立了金寨县盛泽门诊部。

  盛泽和金寨共同加强社会管理的经验还在于,为做好社会稳定工作,以社会管理创新为突破口,盛泽党委政府与金寨县委、县政府沟通,规划成立一个驻盛泽办事处。经过认真的商讨,2011年11月开始筹建金寨县社会管理吴江工作站,与盛泽共同搞好社会管理。具体来说,盛泽党委组织提供办公条件,金寨县派出公务员,现在工作站常驻有4个人,分别来自公安局、交警大队、司法局和财政局,负责维稳也负责招商,盛泽镇有专门的联络与工作者做协调沟通和衔接工作。此外,工作站和当地政府签订有合作备忘录,起到联络、沟通、汇报、交流的作用。这一共同加强社会管理创新的举措,一下子就显示出了不凡的效果。第一,借助社会治安管理创新,劳动力流入地和流出地两地管理部门实现相互相通,有助于破解流动人口管理难题。当出现事故后,流动人口对家乡政府派过来的人比较信任,认为他们的处理更公正、公平。比如从安徽金寨过来的打工人员在本地老板的工厂里出现了工伤,盛泽政府按照实际秉公处理,但是打工人员心理上总觉得盛泽方面是有偏见的,金寨的工作站参与进来处理以后,处理事情就变得简单有效,这在工伤、交通事故、家庭矛盾纠纷等方面非常有效。第二，吴江的金寨人为金寨的经济发展做出了很大贡献，金寨政府也要为他们服务，通过工作站，可以把医保、低保和社保等涉农政策及时送达民工，金寨籍民工的利益诉求向工作站反映后由工作站向当地政府反馈。以金寨县最难管的流动人口计划生育问题为例，由工作站与盛泽对接成立金寨县计划生育流动人口协会，这个协会直接受盛泽社会事务局管理，实行网络化。第三，金寨县地处皖西，是国家级贫困县。借助中部突起的东风，安徽紧锣密鼓地开始了皖江承接产业转移计划，金寨县趁这个契机，成立这个工作站，借着吴江的经济发展承接一些产业到金寨去，可以说，工作站还充分发挥了招商引资的功能。目前，盛泽的公司在金寨的投资额达2.5亿。第四，在盛泽的金寨籍外来人口成立一个协会，是以金寨籍的企业主为骨干，主要工作是加强企业创业人才建设，为外来人口的打拼提供帮助。举个例子，如果个人创业需要资金，由协会直接贷款或由协会出面担保，因为协会具有抱团优势，担保实力强，马上实行联保贷款较大的数额都不成问题。平时工作站与协会之间通过加强联系，在政策法规等方面加以引导，促进了协会的和谐发展。

纵观盛泽与金寨县的府际合作，在实际中达到了维稳、维权、维利（维护当地利益）、借力、借机的效果，为社会管理创新、化解矛盾纠纷打开了新的一片天地。金寨县社会管理吴江工作站在盛泽处理的关涉金寨县籍劳动力的22起纠纷中，涉案金额达145万，赢得民众的普遍赞赏。工作站的工作开展得好，对当地建设起了极大作用，也推进了金寨的经济发展和社会管理水平，实现了双赢，许多不是金寨籍的外地人也来找工作站帮忙解决问题。工作站取得了卓有成效的成绩，金寨县对工作站的支持力度也越来越大，已经在建三层楼的办公楼，工作站的工作条件也将优化，将推动盛泽和金寨的合作更加深入。

第七章 城市社会空间分异的实证研究
——以苏州为例

第一节 引 言

城市社会空间已经成为城市地理学的重要研究内容。西方学者于20世纪20—40年代提出伯格斯的同心圆模式、霍伊特的扇形模式以及哈里斯和乌尔曼的多核心模式,这三大模式是对美国特定时段城市进行分析而成的,对世界其他城市不一定适用。因此,英国的曼提出英国中等城市社会空间结构模式,麦吉提出东南亚港口城市社会空间结构模型。这些城市社会空间结构模式为城市社会空间结构研究提供了坚实的理论基础。

因子生态分析一直是分析城市社会空间结构十分有效的工具,最早出现于史域奇和威廉斯对洛杉矶和旧金山的社会区研究,提出家庭状况、种族状况和社会经济地位是形成城市社会空间分异的3个主要因子,奠定了城市社会空间结构研究的基础。[1]

1978年以来中国经济取得飞速发展,2012年GDP达到56.88万亿人民币,成为世界上第二大经济体。经济的快速发展带来了社会分异,中国已经成为世界上基尼系数最大的国家之一。社会分异带来城市社会空间极化,使社会空间向破碎、分散化和断裂化以及不确定方向发展,经济的快速转型伴随社会制度的变迁。《中国共产党十八届三中全会全面深化改革决定》中从坚持和完善基本经济制度(经济制度改革)、深化财税体制改革、推进社会事业改革创新、创新

---

[1] Shevky E., Williams M. The social areas of Los Angeles[M]. Los Angeles: University of Los Angeles Press, 1949:3–5.

社会治理体制等 16 个方面为未来的深化改革指明了方向。社会的转型伴随制度变迁,制度变迁导致新的社会空间结构的形成。在此过程中,社会空间结构具有转型期特征,为转型期城市社会空间结构研究提供了良好的素材。

中国学术界于 20 世纪 80 年代开始关注城市社会空间研究。1986 年虞蔚分析了上海社会空间的特点[1];接着学者开始了对大城市的社会空间分析,如广州市社会空间结构因子分析[2];北京社会空间极化分异研究[3],北京都市区社会空间结构研究[4],北京城市社会区分析[5];转型期上海社会空间分异研究[6],上海中心城市社会区分析[7];南京城市社会区空间结构研究[8];南昌城市社会区研究[9]。这些学者主要采用"四普""五普"资料进行因子分析,不同的城市社会空间因子和城市社会区类型虽然不尽相同,但在农业人口、外来人口、知识分子等方面有类似的地方,社会区类型几乎都包括外来人口集中分布区、农业人口分布区、工薪阶层分布区以及中高收入分布区等(表 7-1)。

以上学者对城市社会结构的因子分析主要集中在北京、上海、广州三大城市,部分省会城市如南京、南昌、杭州、西安和长春等也有学者进行研究,但地级市以及县级市还没有学者关注。2011 年全国完成了第六次人口普查,"六普"后城市社会空间结构转型到底如何,目前还没有文献涉及。基于此,本文选择苏州作为案例,通过第六次人口普查详尽资料,分析地级市社会空间结构变迁。

表 7-1　国内大城市社会空间结构分析

作者	城市	城市社会空间主因子	城市社会区类型
冯健,周一星(2003)	北京	①一般工薪阶层 ②农业人口 ③外来人口 ④知识阶层和少数民族 ⑤居住条件	①人口密集、居住拥挤的老城区 ②知识分子及少数民族聚居区 ③人口密度小、居住面积大的郊区 ④外来人口集中分布区 ⑤远郊城镇人口居住区 ⑥农业人口居住区

---

[1] 虞蔚. 城市社会空间的研究与规划[J]. 城市规划,1986(6):25 – 281.
[2] 郑静,许学强,陈浩光. 广州市社会空间的因子生态再分析[J]. 地理研究,1995(14):15 – 261.
[3] 顾朝林,等. 北京社会极化与空间分异研究[J]. 地理学报,1997(52):385 – 393.
[4] 冯健,周一星. 北京都市区社会空间结构及其演化(1982—2000)[J]. 地理研究,2003(22):466 – 482.
[5] 顾朝林,王法辉,刘贵利. 北京城市社会区分析[J]. 地理学报,2003(58):917 – 9261.
[6] 李志刚,吴缚龙. 转型期上海社会空间分异研究[J]. 地理学报,2006(61):199 – 211.
[7] 宣国富,徐建刚,赵静. 上海市中心城社会区分析[J]. 地理研究,2006(25):526 – 5381.
[8] 徐旳,等. 南京城市社会区空间结构[J]. 地理研究,2009(28):484 – 498.
[9] 吴骏莲,顾朝林,黄瑛. 南昌城市社会区研究[J]. 地理研究,2005(24):611 – 6191.

续表

作者	城市	城市社会空间主因子	城市社会区类型
李志刚,吴傅龙（2006）	上海	①外来人口 ②离退休和下岗人员 ③工薪阶层 ④知识分子	①计划经济工人居住区 ②外来人口集中居住区 ③白领集中居住区 ④农民居住区 ⑤新建普通住宅居住区 ⑥离退休人员集中居住区
许学强等（1989）	广州	①人口密集程度 ②文化与职业状况 ③家庭状况与农业人口比重 ④不在业人口比重 ⑤城市住宅质量	①人口密集、居住拥挤的老城区 ②中等收入阶层聚集区 ③一般工薪阶层居住区 ④知识分子、高级职业者聚集区 ⑤外来人口和本地居民集中混居区 ⑥近郊城镇人口居住区 ⑦农业人口聚集区
徐旳等（2009）	南京	①外来人口 ②农业人口 ③城市住宅 ④文化程度、职业状况 ⑤城市失业人口	①高社会经济地位人口聚居区 ②工薪阶层集中分布的老城区 ③城市边缘工薪阶层与外来人口混居区 ④主城边缘外来人口聚居区 ⑤城郊工业基础较好的人口聚居区 ⑥农业人口分布区
吴骏莲等（2005）	南昌	①住房状况 ②文化与职业状况 ③家庭状况 ④外来人口状况	①最佳住房条件、高省内外来人口区 ②中等住房条件较、大家庭规模区 ③高住房条件最低文化水平区 ④低住房条件高文化水平主干家庭区 ⑤中等住房条件、最高文化水平核心家庭区 ⑥中等住房条件、最少省内外来人口区 ⑦最低住房条件、最高省内外来人口区

第二节 研究区、基础数据和研究方法

截至2010年年底，苏州市面积8488平方千米，其中市区面积1650平方千米，辖有虎丘区、相城区、吴中区、金阊区、平江区、沧浪区六区和常熟、吴江、张

家港、昆山、太仓五市[1]，总人口1045.99万，位居江苏省第一。其中苏州市区人口407.2万，其他五县市638.8万，本次研究以苏州市区人口作为研究对象，2010年包括苏州市街道、镇、度假区等56个单元。

研究的基础数据来自苏州市第六次人口普查短表数据和长表数据，其中一般性数据如平均户数、性别比、人口按年龄段划分、常住人口、外来人口、人口受教育程度等指标采用短表数据，而人口职业结构、行业结构、人均住房面积、户均住房间数、租房支出等按长表数据计算。长表数据是"六普"中按总人口数的10%进行详尽抽出，为了保证数据的前后一致性，将长表数据扩大10倍以便与短表数据保持一致，完全反映数据的真实性和科学性。这些数据组成72项变量，与56个街区单元组成72×56共计4032个数据，构成原始数据矩阵。

因子分析方法作为研究城市社会空间社会区类型和社会分异的方法，已经被国内外研究者所采用，且效果良好。本文借助苏州市第六次人口普查资料，从人口基本特征、职业结构、住房结构等方面，通过因子聚类分析，找出苏州市城市社会结构主因子，并通过因子得分，分析苏州市城市社会区类型，构建苏州市空间分异模型，分析苏州城市社会空间分异。计算机软件采用社会统计软件SPSS 17.0。

第三节　研究结果

通过因子分析，对苏州市2010年人口调查数据进行处理，不做旋转时，系统自动提取9个因子，解释总方差89.004%，根据实际情况可以选择6个公因子，能够解决全部信息的83.392%（表7-2）。

---

[1] 2012年，《国务院关于同意江苏省调整苏州市部分行政区划的批复》（国函〔2012〕102号）提出：(1)撤销苏州市沧浪区、平江区、金阊区，设立苏州市姑苏区，以原沧浪区、平江区、金阊区的行政区域为姑苏区的行政区域。姑苏区人民政府驻苏锦街道平川路510号；(2)撤销县级吴江市，设立苏州市吴江区，以原县级吴江市的行政区域为吴江区的行政区域。吴江区人民政府驻滨湖街道人民路1000号。调整后，苏州市辖5个市辖区，代管4个县级市，即姑苏区、虎丘区、吴中区、相城区、吴江区、常熟市、张家港市、昆山市、太仓市。市政府驻姑苏区彩香街道。

表7-2 2010年苏州城市社会区因子分析中的特征根和方差贡献

成分	初始特征值			提取平方和载入			旋转平方和载入
	合计	方差的%	累积%	合计	方差的%	累积%	合计
1	34.374	47.742	47.742	34.374	47.742	47.742	23.576
2	11.005	15.285	63.027	11.005	15.285	63.027	7.808
3	5.801	8.057	71.084	5.801	8.057	71.084	9.483
4	3.449	4.791	75.874	3.449	4.791	75.874	5.572
5	2.868	3.983	79.857	2.868	3.983	79.857	17.459
6	2.545	3.535	83.392	2.545	3.535	83.392	13.950

这里的问题是层次结构不清楚,第一因子变量过多;采用Varimax正交旋转法同样可以得到6个因子,但是效果不太理想。采用Direct Oblimin斜交旋转得出9个因子,经过27次迭代收敛,由于因子过于分散,给定6个因子进行斜交旋转,结果良好,比较符合实际情况。主因子变量关系明确,反映苏州社会区的基本类型,且前6个因子的解释总方差达到77.848%,能够解释77.85%的信息,信息损失较少。

表7-3 2010年苏州市社会空间结构因子载荷矩阵

类型	变量名称	主因子载荷					
		1	2	3	4	5	6
一般统计指标	家庭平均每户人数	0.107	0.039	0.758	-0.187	-0.069	0.154
性别比	性别比	0.025	-0.168	-0.226	-0.177	-0.094	0.206
人口年龄结构	0到19岁人口数量	0.502	0.170	-0.045	-0.082	0.402	0.071
	20到59岁人口数量	0.495	0.208	-0.083	-0.071	0.248	-0.035
	60岁以上人口数量	0.098	0.384	-0.044	0.172	0.068	0.534
人口户口类型	常住户籍人口数量	0.150	0.378	0.043	0.014	0.336	-0.306
	外来人口数量	0.636	0.100	-0.143	-0.091	0.193	0.103
	原住本街区现在国外	-0.059	-0.018	0.095	0.475	0.448	-0.328
	少数民族人口数量	0.306	0.345	-0.097	-0.071	0.649	0.207
	非农人口比例	-0.090	-0.471	-0.330	0.176	0.147	-0.349

续表

类型	变量名称	主因子载荷					
		1	2	3	4	5	6
人口教育水平	文盲人口占15岁以上人口比例	-0.468	0.145	0.406	-0.004	-0.236	0.068
	6岁以上小学教育程度人口数量	0.289	0.550	-0.032	-0.095	-0.004	-0.050
	6岁以上初中教育程度人口数量	0.623	0.377	-0.083	-0.036	-0.108	-0.032
	6岁以上高中教育程度人口数量	0.463	0.029	-0.096	0.001	0.235	-0.040
	6岁以上大专教育程度人口数量	0.295	-0.076	-0.084	-0.095	0.455	-0.128
	6岁以上大学本科教育程度人口数量	0.131	-0.105	0.017	-0.027	0.866	-0.080
	6岁以上研究生教育程度人口数量	-0.066	-0.045	0.039	0.009	0.952	0.051
人口行业构成	从事农、林、牧、渔业人口数量	0.520	0.240	-0.058	-0.081	0.175	0.016
	从事采掘业人口数量	-0.243	-0.002	0.004	0.016	-0.105	0.124
	从事制造业人口数量	0.503	0.310	-0.090	-0.114	0.174	0.208
	从事电力、燃气及水的生产和供应业人口数量	0.179	-0.067	-0.049	-0.163	0.241	-0.515
	从事建筑业人口数量	0.488	0.107	-0.018	-0.142	0.179	0.111
	从事批发、零售业人口数量	0.493	-0.024	-0.023	0.031	-0.078	-0.273
	从事住宿、餐饮业人口数量	0.852	0.006	-0.016	0.185	0.049	-0.150
	从事交通、运输、仓储及邮电通信业人口数量	0.140	-0.039	-0.134	-0.052	-0.061	-0.137
	从事信息传输、计算机服务和软件业人口数量	0.041	-0.088	-0.062	-0.044	0.445	-0.320
	从事金融、保险人口数量	0.152	-0.236	-0.035	-0.016	0.469	-0.552
	从事房地产人口数量	0.347	-0.072	-0.013	-0.016	0.385	-0.094
	从事租赁和商务服务人口数量	0.075	-0.155	-0.139	-0.012	0.343	-0.430
	从事科学研究、技术服务和地质勘探人口数量	0.034	-0.216	-0.086	-0.049	0.629	-0.361
	从事水利环境和公共设施管理人口数量	0.304	-0.056	0.203	-0.045	-0.139	-0.031
	从事居民服务业和其他服务业人口数量	0.679	-0.030	-0.066	0.144	-0.116	-0.188
	从事教育人口数量	0.275	-0.119	0.008	-0.064	0.603	-0.283
	从事卫生、社会保障和社会福利人口数量	0.328	-0.265	0.005	0.076	0.253	-0.539
	从事文化、体育、娱乐业人口数量	0.773	-0.001	-0.070	0.068	0.111	-0.334
	从事公共管理和社会组织、国际组织人口数量	0.468	-0.150	0.042	-0.090	0.184	-0.427
人口职业构成	国家机关党群组织企事业单位负责人数量	0.520	0.240	-0.058	-0.081	0.175	0.016
	专业技术人员人口数量	0.146	-0.083	-0.047	-0.062	0.700	-0.123
	办事人员和有关人员数量	0.409	0.013	-0.102	-0.056	0.169	-0.370
	商业服务业人口数量	0.523	0.000	-0.024	0.040	-0.001	-0.162
	农、林、牧、渔、水利业生产人员	-0.164	0.653	0.196	-0.048	-0.004	-0.156
	生产运输设备操作人员及有关人员数量	0.546	0.341	-0.095	-0.117	0.034	0.234

续表

类型	变量名称	主因子载荷					
		1	2	3	4	5	6
非经济活动人口	不在业人口数量	0.219	0.112	-0.118	0.041	0.412	-0.281
	退休人口数量	0.046	-0.056	-0.161	0.208	0.120	0.647
	料理家务人口数量	0.235	0.376	-0.075	-0.129	0.132	0.091
	丧失工作能力的人口数量	0.011	0.696	0.044	0.012	-0.076	032
家庭住房间数（面积）	平均每户房间数	0.045	0.017	0.941	-0.085	-0.035	0.064
	人均住房建筑面积	0.013	0.094	0.867	-0.153	0.066	0.100
	人均住房间数	-0.006	0.054	0.866	-0.039	0.002	-0.011
家庭户按住房建设时间分的户数	住房在新中国成立前的户数	0.021	0.014	-0.073	0.975	0.024	0.097
	住房在1950到1979年之间的户数	0.047	0.040	-0.080	0.962	-0.025	-0.044
	住房在1980到2000年之间的户数	0.191	0.354	-0.173	-0.191	-0.151	0.833
	住房在2000到2010年之间的户数	0.193	0.031	-0.085	-0.133	0.347	0.176
家庭户按住房间数分的户数	住房仅有1间的户数	0.230	0.224	-0.419	0.024	-0.095	0.055
	住房有2个房间的户数	0.157	-0.084	-0.172	0.035	0.065	0.588
	住房有3个房间的户数	0.103	0.083	0.017	-0.092	0.499	-0.188
	住房有4个房间以上的户数	0.280	0.640	0.378	-0.064	0.056	0.117
家庭户按住房来源分的户数	租赁廉租住房的户数	0.192	-0.070	0.008	0.850	-0.079	0.103
	租赁其他住房的户数	0.261	0.167	-0.377	0.030	-0.095	0.043
	自建住房的户数	0.155	0.829	0.229	-0.013	-0.131	0.002
	购买商品房的户数	0.171	-0.340	-0.007	-0.112	0.537	-0.175
	购买二手房的户数	0.071	-0.083	-0.089	-0.113	0.333	0.658
	购买经济适用房的户数	0.011	0.061	-0.004	-0.066	0.070	-0.022
	购买原公有住房的户数	-0.085	-0.017	-0.207	0.136	-0.108	0.837
家庭户按月租房费用分的户数	每月租金在100元以下的户数	0.000	0.056	-0.092	0.971	-0.005	0.093
	每月租金在100到200元的户数	0.123	0.520	-0.370	-0.174	-0.062	0.129
	每月租金在200到500元的户数	0.367	-0.123	-0.254	-0.035	-0.169	0.044
	每月租金在500到1000元的户数	0.058	-0.031	-0.190	0.053	-0.087	-0.005
	每月租金在1000到1500元的户数	0.205	-0.226	-0.101	-0.080	-0.018	0.400
	每月租金在1500到2000元的户数	0.804	-0.129	0.136	-0.027	-0.087	0.095
	每月租金在2000到3000元的户数	0.562	-0.125	0.311	-0.272	0.433	0.289
	每月租金在3000元以上的户数	0.478	0.059	-0.090	-0.323	0.202	0.152

第四节 苏州市社会空间结构主因子分析

一、苏州市主因子空间分布特征

1. 外来人口因子

该因子方差贡献达到 23.576,与 21 个变量相关,与外来人口数量、0 到 19 岁和 20 到 59 岁人口数量、6 岁以上初中教育程度人口数量、6 岁以上高中教育程度人口数量相关;行业方面主要与制造业、建筑业、批发零售、住宿餐饮、居民服务、文化娱乐和公共管理方面正相关,其中与住宿餐饮高度相关;职业方面与国家机关与企业管理负责人、办事人员、商业服务人员和生产运输相关人员相关;住房主要与月租金 1500~2000 元、2000~3000 元以及 3000 元以上相关,其中与月租金 1500~2000 元高度相关;与文盲负相关,随着社会的进步,外来人口中文盲很少。

表 7-4 为苏州市各街道(镇)主要因子得分表。外来人口因子中得分排名前 6 位的是木渎镇(5.031)、娄葑镇(2.561)、元和街道(1.576)、唯亭镇(1.341)、城南街道(1.339)、枫桥街道(1.212)。外来人口主要分布于城市周边的木渎镇、娄葑镇和唯亭镇等。外来人口因子中得分较低的区域有穹窿山风景区(-1.150)、白洋湾街道(-1.121)、东山镇(-1.088)、石路街道(-0.898)、金庭镇(-0.875)和苏州科技城(-0.837)。苏州市区石路街道以及远郊东山镇、金庭镇和穹窿山风景区外来人口较少(图 7-1)。

表 7-4 苏州市各街道(镇)主要因子得分

街道	外来人口因子	农业人口因子	城市住宅因子	城市老城区贫困因子	知识分子因子	退休人员因子
双塔街道	-0.32862	-0.68337	-0.55119	1.10903	0.4763	-0.95837
南门街道	-0.26465	-0.68092	-0.51227	1.40421	0.41746	-1.2707
胥江街道	-0.15644	-0.98748	-0.41905	-0.07971	0.12714	-1.12357
吴门桥街道	-0.18222	-0.32378	-0.59714	0.08067	0.14561	-2.68877
葑门街道	0.22583	-0.72081	-0.57894	0.15779	0.60914	-1.45586
友新街道	0.77269	-1.4868	0.01462	-0.38658	0.76605	-1.5386

续表

街道	外来人口因子	农业人口因子	城市住宅因子	城市老城区贫困因子	知识分子因子	退休人员因子
观前街道	-0.24108	-0.69847	-0.60748	3.60504	-0.29065	0.30617
平江路街道	-0.61194	-0.50167	-0.8059	2.63944	-0.22482	-0.02256
苏锦街道	-0.45311	-1.50017	-0.94453	-0.83319	-0.66706	1.03833
娄门街道	-0.14547	-0.56567	-0.85275	-0.01019	0.14203	-1.39142
城北街道	-0.28165	-0.78821	-0.93429	-0.5348	-0.37726	0.7231
桃花坞街道	-0.09884	-0.38714	-0.51087	4.78722	-0.10175	0.01562
石路街道	-0.89824	-0.85496	-0.52525	0.16294	0.01905	-0.81462
彩香街道	-0.40141	-0.70403	-0.56651	-0.26044	0.221	-2.3351
留园街道	0.05114	-0.43829	-0.68791	0.64665	-0.07718	-1.24095
虎丘街道	-0.37969	-0.04634	-1.1642	1.11854	-0.28117	-0.17331
白洋湾街道	-1.12148	-0.31912	-0.59782	-0.36371	-0.32887	0.73869
长桥街道	0.88649	-0.11725	-1.66064	-0.3751	-0.64877	0.61699
越溪街道	0.36697	0.08518	0.27737	-0.54201	0.27307	0.74612
郭巷街道	0.37599	0.89623	-0.41823	-0.47786	-0.12549	0.67372
横泾街道	-0.52671	0.29892	1.90772	-0.26596	-0.55471	0.48102
香山街道	-0.43547	-0.50173	1.17803	-0.37872	-0.60604	0.79248
苏苑街道	-0.01944	-1.16088	-0.21068	-0.52888	0.11531	-1.2111
龙西街道	0.11971	-1.41129	-0.01902	-0.53657	0.09087	-0.54649
城南街道	1.33861	-0.44526	-0.75096	-0.62989	0.01478	0.57691
甪直镇	0.8592	3.31846	-0.93332	-0.51725	0.07207	-0.00774
木渎镇	5.03104	1.44598	-0.15626	-0.10999	0.21884	-0.83367
胥口镇	0.22243	0.65271	0.17148	-0.41957	-0.3905	0.80372
东山镇	-1.08849	1.93925	1.02964	-0.02552	-0.45945	-0.34407
光福镇	-0.64485	1.22438	1.17163	-0.41344	-0.50309	0.18449
金庭镇	-0.87503	1.66329	2.19326	-0.01524	-0.47371	-0.27516
临湖镇	-0.23245	0.97616	1.22061	-0.20658	-0.41973	0.49367
穹隆山风景区	-1.14969	-1.00443	2.70224	-0.32531	-0.75221	0.92477
元和街道	1.57559	0.16807	0.09284	0.02635	0.26493	-1.37492

续表

街道	外来人口因子	农业人口因子	城市住宅因子	城市老城区贫困因子	知识分子因子	退休人员因子
太平街道	-0.2949	0.54583	0.14581	-0.37664	-0.4636	0.79353
黄桥街道	-0.20015	0.75079	-0.71071	-0.54765	-0.44733	0.75596
北桥街道	-0.57502	1.51048	0.2799	-0.14106	-0.35203	0.52431
望亭镇	-0.4734	0.69361	0.66475	-0.31344	-0.29613	0.43254
黄埭镇	0.47404	2.25055	0.45636	-0.13162	-0.21278	0.49791
渭塘镇	-0.17919	1.05376	0.0626	-0.30853	-0.44001	0.6176
阳澄湖镇	-0.59123	0.98109	0.9166	-0.24272	-0.66831	0.44199
开发区	-0.05138	0.21024	-0.04713	-0.26245	-0.45957	0.98139
阳澄湖旅游度假区	-0.62891	-0.58358	0.98951	-0.38392	-0.62952	0.82998
横塘街道	0.00355	-0.85287	-0.89349	-0.44604	-0.02308	0.74676
狮山街道	0.39458	-0.64656	-0.21994	-0.51969	2.23191	-1.01288
枫桥街道	1.21234	-0.5437	-0.63885	-0.48886	0.52562	0.66261
镇湖街道	-0.72443	-0.27865	3.16111	-0.21299	-0.6426	0.56984
浒墅关镇	-0.79118	0.03516	0.11201	-0.09405	-0.54091	0.33788
通安镇	-0.7883	0.449	0.86291	-0.36228	-0.31274	0.57801
东渚镇	-0.79281	-0.3827	1.49525	-0.22113	-0.75336	0.75034
浒墅关开发区	-0.56261	-0.2519	-0.1263	0.08377	-0.64982	0.82249
苏州科技城	-0.83672	-1.14709	-1.20624	-0.52902	-0.48788	1.3337
娄葑镇	2.5611	1.16227	-0.6569	-0.53065	2.27331	-2.53296
唯亭镇	1.34133	-0.17189	-0.98945	-0.57382	0.21679	0.96758
胜浦镇	-0.22877	-0.55008	-1.01596	-0.59909	-0.47868	1.1663
工业园区直属镇	0.44337	-0.57435	0.40391	-0.29946	5.91954	0.22628

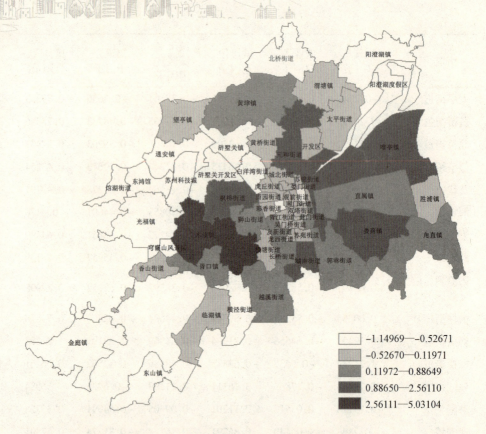

图 7-1　2010 年苏州外来人口因子空间分布

2. 农业人口因子

该因子方差贡献为 7.808,方差贡献虽然不是太大,但是具有重要意义,与 9 个变量相关。该因子与常住户籍人口数量,非农业人口数量,6 岁以上小学教育程度人口数量,农、林、牧、渔、水利生产人员人口数量,料理家务和丧失工作能力人口数量因子相关,其中与非农人口数量负相关。住房方面与家庭自建住房、住房 4 间以上以及租金 100 到 200 元相关,住房条件较好,但主要是自建住房,如果没有住房,入住租金低廉的住房。该因子贡献较小与苏州市城乡一体化密切相关,真正属于农村户籍的人口较少,大部分已经成为城市户口。

农业人口因子中得分较高的依次是甪直镇(3.318)、黄埭镇(2.251)、东山镇(1.939)、金庭镇(1.663)、北桥街道(1.510)、木渎镇(1.445)、光福镇(1.224)、娄葑镇(1.162)和渭塘镇(1.054);农业人口因子得分较低的依次是苏锦街道(-1.500)、友新街道(-1.487)、龙西街道(-1.411)、苏苑街道

(-1.161)、苏州科技城(-1.147)和穹窿山风景区(-1.004)。农业人口因子空间分布见图7-2。

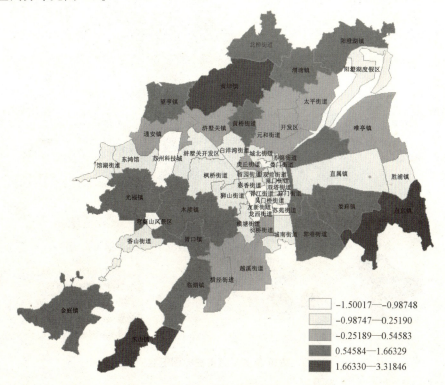

图7-2　2010年苏州农业人口因子空间分布

3. 城市住宅因子

该因子方差贡献为9.483,主要反映5个变量的信息,与平均每户人数、平均每户间数、人均住房面积、人均住房间数以及租赁其他住房户数相关,总体反映苏州市人均住宅条件,因而归为城市住宅因子。

该因子得分较高的街道(镇)依次是镇湖街道(3.161)、穹窿山风景区(2.702)、金庭镇(2.193)、横泾街道(1.908)、东渚镇(1.495)、临湖镇(1.221)、香山街道(1.178)、光福镇(1.171)和东山镇(1.030);得分较低的依次是长桥街道(-1.661)、苏州科技城(-1.206)、虎丘街道(-1.164)和胜浦镇(-1.106)。考虑到住房面积、人均住房间数,所以在苏州郊区的镇住宅因子相对得分较高。城市住宅因子空间分布见图7-3。

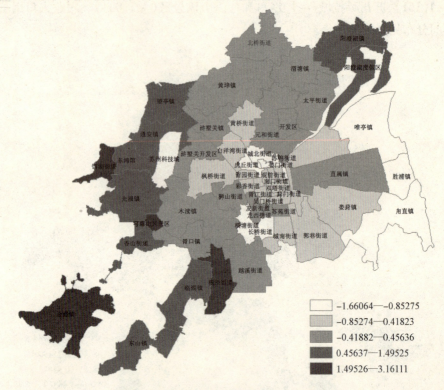

图 7-3 2010 年苏州城市住宅因子空间分布

4. 城市老城区贫困因子

该因子比较特殊,虽然方差贡献最小,只有 5.572,但能够在第 4 位显示出来,证明该因子在苏州市社会空间结构中的重要性。主要反映 4 个变量的信息,与住房在新中国成立前的户数、住房在 1950 到 1979 年间的户数、租赁廉租住房户数以及每月租金在 100 元以下的户数高度相关,尤其是后 4 个变量的相关系数分别达到 0.975、0.962、0.850 和 0.971。同时与退休人口数量也存在相关性。城市老城区贫困因子代表的数量不多,但要特别引起政府和社会关心。

苏州城市老城区贫困因子得分较高的街道(镇)依次是桃花坞街道(4.787)、观前街道(3.605)、平江路街道(2.639)、南门街道(1.404)、虎丘街道(1.118)和双塔街道(1.109);得分较低的依次是苏锦街道(-0.833)、城南街道(-0.630)、胜浦镇(-0.599)、唯亭镇(-0.574)和黄桥街道(-0.548)。苏州古城区有许多住在老房子的贫困人群,城市出现类似西方城市社会空间中越中心越贫困的现象。这些群体人数不多,由于年龄原因(与退休人口相关),无法取得较高收入,住在老城区的老房子或者租住在价格较低的住房。老城区贫困因子空间分布见图7-4。

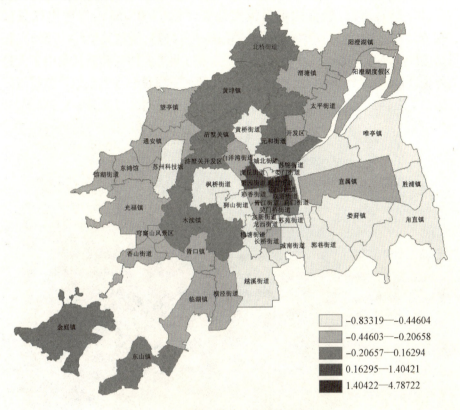

图7-4 2010年苏州老城区贫困因子空间分布

5. 知识分子因子

这一因子方差贡献达到17.459,与15个变量有关。人口方面与少数民族人口数量有较强的相关性(0.475),表明在苏州工作的少数民族群体中包含大量知识分子群体。教育水平上,这一因子与较高教育水平的指标呈强正相关:大专(0.455)、大学(0.866)、研究生(0.952)。行业分布方面,主要与信息传输计算机软件(0.445)、金融保险(0.469)、房地产行业(0.385)、科学研究技术服务(0.629)、教育行业(0.603)高度相关。职业方面与专业技术人员(0.700)呈强相关。住房方面主要与建于2000到2010年间的住房(0.347)相关,表明苏州近10年来吸引的知识分子越来越多,具有较高的收入、较好的行业和职业,能自己购房或者租档次较高的住房,与现阶段知识分子阶层职业构成基本一致。

知识分子因子得分最高的区域是苏州工业园区直属镇(5.920),其次是娄葑镇(2.273)、狮山街道(2.232)、友新街道(0.766)、葑门街道(0.609)和枫桥街道(0.525)。得分较低的地区依次是东渚镇(-0.753)、穹窿山风景区(-0.752)、阳澄湖镇(-0.668)、苏锦街道(-0.667)、浒墅关镇(-0.650)、长桥街道(-0.649)和镇湖镇(-0.643)。由于苏州工业园区和新区集中了大量的外企,所以知识分子主要集中在苏州工业园区直属镇和娄葑镇以及苏州新区的狮山街道,与实际情况高度一致。知识分子因子空间分布见图7-5。

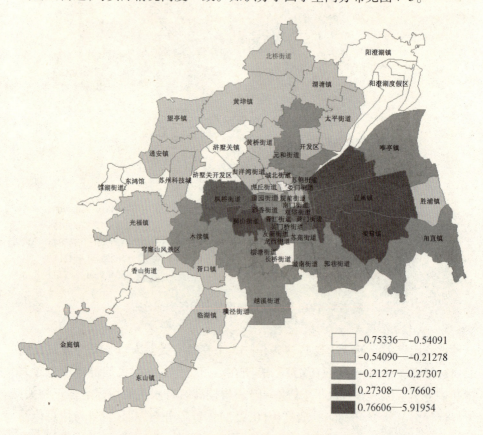

图7-5 2010年苏州知识分子因子空间分布

6. 退休人员因子

退休人员因子方差贡献13.950,反映12个变量的信息。该因子与60岁以上人口数量(0.534)、退休人口数量(0.647)呈强相关;住房方面与住房在1980到2000年之间的户数(0.833)、购买原公有住房的户数(0.837)呈高度强相关;与购买二手房(0.653)、住房有2个房间(0.588)以及租住租金在1000到15000

元每月的住房户数(0.400)相关。该因子在职业和行业方面与公共管理和社会组织、国际组织(-0.427)、卫生社会保障和社会福利(-0.539)、电力燃气及水的生产和供应业(-0.515)、租赁和商务服务(-0.430)、金融保险行业(-0.552)等呈负相关,原因是退休人员不再从事这方面的工作。

这一因子主要分布在苏州科技城(1.334)、胜浦镇(1.116)、苏锦街道(1.038)、开发区(0.981)、唯亭镇(0.967)和穹窿山风景区(0.924);得分较低的分别是吴门桥街道(-2.689)、娄葑镇(-2.533)、彩香街道(-2.335)、友新街道(-1.539)、葑门街道(-1.456)和娄门街道(-1.391)。退休人员因子空间分布见图7-6。

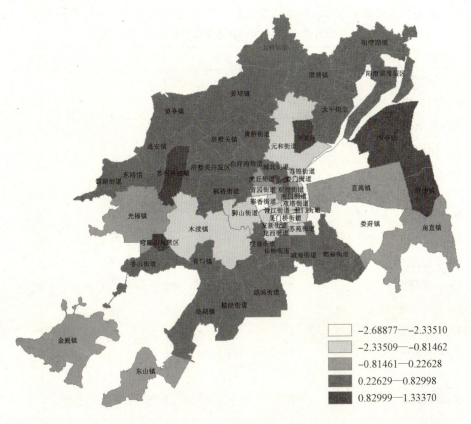

图 7-6 2010 年苏州退休人员因子空间分布

第五节 苏州城市社会区类型划分及空间分布特征

社会区类型划分是根据人口的社会经济指标及住房指标通过计算得出人群在空间上按类别集聚的过程。以2010年苏州市各街道(镇)单元上6个主因子得分作为基础数据矩阵,利用SPSS系统聚类分析技术进行苏州市社会区类型划分。选用分成聚类法,距离测度采用平方欧氏距离,采用离差平方和法制定出6类社会区,计算各类社会区在6个主因子上的平方和均值和平均值,从而判断苏州市社会区特征,并依此对6类社会区进行命名(表7-5、表7-6)。

表7-5 聚类分析按2010年苏州6类社会区得出的聚类结果

案例	6群集	5群集	4群集	3群集	2群集
1:双塔街道	1	1	1	1	1
2:南门街道	1	1	1	1	1
3:胥江街道	1	1	1	1	1
4:吴门桥街道	1	1	1	1	1
5:葑门街道	1	1	1	1	1
6:友新街道	1	1	1	1	1
10:娄门街道	1	1	1	1	1
13:石路街道	1	1	1	1	1
14:彩香街道	1	1	1	1	1
15:留园街道	1	1	1	1	1
16:虎丘街道	1	1	1	1	1
23:苏苑街道	1	1	1	1	1
24:龙西街道	1	1	1	1	1
34:元和街道	1	1	1	1	1
45:狮山街道	1	1	1	1	1
7:观前街道	2	2	1	1	1
8:平江路街道	2	2	1	1	1
12:桃花坞街道	2	2	1	1	1

续表

案例	6 群集	5 群集	4 群集	3 群集	2 群集
9:苏锦街道	3	3	2	2	2
11:城北街道	3	3	2	2	2
17:白洋湾街道	3	3	2	2	2
18:长桥街道	3	3	2	2	2
19:越溪街道	3	3	2	2	2
20:郭巷街道	3	3	2	2	2
25:城南街道	3	3	2	2	2
28:胥口镇	3	3	2	2	2
35:太平街道	3	3	2	2	2
36:黄桥街道	3	3	2	2	2
42:相城开发区	3	3	2	2	2
44:横塘街道	3	3	2	2	2
46:枫桥街道	3	3	2	2	2
48:浒墅关镇	3	3	2	2	2
51:浒墅关开发区	3	3	2	2	2
52:苏州科技城	3	3	2	2	2
54:唯亭镇	3	3	2	2	2
55:胜浦镇	3	3	2	2	2
21:横泾街道	4	4	3	2	2
22:香山街道	4	4	3	2	2
26:甪直镇	4	4	3	2	2
29:东山镇	4	4	3	2	2
30:光福镇	4	4	3	2	2
31:金庭镇	4	4	3	2	2
32:临湖镇	4	4	3	2	2
33:穹窿山风景区	4	4	3	2	2
37:北桥街道	4	4	3	2	2
38:望亭镇	4	4	3	2	2
39:黄埭镇	4	4	3	2	2

续表

案例	6群集	5群集	4群集	3群集	2群集
40:渭塘镇	4	4	3	2	2
41:阳澄湖镇	4	4	3	2	2
43:阳澄湖旅游度假区	4	4	3	2	2
47:镇湖街道	4	4	3	2	2
49:通安镇	4	4	3	2	2
50:东渚镇	4	4	3	2	2
27:木渎镇	5	5	4	3	1
53:娄葑镇	5	5	4	3	1
56:工业园区直属镇	6	5	4	3	1

表7-6　2010年苏州城市社会区类型划分判别

社会区类别	包含街道/乡镇数量	项目（因子得分）	第1主因子	第2主因子	第3主因子	第4主因子	第5主因子	第6主因子
第1类	15	平方和均值	0.3115	0.6845	0.3125	0.3994	0.4416	1.9877
		平均值	0.0242	-0.7029	-0.4532	0.1589	0.3512	-1.2758
第2类	3	平方和均值	0.1475	0.2965	0.4265	14.2935	0.0485	0.0315
		平均值	-0.3173	-0.5291	-0.6414	3.6772	-0.2057	0.0997
第3类	18	平方和均值	0.5300	0.4480	0.6969	0.2378	0.1940	0.6272
		平均值	0.0514	-0.1951	-0.7517	-0.4450	-0.2810	0.6048
第4类	17	平方和均值	0.4870	2.2034	1.8828	0.0861	0.2637	0.3167
		平均值	-0.4935	1.1388	0.8005	-0.2627	-0.4708	0.4407
第5类	2	平方和均值	15.9353	1.7209	0.2280	0.1468	2.6079	3.5554
		平均值	3.7961	1.3041	-0.4066	-0.3203	1.2461	-1.6833
第6类	1	平方和均值	0.1966	0.3299	0.1631	0.0897	35.0410	0.0512
		平均值	0.4434	-0.5744	0.4039	-0.2995	5.9195	0.2263

1. 退休人口聚居的老城区

该类型社会区在第6主因子（退休人员因子）的平方和均值（1.9877）和因

子得分平均值(-1.2758)较高,外来人口因子得分平均值较低,主要分布于老城区和新区的狮山街道、相城区的元和街道、吴中区的苏苑街道和龙西街道。

2. 贫困人口聚集的城市中心区

此类型社会区第 4 主因子(城市老城区贫困因子)平方和均值高达 14.2935,平均值也达到 3.6772,分布于观前街道、平江路街道和桃花坞街道。分布区少但非常集中,这些街道本是苏州古城的核心地带,由于古城老住房保持,部分年老以及贫困人员无力迁出古城区,同时古城区商业、医疗卫生等设施齐全,这些贫困人口没有迁出古城的动力,因而形成非常集中的贫困分布区。

3. 工薪阶层集中分布的聚集区

该类型社会区包括 18 个街区,与第 3 主因子(城市住宅因子)相关度最高,其平方和均值(0.6969)和平均值(-0.7517)较高,但平均值为负。工薪阶层的住房与收入密切相关,住房相对拥挤,主要分布于古城区和郊区镇的中间地带。

4. 城郊农业人口聚集区

此类型社会区第 2 主因子(农业人口因子)得分最高,平方和均值达到 2.2034,平均值 1.1388,主要分布于苏州的郊区城镇,如黄埭镇、甪直镇、东山镇、光福镇、金庭镇、临湖镇、望亭镇、渭塘镇、阳澄湖镇等,由于郊区住房宽敞,房间数较多,因而第 3 主因子(城市住宅因子)平方和均值(1.8828)和平均值(0.8005)也较高。

5. 外来人口集中分布区

此类型社会区仅包括木渎镇和娄葑镇,外来人口因子得分平方和均值高达 15.9353,平均值 3.7961。苏州是江苏省外来人口最多的城市,其城区外来人口超过 206.5032 万人,超过常住户籍人口 199.2243 万人,外来人口主要分布于木渎镇和娄葑镇。

6. 高社会经济地位人口聚居区

此类型社会区只有苏州工业园区直属镇是完全新建的城区,经过 10 余年的发展,吸引了大量高层次人才集聚。同时,由于苏州工业园区主要是外企集聚的园区,对人才的素质要求较高。这两个原因导致苏州工业园区直属镇成为苏州高收入、高学历和高社会经济地位集聚区。

第六节 苏州城市社会空间分异分析

空间是物体存在的客观形式,在地理上表现为人们生活、活动的具体场所。然而"空间"不仅仅是一个物理概念,在社会理论范畴中,空间还是社会关系的产物,产生于有目的的社会实践。空间与社会之间存在辩证统一的关系,社会空间里所蕴含的社会关系是其内在的实质,城市社会空间分异是指在城市范围内各组成要素及其综合体在空间上的差别,它不但包含物质实体,同时也涉及城市居民的经济、文化生活和社会交往等各个方面。空间分异就是一种居住现象:在一个城市中,不同特性的居民聚居在不同的空间范围内,整个城市形成一种居住分化甚至相互隔离的状况。在相对隔离的区域内,同质人群有着相似的社会特性,遵循共同的风俗习惯和共同认可的价值观,或保持着同一种亚文化;而在相互隔离的区域之间,则存在较大的差异性。

空间指数是用来测度社会空间分异程度的常用手段。测度社会空间分异的5个维度是均衡、接触、集中、向心化和族状,测量空间维度最为常用的是空间公平,对空间公平主要采用空间分异指数(Index of Dissimilarity,简为ID)和本地化系数(Coefficient of Localization,简为CL)来测量。分异指数公式为:

$$ID = \frac{\sum_{k=1}^{n} T_k |p_k - p|}{2T_p(1-p)} \tag{1}$$

式中:T_p 为城市总人口,T_k 为空间单元 k 中的总人口数,p 为城市中研究对象人口总数,如外来人口总数、大学教育水平人口等,而 P_k 则是空间单元 k 中研究对象人口的数量。分异指数考察的是被考察人口在整个空间范围内的分异程度。ID 的结果范围从 0 到 1,ID = 0 代表完全没有分异,ID = 1 代表完全分异,ID 值越大,空间分异程度越大。类似地,本地化系数公式为:

$$CL_g = \sum_{i=1}^{n} |T_i - B_i| \tag{2}$$

式中:g 是作为考察的人口对象,如外来人口数,T 是研究对象在空间单元的百分比,B 是空间单元总人口占全城人口的百分比,i 表征空间单元。CL 的结果也在 0 到 1 之间,0 代表无分异,1 代表完全分异。CL 值越大,表明被考察人口的分异度越大。

（一）苏州市社会经济指标的分异指数

本研究选取人口特征、教育水平、行业类型、职业类型以及不在业人口五大类共 30 个指标分析苏州 2010 年社会的空间分异程度（表 7-7）。

表 7-7 苏州市街道分异系数和本地化系数

分异对象		2010 年苏州街道（镇）分异指数（ID）	本地化系数（CL）
人口特征	少数民族	0.9596	0.1742
	常住人口	0.9325	0.1169
	外来人口	0.9603	0.1128
教育水平	小学及以下	0.5499	0.1602
	初中	0.7358	0.1293
	高中	0.5599	0.1352
	大专	0.4284	0.2085
	大学本科	0.3914	0.3420
	研究生及以上	0.9652	0.4909
行业	农、林、牧、渔	0.9045	0.0119
	工业人员	0.5847	0.1351
	建筑业	0.2352	0.1691
	批发、零售、住宿、餐饮	0.4288	0.1334
	交通、运输、仓储及邮电、通信等	0.3587	0.1707
	信息传输、计算机软件服务	0.9544	0.3246
	金融、保险、房地产租赁	0.2880	0.2062
	科学技术研究	0.9328	0.4432
	居民生活服务	0.7118	0.1626
	卫生、教育、文化、体育等	0.3881	0.2658
	公共管理等	0.3792	0.1896
职业	国家机关、企事业单位负责人	0.9657	0.0047
	各类专业技术人员	0.3428	0.2689
	国家机关办事员及有关人员	0.3171	0.2328
	商业服务性工作人员	0.4414	0.1192
	农、林、牧、渔、水利生产人员	0.6033	0.6061
	生产运输工作人员	0.5756	0.1438
不在业人口	离退休人口	0.7930	0.1928
	料理家务人口	0.5474	0.2724
	丧失劳动力人口	0.3409	0.3673
	其他原因不在业人口	0.6865	0.1793

分析结果表明 30 个指标中有 13 个指标分异指数在 0.6—1 之间,其中 7 个指标分异指数大于 0.9,表明苏州市某些指标社会空间分异严重。本地化系数有 3 个指标在 0.4 以上,其余都在 0.1—0.4 之间,有一个指标小于 0.1,分异很低。

考察人口特征指标,分异指数都大于 0.9,呈高度分异状态,娄葑镇、木渎镇、直属镇、黄埭镇、唯亭镇、城南街道、狮山街道和枫桥街道等,这些地区是吸纳外来人口最多的地区,同时总人口也相应较多。苏州行政区划中老城区街道范围较小,人口较少,周边镇范围大,同时又是吸纳外来人口最多的地区。所以人口分布空间分异非常严重。

与教育水平相关的各项指标中,研究生以上学历分异(0.9652)最为严重,根据前文分析,苏州是一个移民城市,近年来吸引越来越多的外来人口尤其是外来高等级人才,这些人才主要分布于苏州工业园区和苏州新区,与知识分子因子重叠,因而高学历指标分异严重。其次是初中学历分异指数(0.7358)和高中学历分异指数(0.5599)。苏州外来人口中较低学历(初中学历)人口主要分布于木渎镇、娄葑镇、唯亭镇、甪直镇和郭巷街道,表明目前进城务工人员学历层次不高,且主要分布于苏州园区和吴中区。而大专学历分异指数(0.4284)和本科学历分异指数(0.3914)相对较低。

人口行业指标类型分异度中农、林、牧、渔,信息传输和计算机软件服务以及科学技术研究分异指数超过 0.9,呈高度分异状态,农、林、牧、渔分异度高达 0.9045。改革开放以来尤其是苏州工业园区的建立以及苏州吴县并入吴中区导致大量农民变为市民,同时农业用地面积不断减少,农业人口呈空间集聚状态。科学技术研究人员(0.9328)和计算机软件服务人员(0.9544)主要分布于园区的娄葑镇、工业园区直属镇和苏州新区的狮山街道以及市区的友新街道和彩香街道,这些高科技人员由于产业的关系造成空间集聚,符合苏州东园西区的主要工业布局特点。居民生活服务行业分异指数较高(0.7118),居民生活服务与居民的分布呈正相关,人口特征中的高度分异性决定居民生活服务行业的高度分异。建筑业(0.2352)、金融保险(0.2880)、卫生教育文化体育(0.3881)以及公共管理(0.3792)等行业社会分异度相对较低。苏州市各行业分异指数和本地化系数见图 7-7。

第七章 城市社会空间分异的实证研究——以苏州为例

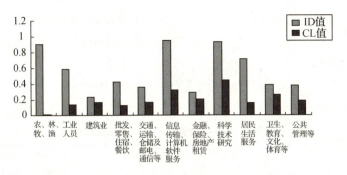

图 7-7　苏州市各行业分异指数和本地化系数

职业类型指标中国家机关企事业单位负责人指标具有最高的社会分异度（0.9657），主要分布于木渎镇、元和街道、娄葑镇和唯亭镇，这与这些地区的人口分布高度集中相关。其次是农、林、牧、渔和水利生产人员（0.6033）以及生产运输工作人员（0.5766），技术人员（0.3428）、国家机关办事员（0.3171）和商业服务员（0.4414）社会分异度较低。苏州市各职业空间分异指数和本地化系数见图7-8。

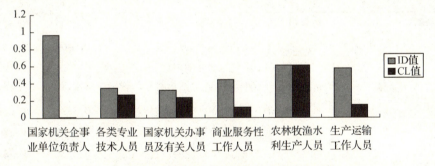

图 7-8　苏州市各职业空间分异指数和本地化系数

不在业人口社会分异度中散失劳动力人口指标（0.3409）社会分异度较低，离退休人员社会分异度最高（0.7930），其次是其他原因不在业人口（0.6865）和料理家务人口（0.5474）。

（二）苏州市住房指标的分异指数

苏州市2010年住房相关指标的空间分异指数计算结果表明苏州住房指标分异度高，存在严重的空间分异。通过房屋来源类型、租赁价格、住房间数以及住房建设年代等23个相关指标，得出苏州市住房空间分异指数和本地化系数（表7-8）。苏州住房相关指标中有一半以上（13个）指标社会分异指数在0.6以上，77%以上指标社会分异指数超过0.5。住房来源中，租赁廉租房户数有极大的空间分异性,证明廉租住户有很大的空间集聚性。租赁其他住房户数(0.7108)社会分异度最高,购买二手房户数(0.3640)社会分异最低,其次是购买商品房户数(0.6050)、自建住房户数(0.5681)和购买经济适用房户数(0.5457)。总体而言,在住房来源上存在严重的空间分异,这与苏州近几十年经济改革和社会发展制度密切相关。

表7-8 苏州市2010年住房指标空间分异指数和本地化系数

分异对象		2010年苏州街道(镇)分异指数(ID)	本地化系数(CL)
总体住房来源	租赁廉租住房的户数	0.9653	0.5251
	租赁其他住房的户数	0.7108	0.2082
	自建住房的户数	0.5681	0.4548
	购买商品房的户数	0.6050	0.3294
	购买二手房的户数	0.3640	0.4027
	购买经济适用房的户数	0.5457	0.5768
	购买原公有住房的户数	0.3846	0.5587
租住住房金额分类	每月租金在100元以下的户数	0.4700	0.6118
	每月租金在100到200元的户数	0.6464	0.3415
	每月租金在200到500元的户数	0.7019	0.1907
	每月租金在500到1000元的户数	0.4622	0.2913
	每月租金在1000到1500元的户数	0.3824	0.3625
	每月租金在1500到2000元多户数	0.5665	0.3861
	每月租金在2000到3000元的户数	0.8224	0.3840
	每月租金在3000元以上的户数	0.9640	0.4116
住房按间数分类	住房仅有1间的户数	0.6836	0.2232
	住房有2个房间的户数	0.6666	0.2017
	住房有3个房间的户数	0.7429	0.1683
	住房有4个房间以上的户数	0.5036	0.3702
住房建设年代	住房在新中国成立前的户数	0.6466	0.7056
	住房在1950到1979年之间的户数	0.4291	0.5054
	住房在1980到2000年之间的户数	0.9198	0.1753
	住房在2000年到2010年之间的户数	0.8283	0.2307

租赁住房指标上,出现租赁价格越高、空间分异越强的趋势,其中月租金在

2000 到 3000 元之间的户数(0.8224)和 3000 元以上的户数(0.9640)分布非常集中,月租金在 2000 到 3000 元的户数主要分布于园区的工业园区直属镇、娄葑镇,市区的枫桥街道和吴中区的郭巷街道,而月租金在 3000 元以上的户数分布最多的是相城区的元和街道,其次是园区工业园区直属镇、娄葑镇、唯亭镇以及市区的石路街道、虎丘街道和白洋湾街道。月租金高的地区同时也是学历层次高的地区,相城区元和街道的月租金呈现与学历不相称的情况,因为元和街道有大量企业和老板,这些老板构成高租金住房的主要住户。社会分异度较低的是月租金 500 到 1000 元的住户(0.4622)以及 1000 到 1500 元的住户(0.3824),这两个人群相对分散。而低租金住户社会分异又增强,因为低租金住户基本是进城务工人员,其主要分布于以木渎镇为代表的城郊乡镇,分布集中,因而社会分异度高。

住房间数社会分异度都较高,其中 1 个房间住户数为 0.6836,2 个房间住户数为 0.6666,3 个房间住户数为 0.7429,4 个房间户数为 0.5036。住房间数实际上反映的是住房面积,住房面积的大小与职业、学历、行业等指标相关,从而形成较大的社会分异度,空间分布也相对集中。

住房建设年代指标中,最低的社会分异度是住房在 1950 到 1979 年之间的户数(0.4291),最高的是 1980 到 2000 年之间的户数(0.9198),随着住房制度的改革、城乡一体化进程和城市化发展的推进、外来人口的涌入,住房大量增加,同时住房价格暴涨,造就了一批富人。老城区住房的限制、外来人口的融入、住房制度的改革以及城市化的发展导致住房指标在空间上高度分异,从而引起社会空间分异。

(三)苏州社会空间分异成因机制

1. 苏州城市外向型经济的发展

改革开放 30 年以来,苏州创造了经济发展的奇迹,苏州开放型经济的起步、发展和腾飞,证明了苏州外向型经济的跨越式发展;苏州外贸进出口总额从 1991 年的 3.8 亿美元增长为 2013 年的 3093.5 亿美元。改革开放以来,苏州坚持走经济国际化路线,在经济全球化的浪潮中,积极参与国际分工,主动融入经济全球化的进程,形成了全方位、宽领域、多层次对外开放的格局,外向型经济快速发展是苏州的一大亮点。外商直接投资(FDI)从 2000 年的不到 30 亿美元增加到 2013 年的 86.98 亿美元(图 7-9),外商投资成为苏州经济发展的主要推动力。外资公司的大量涌入导致苏州成为对大学毕业生和海外科技人才吸引力最大的地区之一,这些受教育程度高的人口收入和社会地位较高,他们提高了苏州的社会分异程度。同时,外资的大量涌入导致外籍人士的激增。在苏州市区取得"工作签证"的外籍人士有14589人,这些人员主要从事外资企业管理工作,还不包括家属和子女和其他短期来苏州的人员和留学生,这些人主要分布在园区,粗略估算下来有5万左右,留学生主要分布在苏州独墅湖高教区,新区也有不少外籍人员。

图7-9 苏州市外商直接投资(2000—2013年)

2. 苏州开发区建设导致社会空间重构

苏州工业园区是中国和新加坡两国政府的合作项目,开创了中外经济技术互利合作的新形式。苏州工业园区于1994年2月经国务院批准设立,同年5月实施启动,行政区划面积278平方千米,其中,中新合作区80平方千米,下辖4个街道,常住人口约76.2万。园区以占苏州市3.4%的土地、5.2%的人口创造了15%左右的经济总量,并连续多年名列"中国城市最具竞争力开发区"排序榜首,综合发展指数位居国家级开发区第2位,在国家级高新区排名中居全省第1位。累计吸引外资项目近5000个,实际利用外资247亿美元,其中91家世界500强企业在区内投资了150个项目;全区投资上亿美元项目133个,其中10亿美元以上项目7个,积极实施"科教兴区"战略,创新人才工作机制,强化人才支撑。招校引研成效显著,独墅湖科教创新区引进美国加州伯克利大学、乔治·华盛顿大学、加拿大滑铁卢大学、澳大利亚莫纳什大学、新加坡国立大学等一批世界名校资源,24所高等院校和职业院校入驻,在校学生规模超7.5万人,其中硕士研究生以上近2万人。高端人才加速集聚,园区科技领军人才工程成功评选7届,共评选出606个领军项目;累计近100人入选国家"千人计划",88人入选"江苏省高层次创业创新人才计划",138人入选"姑苏创新创业领军工程",均居苏州首位。在园区就业的外籍人才近 6000 名,累计引进外国专家 1000 多名,4000 名海外归国人才创办了 400 多家企业,大专以上人才总量列国家级开发区第 1 位,被评为国家级"海外高层次人才创新创业基地"。

苏州开发区尤其是苏州工业园区的成功经验,在城市建设、产业升级、人才引进与培养方面在江苏甚至在全国都走在前列,开发区建设导致人才引进从而导致社会空间分异是苏州市城市空间分异主要内在机制之一。

3. 户籍制度改革

长期以来,我国的户籍管理制度存在着管理取向的多重性问题,即把社会保障、公共服务等与户籍捆绑起来,并把户籍简单划分成农业人口和非农人口进行板块式的管理,导致了人口的城乡二元壁垒,阻碍了人口的正常流动。十八届三中全会决定以推进农业转移人口的市民化为户籍制度的改革取向,并把创新人口管理作为加快户籍制度改革的前置条件,重点强调了人口的多层次布局和基本公共服务的全方位覆盖。

21 世纪以来,苏州致力于城乡一体化发展的实践和探索,通过"三集中"(农户向社区集中、承包耕地向规模经营集中、工业企业向园区集中)、"三置换"(集体资产所有权、分配权置换社区股份合作社股权;土地承包权、经营权通过征地置换基本社会保障,或入股置换权;宅基地使用权置换城镇住房,或货币化置换,或置换二、三产业用房,或置换置业股份合作社股权)、"三大合作"(土地股份合作社、社区股份合作社和农业专业合作组织)等途径,基本完善了城乡统筹的社会保障体系,尤其是医疗保险和养老保险的全覆盖,大大加快了农业转移人口的市民化进程,在全省乃至全国都处于领先地位。2014 年,根据十八届三中全会要求,全国开始逐步分类实施新的户籍制度改革,将农民工变成真正的城市市民,变土地城镇化为人的城镇化,人的城镇化的实施会导致农民工收入提高、保障加强,住房、教育、医疗等方面相比之前有巨大改变,必然导致新的社会分异,但总体趋势是分异指数减小。

4. 住房制度改革

作为我国经济体制改革的一项重要内容,住房制度改革是指对传统的福利分房制度进行变革,以建立起适应市场经济机制的住房体制,实现住房的商品化和社会化。回顾中国改革开放 30 年的历程,住房制度改革以及与此密切相关的房地产行业可谓一大看点,其影响和意义远远超出经济范畴。

我国长期实行低租金的福利分房制度,国家和企业为解决职工的住房问题背上了沉重的包袱,延缓了我国住房建设的进程。1988 年,国务院召开第一次全国住房制度改革工作会议,推出《关于在全国城镇分期分批推行住房制度改革的实施方案》:首先,实施提租补贴、租售结合,实行由维修费、房产税等5项因素组成的成本租金;其次,随着工资调整,逐步将住房补贴纳入工资,进入成本,并将租金提高到包含8项因素(成本租金加土地使用费、保险费和利润)的市场租金。1991年6月,国务院发出《关于继续积极稳妥地进行城镇住房制度改革的通知》,要求将现有公有住房租金有计划、有步骤地提高到成本租金;在规定住房面积内,职工购买公有住房实行标准价。11月,国务院下发《关于全面进行城镇住房制度改革的意见》,确定房改的总目标是:从改革公房低租金制度入手,从公房的实物福利分配逐步转变为货币工资分配,由住户通过买房或租房取得住房的所有权或使用权,使住房作为商品进入市场,实现住房资金投入、产出的良性循环。这是我国住房制度改革的一个纲领性文件。1994年7月,国务院下发了《关于深化城镇住房制度改革的决定》,确定房改的根本目标是:建立与社会主义市场经济体制相适应的新的城镇住房制度,实现住房商品化、社会化;加快住房建设,改善居住条件,满足城镇居民不断增长的住房需求。中国改革开放后住房制度改革制度变迁见表7-9。

  真正的住房货币化始于1998年7月,国务院发布《关于进一步深化城镇住房制度改革加快住房建设的通知》,宣布从同年下半年开始全面停止住房实物分配,实行住房分配货币化,首次提出建立和完善以经济适用住房为主的多层次城镇住房供应体系:调整住房投资结构,重点发展经济适用住房,加快解决城镇住房困难居民的住房问题;对不同收入家庭实行不同的住房供应政策。对最低收入家庭,由政府或单位提供廉租住房,以发放租赁补贴为主,实物配租和租金核减为辅。中低收入家庭购买经济适用住房等普通商品住房。对高收入家庭购买、租赁的商品住房实行市场调节价;发放住房补贴。在建立住房保障制度方面,加快城镇廉租住房制度建设,稳步扩大廉租住房制度覆盖面。2007年以来,中央进一步加大宏观调控的力度。8月,国务院发布《关于解决城市低收入家庭住房困难的若干意见》,规定:低收入家庭主要通过廉租住房解决,外加经济适用住房;中等收入家庭根据各地实际可以采取限价商品房和经济租用房的办法解决;高收入家庭主要通过市场解决。这是中国房改历程中的一个新的里程碑。从2008年后,为了实现住房制度合理改革,保障不同层次居民利益,国务院先后出台了促进、引导、控制房价的"国十三条""国四条""国十一条"和新"国十条"、新"国八条"等措施(表7-9),保障大多数居民的住房要求。

表 7-9　中国改革开放后住房制度改革制度变迁

时间	文件（讲话）	住房改革措施
1980 年 4 月	邓小平同志明确指出，住房改革要走商品化的路子，从而揭开了住房制度改革的大幕	
1982 年		"三三制"，由政府、企业和个人各承担 1/3，并在郑州、常州、四平、沙市试点
1986 年		选定烟台、唐山、蚌埠进行房改试点，试行"提租补贴、租售结合、以租促售、配套改革"的方案
1988 年	《关于在全国城镇分期分批推行住房制度改革的实施方案》	首先，实施提租补贴、租售结合，实行由维修费、房产税等 5 项因素组成的成本租金；其次，随着工资调整，逐步将住房补贴纳入工资，进入成本，并将租金提高到包含 8 项因素（成本租金加土地使用费、保险费和利润）的市场租金
1991 年 6 月	《关于继续积极稳妥地进行城镇住房制度改革的通知》	要求将现有公有住房租金有计划、有步骤地提高到成本租金；在规定住房面积内，职工购买公有住房实行标准价
1991 年 11 月	《关于全面进行城镇住房制度改革的意见》（住房制度的第一个纲领性文件）	从改革公房低租金制度入手，从公房的实物福利分配逐步转变为货币工资分配，由住户通过买房或租房取得住房的所有权或使用权，使住房作为商品进入市场，实现住房资金投入、产出的良性循环
1994 年 7 月	《关于深化城镇住房制度改革的决定》	建立与社会主义市场经济体制相适应的新的城镇住房制度，实现住房商品化、社会化；加快住房建设，改善居住条件，满足城镇居民不断增长的住房需求
1998 年 7 月	《关于进一步深化城镇住房制度改革加快住房建设的通知》住房货币化	从 1998 年下半年开始全面停止住房实物分配，实行住房分配货币化，首次提出建立和完善以经济适用住房为主的多层次城镇住房供应体系；调整住房投资结构，重点发展经济适用住房，加快解决城镇住房困难居民的住房问题；对不同收入家庭实行不同的住房供应政策

续表

时间	文件（讲话）	住房改革措施
2000年2月		住房实物分配全国停止
2005年	"国八条"	略
2006年	"国六条"	略
2007年8月	《关于解决城市低收入家庭住房困难的若干意见》	低收入家庭主要通过廉租住房解决，外加经济适用住房；中等收入家庭根据各地实际可以采取限价商品房和经济租用房的办法解决；高收入家庭主要通过市场解决
2008年12月	"国十三条"	略
2009年12月	"国四条"	略
2010年1月	"国十一条"	略
2010年4月	新"国十条"	略
2011年9月	新"国八条"	略
2013年	"国五条"	略

住房制度改革导致城市社会中一部分人通过自己的努力以及制度红利率先脱贫致富，成为城市的新富裕阶层，同时城市形成没有住房的租房户以及依靠国家廉租房的低收入人群，住房制度改革从制度设计上虽然考虑到社会的各个阶层尤其是低收入阶层的利益，但在实施过程中事实上由于住房导致社会分异程度加大，贫富分化严重。

5. 土地制度改革

1949年后，中国确立了土地的社会主义公有制，同时宪法明确规定"任何组织或者个人不得侵占、买卖、出租或者以其他形式非法转让土地"。这就形成了旧的国有土地使用制度的主要特征，一是土地无偿使用，二是无限期使用，三是不准转让。

从20世纪80年代起，中国开始土地管理制度的改革，主要分两方面进行。第一，土地行政管理制度的改革。1986年，国家通过了《土地管理法》，成立了国家土地管理局。第二，土地使用制度的改革，把土地的使用权和所有权分离，在使用权上，变过去无偿、无限期使用为有偿、有限期使用，使其真正按照其商品的属性进入市场。

1988年，国务院决定在全国城镇普遍实行收取土地使用费（税），与此同时开始试行土地使用权有偿转让，定期出让土地使用权。1990年5月，国务院允许外商进入大陆房地产市场，发布了《城镇国有土地使用权出让和转让暂行条例》《外商投资开发经营成片土地暂行管理办法》和相应的有关文件,这标志着中国的土地市场走上了有法可依的轨道,从而使土地使用制度改革在全国推开。

土地使用制度改革是建立社会主义市场经济体制的一项基础性任务。土地使用制度改革的目标是建立与社会主义市场经济体制相适应的土地市场体系。1995年7月,国家土地管理局公布了《协议出让国有土地使用权最低价确定办法》,提出了培育和发展土地市场的8项要求,主要是加强国家对土地使用权出让的垄断,坚持政府统一规划、统一征地、统一管理、集体讨论、集体土地使用制度改革。

土地制度改革客观上造成失地农民的出现,失地农民由于本身技能的不足以及其他社会历史文化原因,部分重新成为无业游民,增加了社会不稳定因素,社会分异显著。

6. 行政区划调整

1949年4月27日,苏州解放后,下设13个镇人民政府,同年9月改设东、南、西、北、中5个区公所;1950年5月各区公所撤销,由公安部门接管。1951年11月初经苏南人民行政公署批准,市政府决定按原区公所辖区建立东、南、西、北、中5个区。1950年—1978年行政区划经历多次改变,1983年3月起,经国务院批准,先后撤销常熟、沙洲、昆山、吴江、太仓5县,改设常熟、张家港、昆山、吴江、太仓5市。苏州市共辖5市1县4区。1993年,苏州被国务院批准为"较大的市"。

1994年调整市区行政区划:设立苏州工业园区,包括娄葑乡,吴县的跨塘、斜塘、唯亭、胜浦4个镇。由苏州市政府的派出机构苏州工业园区管委会行使行政管理职能,同年设立苏州新区,由新区管委会行使行政管理职能。1995年撤销吴县,以其原辖区域设立吴县市。

2000年1月5日,国务院批准将苏州市郊区更名为虎丘区(于9月8日正式挂牌成立)。2000年12月,经国务院批准,撤销县级吴县市,设立苏州市吴中区、相城区(2001年2月28日正式实施);行政区划调整后,苏州市辖张家港、常熟、太仓、昆山、吴江5个县级市和平江、沧浪、金阊、虎丘、吴中、相城6个区,市区面积扩大到1730平方千米,人口205.9万人。

2012年,《国务院关于同意江苏省调整苏州市部分行政区划的批复》(国函〔2012〕102号)提出:(1)撤销苏州市沧浪区、平江区、金阊区,设立苏州市姑苏区,以原沧浪区、平江区、金阊区的行政区域为姑苏区的行政区域;(2)撤销县级吴江市,设立苏州市吴江区,以原县级吴江市的行政区域为吴江区的行政区域。

吴江区人民政府驻滨湖街道人民路1000号。调整后，苏州市辖5个市辖区，代管4个县级市，即姑苏区、虎丘区、吴中区、相城区、吴江区、常熟市、张家港市、昆山市、太仓市。

随着苏州行政区划的调整，苏州市（建城区）的面积达到411平方千米，苏州大市人口（2010年第六次人口普查数据）达到1176.91万人，其中户籍人口637.77万人，外来人口539.14万人。2013年全市总人口达到1307.69万人，其中户籍人口653.84人，流动人口653.85万人；市辖区人口561.18人，其中户籍人口252.04万人，流动人口309.14万人。苏州总人口中流动人口与户籍人口相当，其中市辖区流动人口超过户籍人口。行政区划调整以及苏州市总人口结构变化决定苏州城市内部社会空间结构空间分异明显，流动人口的流动性、职业的不稳定性以及住房特征决定较高的空间分异。

7. 结论

苏州市作为江苏省流动人口最多的城市和最大的城市，城市分异显著，城市分异系数超过北京、上海等大城市。人口特征中，少数民族人口和外来人口主要分布于娄葑镇、木渎镇、苏州工业园区直属镇、黄埭镇、唯亭镇、城南街道、狮山街道和枫桥街道等，这些地区是吸纳外来人口最多的地区，人口分布空间分异非常严重。与教育水平相关的各项指标中，研究生以上学历分异最为严重，由于苏州是一个移民城市，吸引外来人口尤其是外来高等级人才逐年增多，高学历指标分异严重。人口行业指标类型分异度中农、林、牧、渔，信息传输和计算机软件服务以及科学技术研究分异指数超过0.9，呈高度分异状态。职业类型指标中国家机关、企事业单位负责人指标具有最高的社会分异度（0.9657），主要分布于木渎镇、元和街道、娄葑镇和唯亭镇，这与这些地区的人口分布高度集中相关。

苏州住房指标分异度高，存在严重的空间分异。租赁住房指标上，出现租赁价格越高，空间分异越强的趋势。住房间数社会分异度较高，住房间数实际上反映的是住房面积，住房面积的大小与职业、学历、行业等指标相关，从而形成较大的社会分异度，空间分布也相对集中。住房建设年代指标中，最高的是1980到2000年的推进的户数和2000到2010年的户数。随着住房制度的改革，城乡一体化进程和城市化发展的推进，外来人口的涌入，住房大量增加，同时住房价格暴涨，造就了一批富人，对于进城务工农民和大学生群体而言，购房压力的增大导致社会分异的增强。

导致苏州市城市社会分异的成因机制主要有经济因素（外向型经济发展）、制度因素（住房制度、土地制度、户籍制度）、行政区划调整、城市规划因素（开发区建设)。制度因素是导致各城市社会分异的共因,而城市规划因素(开发区建设)和经济因素(外向型经济发展)是导致苏州社会分异的个因。苏州市城市分异程度超过国内特大城市有指标选取的因素影响(工业园区以及部分镇面积大、人口多),同时也有社会发展自身的内因(外来不同层次人口急剧增加),要合理协调户籍人口和外来人口比例,有步骤实施新型城镇化,按照中央十八届三中全会要求,推进户籍制度改革,保障外来人口尤其是农民工医疗、教育、养老、住房等社会保障,降低社会分异系数,促进社会和谐发展。

第八章 转型期城市内缘区社会空间重构研究
——以苏州工业园区失地农民聚居区为例

社会转型总是离不开一些宏大的主题的,如制度变革、文化嬗变或生态演替。当能正确寻找到社会变迁起承转合的历史节点时,我们多少能够较为准确地把握社会变迁的整体脉络。但转型又是由无数变化中的细节所构成的,人类具体的生存实践与社会行动都卷入其中;更进一步说,社会转型得以实质性完成,是以个人日常生活更新为基础的。因此,在研究中洞见、关注并理解转型中各项细节同样重要。

在对社会转型问题的讨论中,社会空间理论关注社会空间结构重组、分异与重构的现象。很大程度上,由政府干预、资本介入、市场推拉乃至技术革新等大型力量所引起的社会空间重组和分异,其过程会具有某种明显的骤然性。运用理论逻辑推演,我们往往容易建构社会空间重组与分异的宏观动力模型。可之于空间重构,无论是弥合社会群体与阶层间裂隙,还是融合社会多元文化差异,以至最终形成新的稳定社会秩序,在过程和节奏上都要比社会空间重组与分异缓和、渐进得多。这就需要更多地展示其细节,从而与抽象的宏观概括相结合,进而还原社会空间重构的过程。微观视角有这方面的优势,我们得以充分利用它来对现代化转型过程中社会空间重构现象予以深描与详析。

第一节 研究问题与核心概念

一、问题聚焦

本章所涉及的是当前我国城市化快速推进时期,城市社会发生空间重组(restructuring of socio-spatial)后普遍面临的空间重构(socio-spatial reconstruc-

第八章 转型期城市内缘区社会空间重构研究

tion)问题。[1]

当然,这一论题涉及的现象范围很广,仅以地理界域来划分,城市社会空间重构现象既发生在中心城区,也大量出现在城市边缘区。[2] 城市边缘区还可以细分为"内缘区"与"外缘区"。洛斯乌姆 1975 年在《城市边缘区和城市影响区》一文中区分了城市边缘的内缘区(the inner fringe)与外缘区(the outer fringe),并界定内缘区为靠近城市中心区,绝大多数土地已用于城市建设或已规划为城市建设用地的地区。城市内缘区是受城市核心区辐射最直接的区域,也是乡村城市化更为迅速的区域。因此,相对于空间布局较为分散的外缘区,内缘区则具有更为紧凑多元的功能设置,以及复杂多变的人口结构。在内缘区,一方面,城乡间的文化碰撞犹如"短兵相接",全面而直接;另一方面,城乡间的经济联动可谓"一触即发"。因此,发生在城市内缘区中的社会空间重构现象,逻辑地成为乡—城社会转型重要和必要的考察点。

此外,聚焦所要研究的问题当然不止对其进行时空限定,更重要的是确定研究问题所涉及的内容纬度。随着计划经济向市场经济快速转型和城乡二元体制逐渐被打破,我国城市中心区主要经历了单位制瓦解、旧城更新等社会空间重组过程,而在城市边缘区则主要发生了以城乡互动为主要特征的社会空间

---

[1] 在以往城市社会空间演变的相关研究中,多数学者并没有十分严格区分社会空间"重组"与"重构"这两个概念,常常将这两个概念视为可相互替换的术语而与空间"分异"的概念对照使用。笔者认为,空间重组与空间重构的意涵有必要区分。"重组"意指在社会变迁大型力量的影响下,社会空间要素原有的组织方式被打破,空间内发生秩序重排,但空间要素自身尚未发生质变的情形。而空间"重构"则指原有社会空间结构发生变化后,各组织要素在新的结构安排下经过互动、竞争、冲突后最终走向社会融合的过程,期间不仅生成新的社会空间,各空间组织要素自身也已发生质性的变化。与"分异"相对照,"重构"更有一种建设性的立场,突出了社会融合的集中取向,而"分异"则代表了社会空间结构重组之后所形成的人类空间行为和空间意象的分化和差异。

[2] "城市边缘区"是一个较为规范的地理学术语,它的出现源于 20 世纪二三十年代国外城市地理学界对城市向郊区扩张形成城乡过渡带独特现象的研究。随后,很多学科也参与进来,城市社会学、城市规划学等都尝试对"城乡过渡带"给出特征描述与定义。"城市边缘区"的定义因此而出现多种,如"乡村—城市连续区""城市远郊区""城市影子区"等。由于学科视角的差异,这些不同定义界定的选择性与片面性自然存在。1968 年,学者普雷尔定义了较为精确的"城市边缘区"的内涵,颇具权威性,沿用至今:它是一种在土地利用、社会和人口特征方面发生变化的过渡地带,位于中心城的连续建成区与外围几乎没有城市居民住宅、非农土地利用的纯农业腹地之间,兼具城市与乡村两方面的特征,人口密度低于中心城,但高于周围的农村地区。在我国,符合或接近以上定义内涵的区域也有多种名称,如"城乡交错带""城乡结合部""城市郊区"等。参见顾朝林,熊江波.简论城市边缘区研究.地理研究,1989(9);张建明,许学强.城乡边缘带研究的回顾与展望.人文地理,1997(3);陈佑启.试论城乡交错带及其特征与功能.经济地理,1996(3);荣玥芳,郭思维,张云峰.城市边缘区研究综述.城市化规划学刊,2011(4);宋金平,赵西君,于伟.北京城市边缘区空间结构演化与重组.北京:科学出版社,2012.

重组。我们的研究正是想关注:在城市内缘区发生空间重组之后,新的基于微观尺度的社会空间如何生成?它的形态、界域、内在结构以及功能特征如何?它对城市内缘区人口的日常生活实践产生了怎样的影响?哪些外部力量形塑了城市内缘区社会空间重构的外延,又有哪些内因主导着城市内缘区社会空间重构的进程?

这里,我们还要阐明将研究问题聚焦为以上论题的两点缘由。

其一,回应理论。改革开放以来,我国城市开发与建设步履迅速,这不仅大范围改变了城市的地理空间形态,更使得城市空间所承载的社会关系快速变革,由此集中涌现出各种城市空间资源生产、分配和占有的矛盾。人们迫切需要对"城市大开发"予以合理解释并寻求解决城市空间矛盾的良方,为此西方关于城市空间的大量论述被引入。尽管基于国情差异,西方发达国家的城市发展路径不可照搬,但在全球化影响下形成的中国城市空间转型过程仍不免留有一些与西方城市增长类似甚至是相同的印记,因此西方城市发展理论仍具有重要的研究参照价值。笔者会借鉴其中一些观点来构成分析问题的理论概念与框架,而相应地,从调研地收集到的实证资料则形成对这些观点适用性的某种回应。以实证分析结果回应的观点主要来自于新城市社会学,包括社会—空间辩证法,全球化经济影响下的都市生态,政府在城市发展中的重要角色,城市邻里、社区亚文化对社会空间建构的影响,等等。这些观点将为笔者分析城市内缘区中微观社会空间重构经验提供假设依据。

其二,回答现实。在我国,城市内缘区目前主要以经济开发区、高科技产业园区、工业园区、大学城、城市住宅新区等多种形式存在。无论是其中哪种形式的城市内缘区,都面临一些共性的社会现象和问题,如土地利用方式变更引发的对社会公平的争议、居住模式转变带来的个体生活方式的变化与选择、新的产业布局下人口迁移与混居引起的空间争夺、通信手段与交通工具的升级更替对个体交往方式的影响等。总而言之,这都是与个体生活质量和城市发展质量密切相关的现实议题,回答这些议题对确立立意同样重要。人们想知道:究竟哪些可见而具体的力量影响和塑造着城市边缘区所提供的生活空间?在这些影响力中,可以干预的部分有哪些,而不可预知的部分又在哪里?人们是否可以依据对"空间影响行为"的理性认知来合理地组织空间,从而达到提高个人生活质量与提升城市发展质量的目的?

二、核心概念

本章关注的是城市内缘区社会空间重构现象,"社会空间"以及"社会空间重构"是其中两个核心概念,需要明确。

1. 社会空间

"空间"一词人们耳熟能详,生活中经常被人们使用,表达了我们所感知的活动范围。现代科学兴起之后,空间的说明似乎有了更为客观的描述方式(童强,2011),人们从不同的角度认识空间,物理学、地理学、建筑学、社会学等各个学科都有着各自对空间本质不同的认知偏好。"空间"作为一个概念,在西方文明中经历了从绝对空间到功能空间再到社会空间的认识演变(李志刚、顾朝林,2011)。不再局限于对空间做抽象的理解,而是将人类社会的实践与空间的关系考虑进来,重新认识空间的实践性、能动性与可塑性,这要归功于学界对现代城市空间性质的研究。进入现代社会以来,人类日益膨胀的社会需要早已超出自然供给的藩篱,城市空间不断被扩张和改造以满足这种人类需要的增长。法国学者列斐伏尔在其著作《空间的生产》(*The Production of Space*,1991)一书中首先指出了这一点,并明确地提出了"社会空间"的概念。

列斐伏尔从空间的纬度延伸了马克思对资本主义的批判,指出资本主义社会空间正如一个"抽象的……否定了源于自然和历史,源于性别、身体、年龄和种族的差异的……甚至由警察管控的均质化、片断化、区隔化的空间",它只为满足资本逐利的本性并忽视人性的需要,因此它是充满内在矛盾的空间。而"差异空间",也就是"革命理想的社会主义空间",则是一个"个体不断与同质性空间霸权斗争,获取独特性和差异性的日常生活空间",人们使用它来展开生活实践与关系实践。列斐伏尔认为,资本投资者或企业家以及国家考虑空间的方式是按照其抽象的纬度,而个体使用的环境空间是作为一个生活的场所;由政府或企业提出的做抽象用途的空间,可能与现存的社会空间冲突,也就是与居民当前使用空间的方式冲突。由此也可假设:"社会空间"不仅存在而且是一个与个体生活实践紧密相连的差异化空间,那么,利用权力支配空间的一方如果只为个体提供抽象、均质的空间,而不考虑其生活使用空间的差异性,就会导致一个社会内部在空间占有、使用上的矛盾,并且这个矛盾是根本性的,决定了空间中社会关系的稳定和空间中某种生产方式的存亡。因此,"社会空间"的概念具有非常清楚的实践性意涵,它是由空间的实际使用者(列斐伏尔表述为"占有者"而非"支配者")通过日常生活中的行动与互动实践来建构的表达个体所需的能动性空间。

虽然列斐伏尔识别"社会空间"的初期意旨是揭露资本剥削个人生活空间达到利润最大化的本性,但"社会空间"概念一经提出就引起了一场关于城市问题在空间认识上的革命。与他同时代的学者和其后的跟随者都从这种分析思路中获得启发从而继续深化城市空间的意涵。地理学家大卫·哈维在其著作《社会公正与城市》(Social Justice and the City)中提出了"绝对空间""相对空间"与"关系空间"的分类,认为:"绝对空间"观是将空间看作"物自体(thing in itself)",它可以独立于物质而外在;"相对空间"则可用来理解空间与物体之间的关系,空间若存在只是因为物体存在且彼此相互联系;而"关系空间"观则认为空间就在物体之中,且呈现出与他物发生的关联时,空间才可以被界定。我们看到,实际上哈维所指的"关系空间"再次强调了列斐伏尔所指"社会空间"的实践性(人类的社会实践与空间相关联,空间才有了具体的意义、内涵和表现形式)。哈维还认为,很多城市的问题都要用这种关系空间观来予以理解。

除了指出"社会空间"的存在、生成机理及其重要性,列斐伏尔还透过"社会空间"对传统的空间认知进行批判。传统空间观认为"空间"预先存在,要么表现为一种纯粹物理空间的形式,要么表现为抽象观念的形式,且二者相互对立。但列斐伏尔认为"空间"并非这么单纯,空间既有物质形式的存在,也有心理表征,空间还包含了复杂的社会关系。列斐伏尔指出,现代城市就是城市物质空间、心理(精神)空间与社会空间的"三元辩证统一体"。列斐伏尔的追随者爱德华·索加也曾指出有三重空间:物质空间(material space)是第一空间,表征的空间(space of representation)是第二空间,而现实的空间(lived space)是第三空间。[1]就"空间作为日常生活的场所"以及空间的实践性、能动性和可塑性而言,索加的"第三空间"与列斐伏尔的"社会空间"有着共通的意蕴。当然,索加是将三层空间彼此分开来讨论,而列斐伏尔认为空间的物质、心理和社会三维辩证统一。这里我们还能发现,索加的"表征空间"与列斐伏尔的"心理空间"又都强调了空间对人而言"意义"的重要性。很显然,作为主客观统一体的人往往需要赋予其行动与互动各种意义,社会空间作为这样的个体的日常生活场所就不可避免地"充满了意义"。

总而言之,空间与社会关系密切,分析现当代城市社会的问题不能忽略空

---

〔1〕 爱德华·索加.第三空间[M].陆扬,等.译.上海:上海教育出版社,2005.

间安排对个体生活实践的影响。与此同时,正是由于空间与人类的社会实践密不可分,为了满足人类的需要,空间才又不断被各种影响力所重塑。空间的创造和改观不仅来自于宏观层面的影响力,更由微观层面个体生活实践所推动。空间中包含了个人日常的行动与他人的持续互动,空间因此具有了使用价值和生活意义,我们把这样一个具有实践性、能动性和可塑性,由社会个体在社会实践中所塑造的日常生活空间称为"社会空间"。

2. 社会空间重构

空间与社会的关系如此密切,正如列斐伏尔所指出的,"任何一种生产方式的变革都伴随有空间的变化","如果未曾生产一个合适的空间,那么'改变生活方式''改变社会'都是空话"。因此,社会的变迁必然涉及空间的变化,空间生产亦引起社会变革。当研究者描述城市空间变化特征时,社会空间重组(restructuring of socio-spatial)、社会空间分异(socio-spatial differentiation)和社会空间重构(socio-spatial reconstruction)的概念则更具可操作性。这里还要指出,在以往城市社会空间演变的相关研究中,多数学者并没有十分严格区分空间"重组"与"重构"这两个概念。常常将这两个概念视为可相互替换的术语而与空间"分异"的概念对照使用。笔者认为,空间重组与空间重构的意涵有必要区分。

"社会空间"是指由个体"占有"和"使用"用以展开日常生活的具体场所,是个体完成与自身生活有关的经济、政治、文化活动的行动范围,是个体与他人持续交往产生社会联系的互动领域;同时也是个体基于以上日常生活实践所形成的"心像地图"。[1] 从这个概念界定出发,我们可以提出以下问题:

第一,空间重构的主体"人"如何,即空间居住者的人群结构和特征发生了什么变化?

第二,空间重构主体新的日常生活实践活动如何组织,包括哪些内容,形成了怎样的生活方式?

---

[1] "心像地图"又译作"感知地图",是由美国城市规划学者林奇(Lynch)所提出的。美国城市规划教授林奇在1960年出版的《城市意象》一书中,详细介绍了美国三个城市——波士顿、洛杉矶和泽西市市民的"认知地图",其理论和方法很快在美国及世界其他地区被推广应用。他在城市意象理论中提出构成"认知地图"的5要素(标志物、节点、区域、边界、道路)。"认知地图"是指在过去经验的基础上,产生于头脑中的,某些类似于一张现场地图的模型,是一种对局部环境的综合表象,既包括事件的简单顺序,也包括方向、距离甚至时间关系的信息。"认知地图"最早由美国心理学家T. C.托尔曼在其所著的《白鼠和人的认知地图》中提出。参见http://baike.baidu.com/view/1240415.htm? fr = aladdin。"感知地图非常清晰地展现了每个人在勾画城市化时迥然不同的方式,他们所绘地图的组织和内容反映了其生活方式和情感关注。"参见冯健.城市社会的空间视角[M].北京:中国建筑工业出版社,2010:25.

第三,空间重构主体人群之间新的社会联系涵盖哪些层面,结构如何,范围如何?

第四,空间重构主体对新的日常生活空间有着怎样的感观与体验?

本章将选取一个现实的"社会空间"分析对象,从这四个方面具体描述当前我国城市内缘区所发生的社会空间重构现象。

第二节 理论根据与实证研究

一、理论根据、分析思路和调查选点

1. 理论根据

城市社会空间组织和演变是城市地理学、城市规划学和城市社会学都关注的研究内容。在研究路数上,地理和规划学科利用理学优势删繁就简,归纳和提炼社会空间重组与分异的宏观影响因素,且偏好构建城市边缘区空间组织和演变的理论模型,这能够帮助我们从整体上把握城市社会空间变化的脉络,对空间变迁的未来方向做预测。而城市社会学对空间问题的解析虽然达不到模型化的程度,但透过微观视角借助细节推究社会空间演替内在机理有其独特的优势。当然,早期基于城市和乡村空间形态明确区分背景下的传统城市社会学,已不能够完全解释全球化、城市化以来的城乡关联日趋复杂的城市社会空间变迁现象,因此我们引入新城市社会学,从中寻求解释和分析问题的理论根据。

新城市社会学是一个较为宽泛的理论体系,经由对人文生态学派城市理论的批判、城市研究的"空间转向"和确立城市社会—空间辩证法几个主要阶段发展而来。其核心论点针对全球化资本扩张及国际劳动分工格局变动以来对工业化国家城市空间结构与社会组织形态变迁产生的新现象、新问题予以解析。诸多对新城市社会学有贡献的理论中,空间与社会双向互动,空间要素参与形塑城市居民日常生活方式和内容的观点得以充分讨论,从而也形成了一种新的解释范式——"社会空间"的观点,为当代城市研究注重空间要素的思路提供了论证证据。笔者主要从新近代表人物戈特迪纳等人的论述中简述与本章密切相关的内容,概括如下。

"社会空间"是新城市社会学分析城市现象的一个中心概念,通过对这个

"日常生活场所"的观察,我们可以得知城市空间形态和社会结构发展变化的细节。"社会空间"最基本的内涵是人们的"定居空间",即一个由社会因素影响而建成的居住环境,但在满足人们现实生活需要的过程中为个体的实践活动更新和改造,无形中新的社会结构形成。

在全球化、工业化及后工业时代,社会空间的形成与变化受多重力量的影响,各国的政治、经济决策直接影响地方社会福利的空间分布,从而影响当地人口生活质量的空间差异。地方政府实施的公共政策直接影响个人的消费行为偏好,也引导了城市空间扩张、转移或置换。居住人口的群体特征、个体差异和社会分层亦会影响社会空间的分配与建构。城市或郊区的文化符号(物质的和非物质的)更是不可忽略的从意义层面影响个人日常生活实践的重要因素。此外,个人在日常生活中的行为选择是社会因素和空间因素的结合,而并非仅仅源于个体性差异。

邻里、社区、个人交往网络都可以是个人展开日常生活实践的"社会空间",但三者的含义存在区别:邻里仍然是一个初级关系(亲密群体关系)占优势的人群聚集空间,反映了人们生活需要上的邻近(不一定是居住的邻近);社区是以明晰的组织机构为联络纽带形成的认同区域,同时满足了人们日常生活和政治参与的需要;而个人交往网络则在很多时候不以建成的居住环境为基础,它往往超越地域空间来满足人际互动的需要。

2. 分析思路

本章将所要观察和分析的"社会空间"限定在城市内缘区范围内,从中寻找具有代表性的"定居空间",根据所收集的实证材料,描述这个"定居空间"形成一个"社会空间"的过程和结果,分析影响(调研地)城市内缘区内社会空间建构的因素,借此检验新城市社会学提出的社会空间观点的相关假设。

需要指出的是,由于本篇研究试图在微观层次展现社会空间重构的细节,因此选取的研究对象(分析单位)则要围绕个体最基本的日常生活实践场域来确定。从微观的角度来看,邻里、社区和个人交往网络都是构成个人日常生活实践的一个基本的"社会空间",因此笔者所选取的"定居空间"主要放在社区尺度,邻里和个人交往网络也考虑在其中。

3. 调查选点

按照新城市社会学的理论观点,城市社会空间的生成与演变,是个体在日常生活实践过程中受经济、政治、文化多重力量塑造而成的结果。具体而言,这些影响力包括:全球化、国家的政治、经济决策以及政府的公共政策(统称为"制度"因素),居住者人群的阶层差异(年龄、职业、收入、受教育程度、消费偏好等),定居空间或建成环境中的文化符号和象征物。正是这些社会因素与空间因素的彼此持续互动,形塑了具有独特性和差异性的社会空间,笔者所选取的这个调研地点首先必须具备这些力量在此交汇影响的条件。而当前在我国,受政府主导、资本扩张、市场拉动以及个人迁居选择影响所形成的城市内缘区正符合这一条件。

此外,由于是在微观尺度对社会空间形成的过程进行考察,因此调研地点锁定在个体日常生活实践的基本场所——社区(也包括邻里和个人交往网络)。即以城市内缘区某个建制社区为社会空间的分析单位,考察各种影响力如何促成新的社会空间(社区、邻里或个人交往网络)的生成;或回答:一个已建成的微观"定居空间"在社会—空间辩证法规律的支配下,如何最终完成了社会空间重构的过程。

根据以上选点要求,笔者以苏州工业园区的一个失地农民聚居区作为微观社会空间的分析原型。缘由有两点。

首先,苏州工业园区是一个"受全球化、政府主导等多重力量影响"而形成的城市内缘区(其部分区域现已发展成苏州 CBD 中心)。凭借百年来苏南工业发展积累下来的深厚功底,位于长江三角洲腹地的苏州早在近代其城镇建制就已相当成熟。在此基础上,20 世纪 80 年代,在我国改革开放政治、经济决策的引领下,"苏南模式"使苏州乡镇工业蓬勃发展,从而带动苏州外城扩张,城市化步伐位居全国前列。20 世纪 90 年代,全球化经济席卷而来,苏州再度获得城市快速发展时机,以外商投资为主线的"新苏南模式"迅速铺开,政府参与其中,大手笔推出吸引外资发展本地工业的优惠政策,各类国家级、省级开发区、保税区、沿江工业区等相继开发建设,形成了苏州"东园西区""一体两翼"的城区外展的规模。昔日的苏州"园林小城"也由此发展成如今占地面积达 8488.42 平方千米,下辖张家港市、常熟市、太仓市、昆山市、吴江区、吴中区、相城区、姑苏区,以及苏州工业园区和苏州高新区(虎丘区)多个中心区的苏南"大城"。

其次,建设工业园区发展经济也使苏州城市区域向边缘地带迅速外扩,相应地,土地用途变更、人口置换等一系列空间重组和社会组织变迁在此地显现,这必然引起该区域内的社会空间重构,从而能够为笔者的研究提供丰富的素材。在该区域内,除了更新基础设施、住房、消费中心等建成环境,政府主导下,还普遍推行"三集中、三置换"的城市化公共政策,涵盖了从土地、房产、就业、社会保障全方位的城市制度变革。这吸引大量外来人口进入工业园区就业和居住,同时,本地原有农户告别农村生活被集中安置居住。这种混居的人口结构和仍在进行中的城乡互动的空间形态,为笔者观察该区域内的社会空间重构提供了很好的机会。尤其是苏州工业园区的失地农民聚居区,它不仅具备了城市建制社区的组织体系,而且还因当时进行的是"整体动迁、集中安置"模式,原有的乡村血缘、地缘关系在居住邻近的空间条件下得以优先保留。因此可以预见,现代物质空间和传统社会空间在此地的碰撞和对接更为直接,更易显现社会空间重构的细节。

笔者选取符合以上条件的苏州工业园区娄葑镇30个失地农民社区中的莲花一社区作为主要观察点。调研分多次进行,2008年12月—2009年1月完成第一次抽样调查资料收集,问卷发放200份,有效回收179份;2011年4月完成跟踪调查,对同类选题进行深度访谈,累积28人;2013年5月完成后续延伸调查,收集文献、访谈和观察资料。

四、结果呈现

(一) 调查地概况

调查地苏州市娄葑镇莲花一社区交通便利,北靠苏沪杭机场路,东临星塘街,南傍东延路,苏州独墅湖高教区近在咫尺。该社区筹建于2003年6月,2004年3月挂牌成立。社区辖莲花二区和四区两个居民小区,占地面积42.7万平方米,建筑面积36.4万平方米,其中公益配套用房1.2万平方米,绿化面积18.9万平方米,绿化率达44.2%,社区按照现代建筑模式建设4层动迁安置房162幢,515个单元,4120套住房。区内共有住户2333户、在册人口8506人,外来租住人员13000人。社区设立居委会1个,居民小组16个,设立党总支,下设4个分支部、10个党小组,共有党员224名。社区内部建有行政办公区、医疗卫生服务站、一站式服务中心、文化演艺厅、图书馆、幼儿园、健身房、便民超市2个、老年活动室2个、风俗宴会厅3个;室外设有小游园、篮球场、健身场等居民生活、娱乐服务设施,可以说是一个物质条件很完备的建制社区(图8-1)。

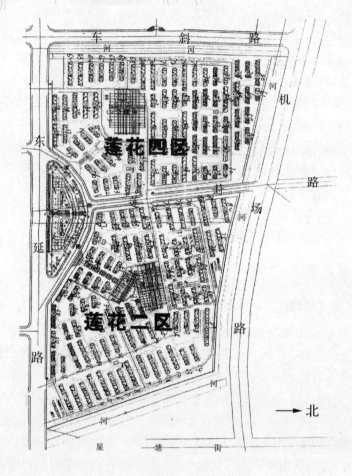

图 8-1 莲花第一社区平面图

（二）调研地被访对象的基本情况

2008 年 12 月—2009 年 1 月共发放调研问卷 200 份，问卷回收 198 份，有效问卷 179 份，有效问卷比率为 89.5%；对其中 8 人进行了深度访谈。表 8-1 显示了调查对象的基本情况。

表 8-1 调查对象基本情况(一)

测量指标	应答选项	频数	百分比(%)	有效样本单位	非参数 Chi-Square 检验值
性别	男性	77	43.0	179	$=3.798$ $p=0.51, df=1$
	女性	102	57.0		
文化程度	大学及以上	8	4.7	172	$=81.256$ $p=0.00, df=3$
	高中	24	14.0		
	初中	85	49.4		
	小学及以下	55	32.0		
就业状况	企业做工	27	19.3	140	$=78.000$ $p=0.00, df=4$
	事业工作	28	20.0		
	从商(自主)	17	12.1		
	服务业(受雇)	32	22.9		
	无职业	36	25.7		
入住本社区原因	征地原因居住	159	88.8	179	$=126.368$ $p=0.00, df=1$
	非征地原因居住	20	11.2		
失地前担任乡村中职务	是	39	24.2	161	$=101.783$ $p=0.00, df=1$
	否	122	75.8		
失地后担任社区中职务	是	9	5.0	179	$=143.224$ $p=0.00, df=1$
	否	170	95.0		

注:"就业状况"中的"事业工作"包括公务员、教师、社区居委会工作人员三类;"从商"类中包括个体店铺经营者;"服务业"包括各类受雇于服务行业的人员,其中清洁工包含在此类中;"无职业"中有少数是退休人员,其余处于待业状态;"入住本社区原因"中的"非征地原因居住"包括外来务工、外来经商、外地嫁入、外地入赘;"失地前担任乡村中职务"具体类别包括村党支部书记、村委主任、村会计、村调解员及其他职务;"失地后担任社区中职务"包括在社区居委会或其他行政组织中任职。

表 8-1 资料显示,样本中除了性别差异不能推及总体(莲花一社区内全部失地农民)外,其他各项所显示的差异情况均具有统计学意义,这一结果是合乎现实情理的。由于当地社区工作机构只能提供人口总数资料,我们无法获得调查对象年龄、性别、职业、文化程度等人口学特征总体分布,要对这一缺憾进行弥补,只能在统计检验中借助非参数检验方式拟合总体情形并确认样本资料的统计学意义,幸运的是除了性别特征,其他特征均具备了推及总体的资格。而性别比中,女性比例超出男性比例也是可以解释的——在我们寻找被访者的过程中,一个意外的事件造成了这一结果:每周参加社区花篮队舞蹈训练的姐妹们听说部分队友被我们选择为被访对象,并且听说调研内容有关她们生活的城

市,便纷纷主动找到我们参加访谈。调查组成员自然是不能将她们推回去的,也只有拿出备份问卷组织大家继续调查。最后也就形成了表8-1所示的样本基本情况。当然,为了保证调研数据的可信度,在利用这些人口学特征去分析失地农民的社区特征时,由于性别变量在这份资料中不具备统计学意义,因此不进入本研究中的相关分析。

此外,被调查社区中流动人口是占到相当比例的,据该社区居委会统计,外来租住人员是13000人(截至2009年年初),在此次调查中,我们只成功地访谈了20位外来租住人员。很多外来租户觉得调研主题是与失地农民有关,就放弃了接受访谈,还有的对象在"我不完全算这里的人"的说法中犹犹豫豫地退还了问卷。研究者弥补的办法只能是"抓住"任何一个愿意接受访谈的外来租户,以半结构访谈的方式完成对流动人口的资料收集,或从对失地农民的访谈中"抠出"流动人口的社区生活资料。

(三)调研地社会空间重构描述

1. 失地农民基于聚居区地域空间安排下的生活空间重构

在新城市社会学者看来,空间影响行为。人类的定居空间首先是一个地域空间,虽然经过其中人类的日常生活实践,它已经是一个含有组织规则、社会关系与共同情感的社会空间,但地域空间内部的地理区位(建筑结构、交通布局、生活设施网点分布等)仍然对个体的日常生活安排有直接影响。对于这一点,通过观察被访对象日常生活安排和社会交往的行为轨迹,笔者在苏州工业园区娄葑镇的调研点找到了实证根据。

笔者所调查的这个失地农民聚居区(莲花一社区),实际上是苏州市工业园区娄葑镇30个动迁安置社区中的一个。[1] 由于由政府统一进行失地安置,娄葑镇各失地农民安置社区的功能区划及住房结构都很相似或相同(笔者和调研小组成员在初次进入调查地时甚至常常认错调研地)。可以判断,相同的空间布局会引导过去散居在农村、在差异空间形态下生活的失地农民,在新居地(统一的失地农民安置区)完成类似的日常的生活安排。为印证这一点,笔者同时走访和观察了娄葑镇斜塘片的莲花二社区、三社区、四社区、五社区,莲香社区和荷韵社区,观察发现,正是由于入住了相似空间布局的社区,居民的日常生活安排有着诸多的共同点。

---

〔1〕 苏州工业园区娄葑镇面积70多平方千米,包括镇区、娄东、斜塘、车坊4个分区,有办事处3个、行政村9个、社区(居委会)30个。

① 每一个建制社区的门口都有流动的商铺出售食品、报刊和一些小商品，这些商铺沿着马路两边排开，生意忙碌（据观察，出售食品的以外地人居多）。

② 在居民小区的出口和公交站台处长期蹲守着很多待载客的电动三轮车，车主招呼着来来往往的行人，从事这一生意的既有本地人，也有外地人，年龄一般在40至60岁，男女都有。

③ 在每个社区内都有小公园供居民休憩，据观察，园中老人、小孩和带孩子的年轻女性居多。老人们会聚集在阳光较好的空地聊天，小孩玩耍的地理范围较广，几乎遍布整个小公园。大人在稍远处看护小孩，大人之间会相互打招呼（尤其是女性表现得更有共同语言）、聊天。

④ 社区中均建有超市、医院、幼儿园、图书室、宴会厅和社区行政中心。超市始终是其中最为繁忙的场所；图书室一般演变为棋牌室，里头几乎都是中老年者在娱乐；幼儿园在早送晚接的时间段人头攒动；宴会厅则会在特殊的日子（婚丧嫁娶、祝寿、考学庆祝、节日联欢等）热闹起来；而社区行政中心来往进出的本地人居多，外地人较少。

这里，我们还通过三组问卷数据描述居住空间的变化对居民交往行为的共同影响。

问一："在没有特定交往目的的情形下，您在居住区相熟的是哪三类人？"问卷中设置了"隔壁邻居""住同一楼道的居民""住同一幢楼的居民""住在对面楼的居民""住同一个小区的居民"和"其他人"6种选择，统计处理仍然是每种选择设立单独变量计入统计，结果显示："隔壁邻居"和"住同一楼道的居民"熟悉程度最高，回答比例分别是83.7%（153）、79.1%（153）；"住同一幢楼的居民""住在对面楼的居民""住同一个小区的居民""其他人"见面熟悉程度依次降低，回答比例分别是75.2%（153）、17.0%（153）、14.4%（153）、3.3%（153），并且差异检验结果显著（注意，这里虽然每项回答依据的有效回答数都是153，但不是说每个百分比来自于一个变量多个取值的分类的统计结果，而是每种情形单独作为一个变量测量的结果，因此各类百分比不具备可加性）。如果就失地农民邻里交往中相熟的对象排序，隔壁邻居、同一楼道居民、同一幢楼居民分别列一、二、三位。

问二："您对社区中最常见的三类人的了解程度是什么？"回答结果与上一题回答结果相互照应，居民对隔壁邻居、同一楼道居民、同一幢楼的居民的姓名、职业了解程度都较高，如119个有效回答中，59.7%的人对隔壁邻居姓名完全了解，44.5%的人对隔壁邻居的职业完全了解。

社区公共场所空间大小对居民的邻里交往产生影响。在距离相对靠近的隔壁和空间相对封闭的楼道内居民见面机会很大,"邻居天天见"是我们在调查中问及失地农民与邻居见面频率时听到次数最多的一句话。而在空间跨度相对较大的楼与楼之间、整个社区间,居民相熟概率较低。

问三:"您与私人交往密切者聊天的场所一般在哪里?"159个有效回答中,50.9%的选择在家里,49.1%的选择在住家之外的场所,样本差异检验结果不显著。从逻辑推理上看,私人交往密切者的会面有一定的私密性,在家之外的公共场所聊天的可能性不大,因此样本结果不代表总体这一结果可以得到解释。问卷中该项提问是一个多选题,统计处理时每个选项单独输入为一个二项取值的变量(回答是、否)来分别统计。被访者可选择的其他聊天场所包括"楼道间""小区公共空地""小区入口处"和"其他场所"。统计结果表明,与交往密切者聊天一般不选择的场所其分布为"小区公共空地"(52.6%)、"楼道间"(60.0%)、"小区入口处"(89.7%)和"其他场所"(89.7%)。相应的显著性检验结果是:在小区公共空地聊天与否的差异不显著,其余均显著,即近半数人在"小区公共空地"与私人交往密切者聊天的样本结果是不能推及总体的;而"楼道间""小区入口处"和"其他场所"一般不是失地农民私人密切交往所选场所。

上述这三组调查结果说明,当失地农民住进安置小区的商品房后,单门独户的居住空间设置为居民营造了更多私密性空间,人们受空间区隔的影响而不得不放弃过去在农村散居模式下的"串门""大院聊天"的亲密交往,不自觉地将私人交往放到了家里。失地农民的社会交往开始注入公共性、表层化的内容。

2. 失地农民日常生活实践对聚居地地域空间的重构

社会—空间辩证法认为,社会与空间互为影响,个体也往往依据日常生活实践需要来改造空间,我们在被访的失地农民社区很容易就能找到此类证据。

(1) 社区公共空间的私人化使用。

在笔者调查的当时,很多失地农民还没有完全适应这种都市化的居住模式,于是社区内的一些公共空间,如草坪、花坛、楼梯间、楼下空地等就被失地农民们"重新使用",用以延续过去农村散居模式下的生活习惯,例如晾晒私人衣物、种植农作物、饲养家禽、搭建凉棚等,形成了失地农民聚居区特有的地域空间形态。

(2) 私人居住空间的商业化使用。

在被访地,动迁安置时绝大多数失地农民家庭都获得了两套或两套以上的住房补偿,这为容纳大量的外来人口提供了足够的空间。当地失地安置居民将富余的房屋出租给外来务工人员居住从而获取租金,使这些私人住宅有了商业价值。在调研地,由于房屋租赁活动频繁,社区还出现了大量的房屋中介。这些中介商户为了方便做生意,都将中介所开办在临街楼宇底层,无形中也对失地安置区的地域空间安排进行了某种重构。

3. 失地农民聚居区个人交往网络重构。

从社会与空间相互影响的观点来看,空间就是一个"弥漫着社会关系"的场所,因此社会空间的重构也表现为社会交往网络的重构。在传统的乡村社会中,个人的交往网络和个体日常生活的地域空间往往重合,但在现代城市社会中,正如新城市社会学曾指出的,个人交往网络在很多时候不再以建成的居住环境为基础,它开始超越地域空间来满足人际互动的需要。

(1) 失地农民的个人交往网络。

受城市化影响,搬进城市居住区的失地农民是否出现了超越居住空间的个人交往网络? 为此,笔者在问卷中设置了以下 7 个问题,以此测量被访失地农民在社区内外的交往情况。

① "除了您的家人,在您的生活中谁与您交往最为密切?"

② "请就以上交往对象与您的密切程度排序。"

③ "与您交往密切的人是否与您居住在同一个社区?"

④ "您与以下一些人(邻居、朋友、亲戚、同乡、同事、其他人)交往的具体情况是什么?"

⑤ "请就以上交往对象与您的信任程度排序。"

⑥ "在您所居住的社区之外,您是否还有认识的熟人?"

⑦ "您与社区外熟人交往是因为什么?"

问题①—⑦是一个层层递进的关系,通过渐进性提问,逐步把针对失地农民在社区内外交往的内容、范围、对象的调查引向深入。调查结果显示,143 个有效答案中,除了家人,与被访者交往最密切的人是亲戚(37.1%),其次是邻居(32.9%),同事占到 16.1%,朋友占到 7.7%,同乡占到 6.3%,样本差异显著。"同事交往圈"的出现并且所占比例靠前,说明调查地失地农民在乡村中占主要地位的血缘、地缘关系已分化出一部分转化为业缘关系。

笔者注意到,亲戚在失地农民的密切交往对象中占到最大比例,因此有必要进一步分析这个与被访者有血缘关系的群体是否与被访者同住一个社区(集中安置过程中很多是原村整体搬迁到新社区,与众多亲戚同住一村在中国比较普遍)。在统计被访者回答"与您交往密切的人是否与您居住在同一个社区"这一提问时,166个有效回答中,回答"部分是"的占57.2%,回答"全部是"的占31.9%,回答"不住一个社区"的只占到10.8%,样本差异显著,可见集中安置将部分血缘、(乡村)地缘关系保留到了失地农民新住的城市社区,这在一定程度上促成失了地农民与亲戚、邻居交往仍然密切的结果。可以推测,如果没有"集中安置"这个制度性介入因素,失地农民在城市中分散地自寻居所,那么"同事圈""同乡圈"和"朋友圈"在失地农民的社会联系中可能会有所显现。

但是,笔者也要提醒:对于刚进入城市不久的失地农民来说,居住社区之外的圈子并不容易建立。学界的相关实证研究表明,个人所拥有的社会资源,个人的经济、社会地位、兴趣,在很大程度上影响着其社区意识的形成,尤其是商品房住区,高学历、高收入和高社会地位者更容易在所居住社区之外建立自己的交往圈和找到归属感支持。失地农民中大部分过去从事农业并在农村生活,在城乡二元分割体制下,失地农民个人所拥有的社会资源相对于城市居民较弱,短期内失地农民在城市还不易找到新的交往圈,在这个意义上,政府的集中安置也带来一个好处——能够为失地农民准备一个"缓冲带",让失地农民在陌生的新居地仍然与较为熟悉的交往对象重构社会联系,这种社会联系对形成失地农民社区内在的稳定秩序发挥重要作用。

总的来看,调查地失地农民由于是被动、一次性、完全失地而进入城市并且由政府集中安置,因此他们在乡村中原有的社会联系和赖以存在的地域空间以非自然方式瓦解;短期内失地农民尚未在城市获得乡村联系以外的社会支持,从而在新居地域空间内首先以熟识的邻居和亲戚作为主要交往对象以重构社会联系。由于政府集中安置,因此,除了流动人口租房户,邻居中的大部分来自与失地农民相邻的村落,为失地农民基于地域空间形成较为密切地邻里交往提供了有利条件。占到一定比例的失地农民的"同事圈"的出现,要从两个方面去理解:一部分人的同事圈确实就在社区之内;而另一部分人的同事圈已跨越到社区之外。亲戚与失地农民交往密切除了之前所述原因外,还有"血缘"这个不可抹灭的根本性原因。因此对调查地的失地农民来说,在城市社区地域空间内重构起来的社会联系中,以亲戚为对象交往的占到较大比例。

关于"和同乡交往也构成调查地失地农民地域空间内社会联系"的假设没得到验证,这主要是笔者在设计时所考虑的"同乡"和"朋友"概念与调查地访谈对象的理解有出入。笔者将"同乡"视作失地农民临近村落的人,而被访者所理解的"同乡"是一个人远离家乡之后在外地遇到的出生于同一个省、市范围内的人,这就影响了选择结果。关于"和朋友交往构成调查地失地农民地域空间内社会联系"的假设也没有得到验证,笔者追问原因才发现,失地农民将"密切"理解为"交往频繁,互通有无",交往密切并不代表十分信任,而且当地失地农民认为"朋友"似乎是一个超脱于地域的交往对象,应该是社区之外认识的熟人。对此笔者认为,这表明了乡村社会联系在失地农民记忆中深刻的现实。笔者反复跟被访者强调,"朋友就是那个与您没有亲缘关系、和您有很多共同语言、有事能帮忙、有一定信任的人",被访者的回答多半是:"我们以前在村里朋友很多,一起盖房子、种地、打牌、聊天、串门,好多本身也是亲戚、邻居,也都信任,现在城市里哪有什么朋友?除了和邻居还熟点,老见面,亲戚么来往来往,走走、看看,你说的阿是我们这里之外交往的人呢?"下面这段访谈记录提供了相应的证据。

被访者:ZYL,男

访谈内容:

要说交往么,密切的还是邻居,邻居天天见嗒!楼上楼下我都熟的,隔壁邻居都知道的,名字呀、干什么工作的都清楚的。朋友么不多,有是有的,有机会电话约着一起出去玩玩。亲戚好多也在这里住,来往还可以,也不是非常频繁,现在房子小,亲戚都来了坐不下,还要换鞋,大家都怕麻烦。同乡哪里有?又不出去打工,认个同乡熟悉点,好照应,我们么这里过过好咧,基本上是没有什么同乡。

从这段访谈录中,笔者还发现,在失地农民聚居区,"邻里"作为社会交往空间的一种存在。在城市社会学中,"邻里"是一个初级关系(亲密群体关系)占优势的人群聚集空间,反映了人们生活需要上的邻近。和城市内城区不同,在城市边缘地带,失地农民聚居区中之所以仍存在着大量的"邻里"现象,与失地农民相对于城市居民具有较弱的社会资本而需相互照应生活有一定的关系,同时某种意义上也是传统乡村邻里观念尚未消失的缘故。

(2)失地农民的个人交往网络的具体功能。

笔者将个人交往网络对失地农民日常生活所发挥的功能分为"生活互助""情感交流""信息沟通"三个大类,以套表的形式安排在"您与以下一些人(邻居、朋友、亲戚、同乡、同事、其他人)交往的具体情况是什么"问题之下。同样,因为存在多选的情况,将纵横栏交集转化为3×6共18项包含"是""否"答案的二项变量后输入计算机,统计结果见表8-2。

表 8-2　调查对象的交往内容

交往对象	交　往　内　容（网络功能）		
	生活互助(%)	情感交流(%)	信息沟通(%)
邻居	68.5(162)	40.1(162)	37.0(162)
朋友	28.9(152)	51.0(145)	43.5(154)
亲戚	54.7(161)	53.4(161)	34.8(161)
同乡	28.3(61)	34.0(58)	39.6(52)
同事	22.9(144)	38.9(144)	54.9(144)
其他人士	5.1(98)	7.1(98)	6.1(98)

注：百分比后括号内的数字不是回答对应的记录数，而是作为分母的有效回答（样本）总数，该总数有雷同情况实属调研巧合，各栏百分比数据都不具备可加性。

注意表 8-2 中笔者以灰色背景标识的三项数据，对比同一行的百分比数我们可以看出，调查地失地农民样本中的社会交往对象中，邻居主要提供生活互助支持，朋友主要提供情感交流支持，而同事主要提供信息沟通支持。样本差异显著性检验表明，邻居、朋友、同事三个类别差异显著。这一结果说明，失地农民与社区地域空间内邻居的社会联系主要是一种生活互助形式；而与亲戚的交往既有社区内的也有跨地域性质的，它提供的主要是情感支持；同事跨地域性质更明显，它是失地农民在社区之外主要的交往对象，构成了失地农民的信息沟通类的社会联系形式。

之前我们在分析失地农民对"密切"一词的理解时指出，调查地失地农民认为"密切"就是见面和互动频繁，交往密切并不等于彼此信任程度高。以下访谈记录说明了这一点。

被访者：CXF，男

访谈内容：

我跟邻居熟是熟的，但你要讲最信任，那当然是亲戚！非亲非故的怎么好随便信任？邻居天天见，有什么事呢相互转告一下，上次楼上水管有问题，还是邻居告诉我们注意看屋内有没有漏水的呢，跟邻居的信任也还可以，但自家私事一般不会随便和别人讲的，亲戚间可以说说的。反正和邻居就是相互照应这种关系。有的家里隔壁邻居还租给外地人呢，更加不会打什么交道啦。

我们也在问卷中设置了失地农民与交往对象来往的密切程度和彼此信任程度的排序题，统计调查的结果（表 8-3）和访谈记录的结果一致。

表8-3 调查对象与他人交往密切程度

密切程度排序（由高到低）	交往对象					
	邻居(%)	朋友(%)	亲戚(%)	同事(%)	同乡(%)	其他人士(%)
1	40.0 (140)	11.5 (130)	34.0 (141)	19.5 (123)	10.7 (103)	6.3 (63)
2	20.0 (140)	30.0 (130)	36.2 (141)	18.7 (123)	3.9 (103)	6.3 (63)
3	23.6 (140)	28.5 (130)	19.9 (141)	10.6 (123)	19.4 (103)	1.6 (63)
4	11.4 (140)	20.8 (130)	8.5 (141)	35.8 (123)	14.6 (103)	—
5	5.0 (140)	8.5	1.4 (141)	14.6 (123)	50.5 (103)	1.6 (63)
6	—	0.8 (130)	—	0.8 (123)	1.0 (103)	84.1 (63)

注：百分比后的括号内数字不是回答对应的记录数，而是作为分母的有效回答（样本）总数，横栏各总数有雷同情况实属调研巧合，横栏百分比数据不具备可加性。表中"—"代表数据缺省。

表8-4 调查对象与他人交往信任程度

信任程度排序（由高到低）	交往对象					
	邻居(%)	朋友(%)	亲戚(%)	同事(%)	同乡(%)	其他人士(%)
1	24.3 (115)	14.4 (105)	44.0 (116)	18.5 (108)	8.7 (92)	3.1 (32)
2	27.8 (115)	46.2 (105)	21.6 (116)	21.3 (108)	1.1 (92)	3.1 (32)
3	35.7 (115)	27.9 (105)	17.2 (116)	22.2 (108)	19.6 (92)	6.3 (32)
4	7.8 (115)	8.7 (105)	14.7 (116)	25.9 (108)	18.5 (92)	9.4 (32)
5	4.3 (115)	2.9 (105)	2.6 (116)	11.1 (108)	52.2 (92)	12.5 (32)
6	—	—	—	0.9 (108)	—	65.6 (32)

注:百分比后的括号内数字不是回答对应的记录数,而是作为分母的有效回答(样本)总数,横栏各总数有雷同情况实属调研巧合,横栏百分比数据不具备可加性。表中"—"代表数据缺省。

表 8-3 表明调查对象与他人交往密切程度排序(由高到低)结果是:邻居、亲戚、朋友、同事、同乡、其他人士;表 8-4 表明调查对象与他人交往信任程度排序(由高到低)结果是:亲戚、朋友、邻居、同事、同乡、其他人士。显著性检验,除信任程度中其他人士选项未通过检验外,其余选项样本差异均可推及总体。

笔者还设置了 2 个问题,以期从调查中获得证据说明失地农民在迁居城市社区之后,其社会网络在社区地域空间之外开始形成。统计结果清楚表明,143 个有效回答中,失地农民在社区外有交往的熟人比例占到了 72.7%,差异显著;在社区之外与熟人交往的原因中,与职业有关的占到 34.1%、与私人生活有关的占 24.6%、与兴趣有关的占 19.0%、与公共事务有关的占 10.3%、其他原因占 11.9%,样本差异可推及总体。可见,业缘关系、趣缘关系和私人关系逐渐形成,它预示着失地农民在地域空间之外开始构建新的社会交往网络。

综合以上描述与分析,调查地失地农民在集中居住区地域空间之外已开始建构个人社会交往网络,不过,失地农民定居空间范围内部的社会联系仍是其个人交往网络主体。由于失地农民进入城市时经历的并非自然变迁的过程,个人之前所拥有的社会资源帮助他们于短期内构建乡村以外社会联系的功能显弱,从而使失地农民在新居地的地域空间内主要以熟识的邻居和亲戚为交往对象重构社会联系。当然,重构社会联系并非意味着关系双方能彼此建立高信任度关系,在社区地域空间内邻里交往起到了生活互助的功能,表现了一种互动的高频度而非亲密的社会联系。而在调查地,受传统"家文化"影响,失地农民的血缘关系仍然体现亲密性,这种血缘关系我们应当理解为是一个私人的交往网络。由于政府集中安置政策的制度性介入,失地农民原有村落地缘、血缘关系在新居有所保留,因此调查地失地农民当前的社会联系(社区)仍然表现出较强的地域特征。

失地农民跨越地域空间的社会网络承载了他们大部分情感支持类和信息沟通类的社会联系;失地农民的定居空间则容纳了他们的大部分生活互助类的社会联系。其中"同事圈""朋友圈"是形成的跨地域趋势最为明显的社会联系形式,但与"邻里圈"和"亲友圈"相比力量还显微弱。可以预测,随着失地农民城市生活的逐步展开,随着失地农民跨地域的职业选择和兴趣交往活动的频繁开展,"同事圈""朋友圈"将成为跨越失地农民定居空间的社会网络。

4. 失地农民聚居区的心理空间重构

列斐伏尔认为,社会空间并非孤立存在,它始终与物质空间、心理空间统一为完整的体系来构成人类社会。在个人的生活实践中,心理空间是社会空间在精神层面的写照。因此,借助对被访失地农民的心理空间重构过程的了解来反观其社会空间重构的过程。笔者选用"社区认知"和"社区认同"两项指标来测量被访失地农民基于居住地形成的心理空间特征。

（1）失地农民的社区认知。

有学者将"社区认知"等同于"社区认同"去理解,笔者认为,虽然二者都包含了社会成员认识社区空间的过程,但在具体的社区研究中,二者侧重点有所不同。社会认知是个人对他人的心理状态、行为动机和意向做出推测和判断的过程,它不同于传统心理学中的"知觉"概念,它强调对他人进行认识的过程。社会认知概念演绎至社区认知,笔者认为,可以界定为是个人对社区做出推测和判断的过程,用通俗的话讲就是:"你如何认识社区?"社区认同则是居民对社区形成的共同意识,它强调的是社区成员的身份感、居民社区空间形成的归属感。据此,笔者对社区认知和社区认同分别设计了不同的测量指标。

回答"你如何认识社区"是农民在新居地形成社区心理的第一步。表8-5说明了调查地失地农民具体的社区认知。

表8-5 调查对象的社区认知

社区认知的内容	百分比	显著性检验
社区就是我和家人居住的小区	54.5%	
社区就是我们大家,生活在小区之外的不属于我们这里	6.3%	
社区就是我生活的一个区域,在这里我们参加各种活动,认识更多人且相互来往	13.3%	
社区就是居委会管辖的那个区域,计划生育、科普、体检、防疫等都在这里进行	9.8%	$\chi^2 = 150.329$ $p = 0.000$ $df = 5$
社区就是一些设施或机构,包括社区服务中心、学校、医院、福利院、治安亭等	9.1%	
社区就是一些组织、居委会、业主委员会、兴趣小组、义务服务队等	7.0%	
有效样本数	143	

从这里（灰色背景标识的两项数据）我们可以看出,以地域空间认识社区和以社会网络认识社区的失地农民占到多数,认为社区就是居住的地方的比例是54.5%,认为社区就是人们彼此交往的地方的比例是13.3%,二者合起来的比

例是67.8%,不同社区认知的差异显著。研究需要对这种认知差异予以解释,寻找影响社区认知的影响因素。

依据文献回顾结果和笔者理论上的推测,个体差异会是失地农民社区认知的影响因素。但笔者将失地农民的年龄、家庭年平均收入、受教育程度、职业以及是否在社区居委会任职这些变量与社区认知变量做统计相关分析后,发现样本统计结果均未能通过相关系数检验,因此个体差异影响失地农民社区认知的假设不能得到验证。那么被访失地农民的社区认知所存在的显著性差别是什么原因引起的呢?笔者认为一个可能的解释是,失地农民对城市社区的认知与其对乡村生活的感受和乡村记忆有着某种内在联系。在分析调查地失地农民对城市生活的评价时笔者就发现,失地前后生活境遇之比较是失地农民认知和评价城市生活的重要基础,并进而形成失地农民城市融合的心理基础。因此乡村生活的感受和记忆应当是失地农民在新居地认知城市社区的起点,它与失地农民在城市现实的生活体验形成参照,从而对其城市社区认知的方式与内容产生影响。在笔者看来,社区认知是一个"以己度人"的过程,即主体对客体基于自己经验进行推测和判断的过程,失地农民正是在对城市社区生活体验和乡村社区生活感受二者不断的比较当中,确认了自己对"社区"含义的理解。循着这一"猜测",笔者选择另一个变量"您目前是否怀念在农村居住过的日子"与失地农民的社区认知做相关分析,看看"猜测"是否能得以证实(表8-6)。

表8-6 调查对象农村怀念意愿与社区认知相关分析

社区认知	是否怀念农村					合计
	很怀念	比较怀念	无所谓	不很怀念	一点也不怀念	
居住的小区	51.3%	34.2%	0%	14.5%	0%	76
我们大家	55.6%	22.2%	22.2%	0%	0%	9
社区活动	50.0%	16.7%	22.2%	5.6%	0%	18
社区居委会事务	35.7%	35.7%	7.1%	21.4%	1%	14
社区服务设施	53.8%	30.8%	0%	15.4%	0%	13
社区组织	90.0%	0%	10.0%	0%	0%	10
相关系数值	$\lambda = 0.38$					
相关显著性检验	$\chi^2 = 37.986, p = 0.09, df = 20$ Likelihood Ratio $\chi^2 = 39.679, p = 0.05, df = 20$					140

表8-6数据显示出一个"令人惊叹"的结果(注意背景标识部分):农村怀念

意愿最强的失地农民对社区的认知竟然不折不扣地容纳了笔者设计的所有认知内容。虽然按照 0.05 的误差水平，相关系数显著性检验还没有被通过，但由样本统计出来的 0.09 的误差比起之前笔者分析个体特征与社区认知相关性检验的统计误差已经小很多，并且 0.09 与研究设定的 0.05 误差水平只有 0.04 的差距，如果增大样本量，相信这个差距会被消减从而达到研究所允许的误差水平。而且事实上，采用更为精确的似然比(Likelihood Ratio)卡方检验，样本结果已经通过了显著性检验，误差水平正好达到 0.05 的要求。从这里我们可以认为，由失地农民基于城乡境遇比较所形成的乡村怀念意愿影响到失地农民的城市社区认知，怀念乡村生活的程度越强，城市社区认知的内容越充分。此时，虽然我们已经看到了失地农民认知城市社区的一种方式，但这种认知方式是如何发生的仍不得而知。一段访谈记录揭开了这其中的原因。

被访者：SHE，女

访谈内容：

对对对，社区就是我们小区，住在这里、吃在这里。这个超市也是在我们这里。我也去参加跳舞的，晚上小姐妹聚在一起多，蛮热闹的，有的不是我们原来村上的，无所谓，大家一起锻炼、开心。社区设施我熟悉的，我们家老人要去活动室玩玩的，我要叫他回去吃饭，医院看病要去的，有什么事到居委会找干部也知道。实际上，老师我给你说，凡是在这个范围内的，与我们生活相关的，都是社区，跟我们农村差不多，都在一个村里，你说我这个理解阿对？

一段轻巧的吴侬软语娓娓道来被访者对社区的感受和认知，从居住到娱乐，从生活消费到寻求帮助，大姐对城市社区的认知充满了一种浓郁的生活气息。谁说人能够脱离地域空间而生活呢？确实是，每个人都至少要在特定的地理空间内走过一段时光，但是你对这个地理空间的印象不可能是生硬直白的，每个人都根据自己与特定地理空间的联系形成自己对它的推测和判断。在城市新住地，被访大姐与住地上出现的人、设施、机构、组织、活动发生着密切联系，她依据自己的生活体验认识"社区"。对被访大姐来说，她生活中几乎全部的内容都在这个地域空间内发生，这使她有机会从各个层面去体验"社区"的存在，去明确自己与社区中所有对象的联系。而她一定也是怀念农村的，或者说她还没有适应城市的生活方式——如果她有足够条件去调查地域社区空间从而获得心灵的归属和旨趣，她对这个地域性社区的认知将是片面的，比如此时她只会将社区理解成"居住小区"。

在"生活世界"中认知社区，是笔者对调查地失地农民认知城市社区方式的概括。社区本质上就是一种社会联系,如果这种社会联系频繁、全面地发生在一个确定的地域空间之内,主体对社区的判断和推测将以地域空间为主要依据;如果这种社会联系只是偶尔、片面地发生在地域空间之内,而频繁地发生在其他空间之内(如超越地域的社会网络),那么它将形塑一种以社会网络为依据的社区认知。我们继续观察表8-6中的数据会发现,越是不怀念农村生活,对城市地域社区的认知就越是片面或模糊。这些不怀念农村生活的人,其中大部分应该也是更适应城市生活的人,他们或许会有更强的欲望、更多的机会和更便利的条件到地域性社区之外去寻求自己的"新圈子",他们很多重要的社会联系或许就发生在地域社区之外的社会网络当中,他们与地域性社区的联系是有选择性的,他们从自己的生活世界出发对地域性社区的认知是片面的。

当前一些有关城市社区归属感和社区参与的研究揭示了一个规律:老人、小孩和社区弱势群体对地域性社区的依赖感最强,他们大部分的社会资本都在地域性社区中获得,从而强化了与地域社区内各个要素的联系,形成完整的地域社区认知。而能够在地域社区之外获得社会资本的高学历、高收入和高社会地位的城市居民,尤其是在商品房社区,居民即使认同这个商品房住区的物质环境,也不代表他对这个地域社区有着清晰的判断和了解,比如社区的活动、社区中的人、组织或机构,很可能由于他们不积极参与社区事物而对地域社区的认知是片面的、不深入的。

据此分析,影响调查地失地农民对城市社区认知的因素中,相对于个体特征差异因素,失地农民的乡村生活感受和记忆表现出更强的解释力,其中失地农民怀念农村生活的意愿越强,他们基于地域空间内的生活体验对城市社区的认知越全面;失地农民对农村怀念越弱,他们对地域性社区的认知就越片面。失地农民对城市社区的认知与其现实生活中和社区中的人、组织、活动所发生的密切联系有着直接关联,地域空间和社会网络为失地农民发生这些联系提供不同层面的条件,失地农民将对这两类空间形成不同程度的认知。

(2)失地农民的社区认同。

和社区认知不同,社区认同虽然也包括对社区的一些判断和推测,也属于社区心理范畴,但是它更强调一种社区成员的身份感、社区空间的归属意识和自我评价的推测与判断。笔者设计了调查地失地农民社区成员意识、社区地域空间感知和社区荣辱感三项指标来对失地农民的城市社区认同予以测量,问卷中对应的提问是:"假如您所在的社区得到政府关注,并可能获得包括人、财、物在内的政策支持,您的看法是什么?""您对社区的整体地理布局是否熟悉?"

"您对社区的一些机构是否熟悉?""当有人提及您所在社区的缺点时,您是否感到强烈不满?""当有人提及您所在社区优点时,您是否感到非常自豪?"

借助"政府给社区的支助"这一假想的外部条件,让被访者回答"该政策可能带来的利益是否与己有关"来考察调查地失地农民的社区成员意识。本研究设定了6个被选答案,144个有效回答中,认同最多的是"我并非要占有,但会去了解清楚有关这些资源的来龙去脉"(26.4%),以下依次是"这些资源是给我们社区的,我也应当有一份"(22.2%),"我不会很关心,相信我们社区的人都会很自觉按规矩来享有该得的一份"(19.4%),"我不会很关心,相信有关部门会善用这些资源"(13.9%),"我对此无所谓,反正也落不到我头上"(4.9%),统计检验结果显著。失地农民的回答显示出较强的社区成员意识。不过,社区成员意识除了权利享有意识之外,对应的还有社区责任意识,综合两方面结果的测量应该更有说服力,遗憾的是笔者研究设计中没有把这个方面考虑进去,实施调查时才发现需要修正,只能在以后的跟踪调查中加以论证。

在对被访者对社区地域空间感知的测量中,被访者的回答是相当一致的,他们对调查地的地形、公共设施、机构的了解程度很高,可见他们在社区地域空间内的活动是很频繁的,这无形中增强了调查地失地农民对社区地域空间的认同。其中社区地理布局熟悉者占57.1%;社区机构熟悉者占43.2%。

对调查地失地农民社区荣辱感的了解,笔者设计的是正、反两类说法相对照的测量法,统计结果显示:当有人提自己社区的优点,失地农民中的60.8%认为很自豪;当有人提自己社区缺点,失地农民有41.9%存在不满但并不强烈,32.4%的失地农民感到强烈不满。根据心理学分析,人们界定成功时往往容易产生"成数效应",而对挫折的解释则依赖于个体的归因,但其中归于机会或运气的挫败感和归于自己原因的挫败感导致的心理感受是不同的。笔者询问被访者为什么做以上选择时,他们中就有这样的回答:"有人说我们社区好,那当然高兴了!有人说我们社区不好,这个不好说,好人坏事哪个社区都一样……"这里看似自我矛盾的回答可以由心理学来解释。从总体上看,调查地失地农民社区认同中的荣辱感较强。

我们从失地农民的社区成员意识、社区地域空间感知、社区荣辱感3个方面借助5个问题测量了失地农民的社区认同,结果都表明被访者对新居地有较强的社区认同。这是我们希望看到的,社区认同是形成社区归属感的一个重要的条件,而社区归属感是社区存在与发展的核心要素。但是,笔者还是不能依此就结束本研究对失地农民社区认同的探讨,因为,在失地农民的新居地,还有超过当地失地农民人口数的"庞大"人群——租房户(即流动人口)的存在不能被忽略。这一部分流动人口也住在莲花一社区,虽然可能白天出去工作,晚上回居住地,但他们也是社区当中的一个构成部分。动迁户(失地农民)与他们之间发生着这样或那样的联系,如果要讨论被访地居民的社区认同,这些联系一定要包括进去。而由于调查条件的限制,进入我们调查当中的流动人口实在太少,采用统计归纳是没有说服力的,我们只能采取观察法和访谈法获得一些质的资料来进行理解型分析。

观察地点:莲花一社区2小区大门外公交车站台

观察内容:

上午8点整,莲花一社区公交车站台就站满了等车的人,有着深色西装的,胸口有徽章,企业制服的痕迹鲜明,应该是公司职员;有背着书包的稚气未脱的少男少女,好判断,是学生,或者因为考研或者因为谈恋爱出来租房住;有三四十岁左右的穿着夹克的,在公交车站前来回走动,似乎总在来往的人群中搜索,我猜想不出他的职业,但不是本地人是可以肯定的,从他们接电话传出的乡音可以清楚地判断;门口做小生意的,买卖间与买主交谈的话语是夹着方言的普通话。从大门往社区里望去,陆陆续续走出来更多年轻人,后面的一辆小轿车按住喇叭催促着,但似乎大家都没有强烈的反应,忽然,司机探出头用一口并不正宗的苏南话生气地讲道:"阿听到车啦!慢么慢得来……"

访谈地点:莲花一社区居委会办公室

访谈方式:集体访谈

访谈内容:

我们这里流动人口多,治安不好。同一个村上的人不会偷东西的,丢了好多电瓶车。——RZG,男

外人是多的,也不都坏,我们家也租房给外地人,大学生素质还可以,签约的,每个月交钱,也不多说话,各过各的。——BKY,男

治安不好,流动人口多!怎么说呢,没有办法的。要吃饭,房子有多的不租?经济不景气,儿子回家了,等工厂恢复开工再说。——LXY,女

我不租给外面人的,怕出事,现在住在我这里的是先前租房的人介绍过来的,可以信任的,先前那个租房的也是亲戚介绍过来的,所以我们没有合约,大家都自己遵守。——ZXL,男

观察记录展现的是一幅以流动人口为主角演绎的失地农民社区的晨间图,而访谈记录展现的则是调查地失地农民对流动人口"既怕又爱"的复杂心态。

苏州在发展,城市在扩张,外来者因为城市的发展而能够谋得自己的一份事业,本地人因为城市的发展而自豪,失地农民们则因居住空间和生活方式的被迫改变而困惑:城市化到底是让他们"得"得多还是"失"得多?笔者认为,调查地失地农民的城市社区认同具有"两面性",他们认同与他们有着共同失地经历和身份的群体,认同与原有村民的社会联系,而对于外来者的态度——即使失地农民们已经直接和他们打上了交道,即使他们没有直接受到所谓"外地人偷盗多"的侵害,甚至这些外来人口为他们提供房租收入——他们仍然持着一种观望甚至排斥的心态,失地农民并没有完全认同与他们生活已经紧密相关的这部分社会联系——与居住地流动人口的社会联系。

第三节 结论与讨论

回答转型期我国城市社会空间重构问题,本章位于在一个"点"上进行分析,或许不一定能达到"窥一而知全",但对"点"的深入也是"面"上研究所不能替代的。如笔者开篇所指出的,社会转型与空间重构既受大型宏观力量的形塑,也由内源力微微驱动,二者结合才形成一段完整的人类历史的变迁和重组。从微观的角度,笔者选取一个具体的"定居空间"作为"社会空间"的分析原型,将其置于我国现代化转型与城市化加速发展的特定背景时期,观察其受多重力量影响而发生形态更新、结构重排与功能转置的过程。

一、研究结论

运用新城市社会学"社会—空间辩证法"的主要观点,对这个在城市化进程中由失地农民通过日常生活实践所形成的"社会空间",笔者的考察结果如下:

(1)在被访地即苏州工业园区失地农民聚居区,社会空间形成的直接基础是由当地政府统一建设完成的集中居住区。一方面,集中居住区的地理空间布局和管理组织体系规制了居住人口日常生活安排与社会交往的行动轨迹。但另一方面,由于集中居住区是由政府、城市规划部门、建筑工程师、房屋建造商"共谋"设计完成的某种"均质、隔离的抽象化空间",其设计思路很大程度上受到了工业城市化思维的引导,而非契合了失地农民长期生活于传统农村形成的散居"惯习"。因此,居住于其中的失地农民仍然在有限的规制空间内,用个人的日常生活实践行动改造了这个"均质化的抽象空间",重新赋予了它"城乡结合"的生活气息,满足了失地农民市民化缓进中的现实需要,重构了出一个"差异化的"日常生活空间。

(2) 空间中所包含的社会关系是识别社会空间形态的重要依据。笔者也运用多项指标测量了失地农民聚居区内的社会网络。总体上,失地农民日常生活的关系实践主要在聚居区这"定居空间"范围内展开。调查地失地农民由于是被动、一次性、完全失地而进入城市并且由政府集中安置,因此他们在乡村中原有社会联系赖以存在的地域空间以非自然方式瓦解;短期内失地农民尚未在城市获得乡村联系以外的社会支持,从而在新居地域空间内首先以熟识的邻居和亲戚作为主要交往对象重构了社会联系。

另外,作为一个满足城市经济发展需要而"被规划"建成的生活区,被访失地农民聚居区紧邻城市工业生产驻地,自然地使其成为所在地工业企业劳动者居住生活地的首选。失地农民聚居区内因拆迁安置而富余的私人住房为外来务工人员租住,他们的到来直接引起聚居区人口结构的变动,也使得失地农民和外来人口之间产生必然的社会交往。当然,由于目前还缺乏过多共同生活实践的交集,二类人群间的交往联系仍有明显的临时性和表层性。

调研数据还表明,受城市化影响,部分失地农民的职业和收入的改观促使他们超越失地农民聚居区地域空间发展了"同事圈""朋友圈"等个人交往网络;在新的居住公共空间安排和社会组织体系(城市社区体制)影响下,业缘群体、趣缘群体等非血缘关系形式的社会联系也在失地农民聚居区内逐渐形成。

调查结果显示,以初级关系为纽带特征的"邻里",以依赖城市社会组织机构形成的"社区"和满足个体生活互助、情感支持以及信息沟通需要的"个人交往网络"三种具体的"社会空间"形式都在被访的失地农民聚居区找到了其现实的存在。

(3) 社会空间安排对定居生活的影响可以由个体对空间的心灵感知所反映。失地农民对"定居空间"的认知是基于地理层面还是社会交往层面,这取决于失地农民个体日常生活实践的内容。整体上,失地农民共同残存的乡村生活记忆仍会干扰其对城市建制社区空间的理解。当然,不同年龄、职业、受教育程度的失地农民个体由于日常生活实践内容上的具体差异,其依赖社区内组织体系的程度不同,从而也形成了失地农民个体有差异的"心像地图"。不过,就失地农民对聚居区社会空间的认同而言,出现了较为显著的"社区归属感",这与失地农民因整体的弱势地位而只能选择在聚居区内联络熟人、亲友、邻里展开几乎全部的日常生活实践有着直接关系。这说明,一个地域空间是否会成为定居者所认同的社会空间,取决于社会个体在这个物质空间中所展开的实践行为,以及这些行为与空间所发生的关联性质。

二、基于结论的讨论

笔者对某个城市内缘区失地农民社会空间重构过程的研究结果,已从个案的角度实证了新城市社会学提出的"社会—空间辩证法"的观点。空间影响行为,而社会空间的形成是个体在空间中展开日常生活实践的结果,它彰显了个体现实生活差异的必然性,是人性化的、符合个体真实需要的生活空间。因此,任何违背人本需求所建构的抽象化的空间,注定遭遇定居主体能动性的"反抗"。生活空间的建构如此,生产空间的建构亦需充分考虑这一点。近年来"富士康工厂员工频繁跳楼"事件就为此提供了一个十分"悲催"的注脚。社会空间的观点让我们看到了日常生活实践对个人与空间和谐关系建构的重要意义。

在这篇研究中,虽然重点描述的是被访地社会空间重构的过程和结果,但驱动这个过程发生的前置原因是值得讨论的。事实上,也正如新城市社会学所指出的,全球化经济与政治、国家的政治经济决策、地方政府的公共政策,或者简而言之,"制度"要素对空间的塑造有着某种决定性的影响。而在"制度"运行下形成的"抽象空间"是否能与定居者对"差异空间"的需求相契合呢?这就取决于在制度之外是否有充足的人文关怀。顶层决策、制度设计、制度演化为政策以及政策的执行的每个环节都相当关键,这对制度的设计者和施行者都提出了更高的在城市建设能力与治理智慧方面的要求。

另外,"农民市民化"和"城乡一体化"的议题,仍可借以社会空间的观点来解读。失地农民即使置身于一个标准化的城市居住空间,也未能充分获得市民化的日常生活实践机会,在其所创造的社会空间中他们所感知的自我和生活则依旧会打上乡村记忆的烙印。笔者并不认为这种印记有什么好坏之分,因为乡村的自然、纯净与质朴也是城市所不具备的。只是置身在这个功能组织体系已"被城市化"的定居空间中,因为概不熟知城市生活规则,多多少少给人带来了日常生活的麻烦甚至是冲突。例如在调研地,笔者发现很多的社区矛盾都发生在失地农民的乡村习俗与城市新规的冲突间。尽管随着时间的推移,迫于"社区管理",失地农民似乎都会"接受",但有趣的是,那些不允许种在楼下花坛中的葱、蒜被小心翼翼地搬到了楼上的阳台。公权自然是无法干涉私人空间的,对乡村生活的想念也只能寄托在这个小小的阳台盆栽中了。这说明,农民市民化身份转型的过程关乎一个市民化社会空间的实践,而不单是提供一个都市化的物质空间。经由无数次市民日常生活的实践,建构了市民化的社会空间,也才能到达市民化的心理空间的建构，最终习得都市人格。当然，笔者并不认同城市空间毫无底线的扩张，正如列斐伏尔所强调的"个人应当生活在一个独特有差异的日常生活空间中"一样，城市和乡村的关系为何一定要对立呢？人类的定居空间应当体现一种多样性，这才符合"社会—空间辩证法"所揭示出的人本思维。基于这个想法，笔者认为对推动城市发展需要提醒的一点是：城乡一体化并非是城市侵吞农村，而只是城市和乡村实现合理的资源互济、服务贯通与信息共享的一种物质、社会和心理空间的融合。

第九章　从象征到现实：大学城的空间生产

第一节　大学城与空间生产

近10年来,随着中国城市化和高等教育的快速发展,各地掀起了建设大学城的热潮,大学城问题因而成为学术研究的热点。大学城始自西方国家,像牛津、剑桥大学城甚至有几百年的历史。所以,国外关于大学城的研究也颇有一些[1]。在大学城建设过程中,中国不可避免地受到国外的影响,对国外经验的借鉴甚至复制也常见,但它还是具有自身的特点。中国大学城往往反映了多重尺度的时空矛盾和紧张关系,是经济、政治、社会、文化等诸多因素综合作用下的一个现象、结果或过程。概而言之,其主要特点在于"时空交错、社会缩影"(此处"社会"为广义的概念)。

刻画和解释这种时间、空间与社会现象交相作用过程的最佳理论无疑是"空间的生产"。自列斐伏尔首先提出"(社会的)空间是(社会的)产物"以来,以往被分割论之的社会与空间两大范畴开始被视为一体之两面,而且空间自此成为一个动态过程。空间既生产社会关系,同时社会关系也形塑空间,在哈维看来,这就是"社会过程—空间形式"的统一体。因为空间的生产是历史性的、动态的,因而这一过程实际上也隐含了时间范畴。时间、空间、社会这三者不可独立存在,互为条件、交相作用并且存在多重辩证关系,这种强调社会、空间、时间三元辩证关系的社会空间辩证法思想最后由索加正式提出并阐发。

受国外理论的影响,更重要的是当下中国的很多现实问题非常契合这种理

---

[1] 王志弘.多重的辩证——列斐伏尔空间生产概念三元组演绎与引申[J].地理学报,2009(55):1-24.

论工具,所以,虽然在20世纪七八十年代的西方学界,空间的生产理论就已经产生和广为传播,但国内学界开始较大范围追踪却在2000年后。这反映出理论形成和应用过程中的时空错位。相比之下,中国学者更多地关注这种抽象晦涩理论的本土化、具体化。[1]近两年的中国地理学界和社会科学界,也开始热衷于空间生产的理论与实证研究。在理论研究方面,将空间的生产理论引入国内并进行述评的成果已有一定积累。[2]总体上,宏观"面上"的介绍分析颇多,聚焦于某个人物(如列斐伏尔、哈维)、著作、事件及方法的"点上"评介虽有一些,但还不够充分和深入,该理论开创者列斐伏尔的著作迄今仍未有中文译本。在实证研究方面,空间生产的理论被用来解释城中村和城乡结合部的社会空间生产状况[3]、旧城改造[4]、大事件营销[5]、近代城市发展[6]、城市美化[7]、社区空间[8]等问题。这充分反映出"城市化和空间的生产是交织在一起的"[9]。

作为中国城市化进程中一大重要现象的大学城,应当考虑从空间的生产理论视角进行探究。目前,国内大多数研究大学城的文献侧重于大学城内部空间模式、组织管理方式、土地利用、可持续发展和教育经济学功能,而忽略了空间生产的问题。杨宇振的文章运用空间生产理论,将之与中国大学城发展联系进行阐发,而且以大规模"造城运动"为背景,从宏观层面分析了大学城空间规划与政治、经济和制度之间的关系,力图揭示大学城空间生产的机制,是难得的探索之作。[10]本章则选择微观尺度的案例研究,从大学城被赋予的(从乡村到城市)空间隐喻出发,由此引申到其与城市化和空间生产的关联,然后以非常典型

---

[1] 叶超,柴彦威,张小林.空间的生产的理论、研究进展及其对中国城市研究的启示[J].经济地理,2011(31):409-413.

[2] 叶超,蔡运龙.地理学思想变革的案例剖析:哈维的学术转型[J].地理学报,2012(67):122-131.

[3] 刘云刚,王丰龙.城乡结合部的空间生产与黑色集群——广州M垃圾猪场的案例研究[J].地理科学,2011(5):563-569.

[4] 江泓,张四维.生产、复制与特色消亡——"空间生产"视角下的城市特色危机[J].城市规划学刊,2009(4):40-45.

[5] 张京祥,等.大事件营销与城市的空间生产与尺度跃迁[J].城市问题,2011(1):19-23.

[6] 张晓虹,孙涛.城市空间的生产——以近代上海江湾五角场地区的城市化为例[J].地理科学,2011(31):1181-1188.

[7] 杨宇振.焦饰的欢颜:全球流动空间中的城市美化[J].国际城市规划,2010(25):33-43.

[8] 黄晓星."上下分合轨迹":社区空间的生产——关于南苑肿瘤医院的抗争故事[J].社会学研究,2012(1):199-246.

[9] 大卫·哈维.列菲弗尔与《空间的生产》[J].黄晓武,译.国外理论动态,2006(1):53-56.

[10] 杨宇振.围城中的政治经济学:大学城现象[J].二十一世纪,2009(1):104-113.

的南京仙林大学城为案例,进行具体分析和归纳。

第二节 大学发展的空间隐喻与大学城

一、大学发展的空间隐喻

现代意义上的大学始自欧洲。在纽曼看来,中古时期以来的大学职能简单且纯粹,以传授和追求知识为核心理念。注重博雅教育和学生人文素质的培养,使得大学也被认为是"象牙塔"。洪堡将其大学理念引入柏林大学的改革后,产生了现代意义上的大学,大学的核心职能也由教学逐渐转移到科研,专业化及其影响下的系科分类成为主要特征。[1]第二次世界大战以后,大学更是迅猛发展,对此,美国教育家克尔用"多元化巨型大学"予以概括,认为这种"新的现代大学"是一个具有多重教育目的和教育职能、由多个社群构成的新型社会机构。[2]

值得注意的是克尔提出了从前现代到现代大学发展的空间隐喻,从某种意义上对应了大学从"村庄"变成"城市"的过程。笔者将其予以延伸和归纳,形成了一个关于大学发展的时间(阶段)、空间(象征)、文化(特征)的表格(表9-1)。纽曼理念中的大学就是一个僧侣的村庄,弗莱克斯纳理念中的现代大学则是一个专业化的、知识分子垄断的市镇,克尔时期的大学模式已经是"充满无穷变化的城市",至此大学已经完成了它从乡村到大城市的转变。然而这并非结束,与尚不能作为共识或定论的后现代(城市)时空相对应的是,鲍曼和库马尔提出后现代大学概念,认为大学失去了创造新知和作为研究中心的特权,大学师生批判性地参与现代化进程中,大学危机的根源不是来自学术缺失,而是社会中普遍存在的身份模糊、权威分散以及生活的不断碎片化,后现代时期的大学俨然已经成为后现代都市。[3]

---

[1] 亚伯拉罕·弗莱克斯纳.现代大学论:美英德大学研究[M].徐辉,陈晓菲,译.杭州:浙江教育出版社,2001.
[2] 克尔.大学的功用[M].陈学习,译.南昌:江西教育出版社,1993:1-6.
[3] 安东尼·史密斯.后现代大学来临?[M].侯定凯,赵叶珠,译.北京:北京大学出版社,2010.

表 9-1　大学发展的四个阶段及其空间隐喻

发展阶段	空间象征	文化特征	代表人物
前现代大学	僧侣村庄	非功利	纽曼
现代大学	知识分子市镇	专业化	弗莱克斯纳
巨型大学	无穷变化城市	多样化	克尔
后现代大学	后现代都市	碎片化	鲍曼、库马尔

二、中国大学城的发展状况

克尔并非偶然的比喻说明了大学与城市化、社会发展的紧密联系。如果说前现代时期大学还能够作为一个相对独立的、纯粹的机构的话,其后它却不自觉地成为城市化和社会发展的一部分,或者另一种"城市"或"社会"。中国大学城的发展,更是将这种象征变成了现实——大学城成为城市化或社会发展的重要表征或组成部分。大学城是中国式造城的一部分,是继开发区建设和新农村建设后中国城市空间蔓延发展的第三阶段。所以,在理解中国大学城这一重要现象时,一方面,应该将中国大学城置于全球化、资本主义发展及其带来的大学危机和大学城建设的大环境、大背景之中,毕竟中国不能跳脱于此且还受其强烈影响;另一方面,中国大学城既受到这种所谓更加"现代化"思想的影响,又有着自身独特的空间生产特点。

2000 年 8 月,河北廊坊东方大学城的开建拉开了中国大学城建设的序幕。根据胡海建等人的研究,并借助谷歌、百度等搜索引擎对中国大学城建设情况进行检索,可得出中国大陆大学城(含高教园区)的分布情况。

黑龙江:大庆大学城(大庆)、江北大学城(哈尔滨)、宾西开发区大学城(哈尔滨)。

吉林:净月开发区大学城(长春)。

辽宁:沈北大学城(沈阳)、浑南大学城(沈阳)、石河大学城(大连)、大连高新区大学城(大连)、旅顺大学城(大连)。

北京:良乡大学城、昌平大学城、东方大学城。

天津:海河教育园区、大港大学城、天津第三高教区。

山东:济南大学科学园(济南)、章丘大学城(章丘)、日照大学城(日照)、青岛开发区大学城(青岛)。

江苏:仙林大学城(南京)、江宁大学城(南京)、浦口大学城(浦口)、扬州大学城(扬州)、常州大学城(常州)、无锡大学城(无锡)、苏州大学城(苏州)、淮安高教园区(淮安)。

上海:松江大学城、杨浦大学城、闵行大学园区、奉贤大学园区、临港大学园区、金桥大学园区、南汇科教园区、张江大学城。

浙江:下沙大学城(杭州)、小和山大学城(杭州)、滨江大学城(杭州)、镜湖大学城(绍兴)、宁波北高教园区(宁波)、宁波南高教园区(宁波)、温州大学城(温州)。

福建:集美大学城(厦门)、翔安大学城(厦门)、福州大学城(福州)。

广东:广州大学城(广州)、狮山大学城(佛山)、东莞大学城(东莞)、珠海大学园区(珠海)、深圳研究生院(深圳)。

海南:桂林洋高校区(海口)。

安徽:合肥大学城(合肥)、蚌埠大学城(蚌埠)。

江西:瑶湖高校园区(南昌)。

湖南:含浦高教园区(长沙)、星沙大学城(长沙)、株洲职教大学城(株洲)。

湖北:黄家湖大学城(武汉)、藏龙岛大学城(武汉)、大花岭大学城(武汉)。

陕西:西部大学城(西安)、白鹿原大学城(西安)。

内蒙古:罗家营大学城(呼和浩特)。

山西:山西大学城(晋中)。

甘肃:安宁大学城(兰州)、榆中大学城(兰州)。

广西:平果大学城(平果)、五合大学城(南宁)、雁山大学城(桂林)。

云南:呈贡大学城(昆明)。

四川:温江大学城(成都)。

重庆:重庆大学城。

河南:龙子湖大学城(郑州)。

截至2012年,中国大陆至少有73个大学城,除了新疆、西藏、青海、宁夏、贵州等西部欠发达省份没有大学城之外,其他东部和中部的城市都各拥有一定数目的大学城。经济发达的省份往往也是大学城分布集中的地区。

国外一些著名的大学城,如英国的牛津、剑桥,美国的波士顿,都是经过漫长的时间发展起来的,其形成一般是先有大学的教学和居住设施,然后由于大学师生的需要建起一定数量的公共服务设施如图书馆、博物馆和一些营利性的服务设施;经过几十乃至上百年发展,各种设施相互交错,大学发展与城市发展融为一体,真正形成了"大学即城,城即大学"的状态。中国大陆的大学城,往往从价格便宜的郊区农业用地很快变成了教育、商住用地。在几年时间内,一个大学城就拔地而起,这种"空间的生产"往往集中了权力和政府意志,其发展状况相对复杂。南京的仙林大学城就是其中比较典型的一个。

第三节 仙林大学城的空间生产

一、仙林大学城概况

仙林大学城位于南京市主城东部,西起绕城公路,东至栖霞区七乡河,北起312国道,南至沪宁高速公路,境内拥有灵山、仙鹤山等山体,水体不多,仅有一条天然河流九乡河自南向北流入长江(图9-1)。大学城成立后,为了改善景观,开挖了总面积达1500亩的羊山湖和仙林湖。这种区位条件和自然地理环境是其被选中作为大学城的重要因素。

相比中国其他的大学城,仙林大学城还是比较典型的。根据《南京市城市总体规划(1991—2010)》,仙林是南京的三个新市区之一,2001年通过的《南京市城市总体规划》提出仙林"是以发展教育和高新技术产业为主的新市区,规划鼓励发展教育科研、文化体育、休闲娱乐、商贸服务、高品质居住等第三产业以及研发加工等高新技术产业";仙林大学城于20世纪90年代末期规划,规划总面积70平方千米,为当时全国规划面积最大的大学城;2002年开始建设后,经过10年的发展,截至2010年年底,建成面积47平方千米,拥有总人口26万,包括南京大学、南京师范大学、南京财经大学在内的大学12所,在校生14万,约占江苏省在校大学生总数的10%。总体来看,仙林大学城在自然和人文条件、占地面积、高校与学生数量、发展历程等方面都具有代表性。

第九章 从象征到现实:大学城的空间生产

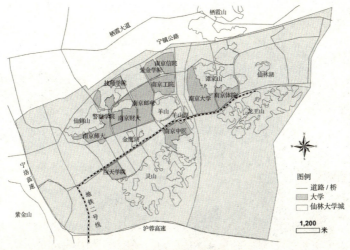

图 9-1 仙林大学城区位

二、仙林大学城空间的生产

1. 时空割裂

正如前述,大学城反映了诸多时空矛盾和冲突,这一社会过程实际上就是空间的生产。虽然各地区大学城发展有差异,但在空间的生产方面,或许仙林大学城是众多大学城的代表。

在大学城中,这种时空矛盾首先表现为"时间"往往被"空间"所忽略和排挤。比如,新校区追求"现代化"的宏大建筑风格与老校区注重传统文化的风格形成鲜明的对比(见图 9-2 上);为了纪念在南京大屠杀中庇护了上万妇孺和学生的魏特琳女士,南京师范大学于 2007 年在随园校区(老校区)树立了她"微笑着"的半身像[1](见图 9-2 下右),且不论微笑的设计是否贴合那段惨痛的历史和魏特琳女士忧郁而死的结果,这尊蕴含国际主义和人文精神的雕像却被放置在较偏僻的道旁树丛中,一般很少有人注意;而仙林校区(新校区)更是没有任何关于魏特琳的纪念性景观。这凸显了新老校区之间缺乏历史传承的严重问题,也反映了所谓"现代化"的宏大空间(景观)是如何(有意地)忘却和隐没了时间(历史)。

---

[1] 毛丽萍.魏特琳——南京人的"华小姐",金陵永生[N].现代快报,2007-12-13.

图9-2　南京师范大学新老校区建筑、老校区的魏特琳雕像和新校区的等车队伍

资料来源：作者拍摄，以下同。

新校区的决策、管理和设计者往往试图脱离老校区的文化，重新建设一座更"现代化"的新校，空间和设计上的求大求新成为其主要诉求。然而过多的校区、过大的校园常常缺乏人文主义的考虑，引发诸多问题。比如住在老校区的老师往往要乘坐班车才能到新校区上课，来回的通勤时间就要2小时以上；由于新校区过大，不同区域的学生往往要乘坐校内班车去听课或学习，等车的队伍十分壮观（见图9-2下左），而且高峰期非常拥挤。类似的例子还有很多。老校区的历史遗存及其所寄托的文化精神往往被忽略乃至无视。拥有悠久历史的"老"校区本该继续作为师生记忆和大学底蕴的载体，但教学活动几乎向新校区的"全盘"转移，不仅引致老校区"衰退"，而且反映了新老校区之间的"时空"矛盾和断裂。对这种时空割裂，学生们有深切的感受：

"学校里面交通很不方便，关键是没有校车。有校车那是去其他校区的，而且还不让学生坐，所以我们想去老校区更麻烦。"（南京财经大学大三学生）

"北区地方太小，又跟东、西区隔开来了，搞一个联合的活动都很不方便，很不适合组织的发展。"（南京师范大学大三学生）

"从北区到西区，光靠走的话，起码要二十分钟，很容易就会迟到的。但是坐校车的人实在太多，所以我们不得不起得很早，就是为了早点挤上校车。"（南京师范大学大一学生）

组建大学城的一个目的是形成高校联盟,共享资源和协同发展。但是各高校并未组成有效联盟,资源共享存在着较大的壁垒。大学城建设之初,在管委会描绘的"共享教学资源,促进教学和科研交流,发挥大学的集聚优势,达到共赢状态"的蓝图下,入驻仙林的9所高校在2004年共建"教学联合体",提出了"互聘教师、互认学分、互用实验室、互借图书、互用体育场馆、互享高水平学术讲座、互相开放教学实践基地、互享信息资源、互开辅修专业、构建教学管理制度平台"等诸多设想,也极大地鼓舞了教育界(《江南时报》,2010年11月23日)。但此事很快不了了之,有关"教学联合体"的提法不久之后便销声匿迹。这反映了不同高校难以协调的差异性,也反映了高校之间事实存在的割裂性。

2. 社会割裂

作为一个小型的城市,大学城也有许多不同的社会群体,比如老师和学生、规划师、政府官员、高校管理者、高收入群体、低收入阶层以及畸形产业者(如无证摊贩、黑车司机、日租房出租者、拾荒者等)。这些社会群体分别占用着不同的空间,而这些空间也规约着他们的社会活动。他们社会空间的形成和分化是一个值得注意的问题。比如,为了建设大学城,从2002年3月开始,仙林管委会用了20个多月的时间完成了1.4万余户、4万多居民住宅的拆迁安置,并提供大学城外围——尧化、摄山等地的经济适用房。然而,管委会提供的工作岗位非常有限,不少农民在脱离土地的同时成为失业者,有的则异化为畸形产业者,他们的工作和生活空间往往是非正规、边缘化和充满流动性的。顺利就业的居民,一部分进入高校后勤系统,但因为居住在大学城的外围区,他们中的有些甚至每天要花2个小时用于通勤。这种距离空间使得低收入群体生活时间破碎化。正如哈维揭示巴黎改造的后果一样:"住家离工作地点越来越远,加重了工人的负担。"[1]此外,政府热衷于打造面向高收入群体的"商业中心",对中低档店铺或产业发展则比较忽视。寒暑假来临时,随着大多数学生的离去,中低档店铺失去了客源,只能歇业,大学城变成了一座"空城"。凡此种种,反映出大学与社会和城市之间的断裂。

以"畸形产业"中最早出现的"黑车"为例,大学城的"黑车"散布于各个院校门口、商业区出入口和交通节点,集中在学衡路、文苑路、文澜路沿线上,其中学衡路最多,在地铁学则路站到南京师范大学正大门短短几百米的道路上,每

---

[1] 大卫·哈维.巴黎城记:现代性之都的诞生[M].黄煜文,译.桂林:广西师范大学出版社,2009:190.

天停着近百辆黑车(图9-3)。仙林早期的黑车以"三小车"(即正三轮、"马自达"和三轮货车)为主,2005年仙林设置"三小车禁区"后,黑车逐渐转换为以奇瑞、长安为主的低档轿车和面包车。随着黑车数目的增加,出现了划分地盘、集体涨价的现象,甚至与出租车达成了一定的默契,黑车联盟也开始出现。还值得注意的是"日租房"(也叫"钟点房")现象。仙林日租房房源主要来自于仙林新村和香樟园两个小区,拉房者也主要分布于靠近仙林新村的学衡路一线和靠近香樟园的大成名店商业区旁(图9-3)。2012年,管委会对仙林日租房进行整治,将日租房纳入"编制",将位于香樟园的日租房改为"酒店式公寓",仙林新村的改为"家庭式旅馆",其他小区的则尽数关闭。日租房相对正规旅店要便宜许多,每晚房租从40到80元不等,每逢双休和节假日会有一定幅度的涨价,但相对来说仍便宜不少。

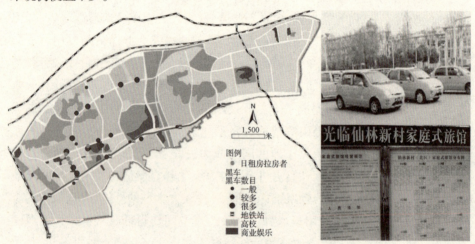

图9-3 仙林黑车、日租房分布

注:右上为黑车,右下为仙林新村门口布告栏。

畸形产业者工作和生活的空间处于非正规、边缘化和充满流动的状态。大学城建设以来,黑车司机与日租房主在拉客中与学生发生的冲突便时有发生,黑车和日租房引发了多起重大的安全事故。2013年年初,栖霞区检察院发布了《仙林科技城校园法制研究报告》,报告明确指出,仙林境内的768辆黑车、日租房是极大的安全隐患。[1]这些隐患并非才被重视,事实上大学城管委会很早就实行了一些打击畸形产业的措施,例如增加公交线路、引入经济型酒店、抓黑

---

[1] 侯锦阳.栖霞发布仙林大学城法制状况报告,黑车日租房成隐患[N].南京日报,2013-03-27.

车、查日租房等,但治标不治本,过度管理又将导致一些严重的社会问题。黑车司机和日租房拉房者自己也深知这些,他们也不喜欢被打上"黑车""日租房"从业者的标签,希望得到"正名",但这并非易事。相对而言,这些不同性别、年龄的低收入者和畸形产业者的生活与活动空间是被挤压的,处于被忘却和忽略的境地。其代表性言论如:

"现在生活还没以前好呢。以前自己种菜养猪,吃什么都不花钱,现在什么都花钱,每天工作这么苦,工资还低。可是有什么办法呢? 家里还有80岁的老人,儿子也要结婚。估计做完这年我也要换个事做了,实在是挣不到钱。"(女,56岁,南京师范大学保洁员)

"你问别的什么东西都可以,但牵涉生意的事情我们不说。"(男,46岁,黑车司机)

"你看我不就只好做这个了? 有什么办法! 我们就是没有钱,没有生活费,没有人管。门口那块牌子是管委会设的,其实没管我们。"(女,45岁,日租房拉房者)

三、仙林大学城空间生产的机制

时空矛盾也是一种社会过程,因为不同的时间和空间说到底还是"人"构想或塑造出来的。而人最重要的属性就是(广义的)社会性。社会—空间辩证法或列斐伏尔的"(社会)空间是(社会的)产物"的核心意思,实际上就是不同阶层或社群在生产着他们的空间(和时间),同时,这些空间(和时间)也在塑造或影响着这一社会关系或过程。大学城的空间生产,实际上就体现了这种社会空间辩证法。要透彻理解它,既需要我们透过"表象的"直观空间,看到那些被忽略和隐没的实质空间(其中反映着"权力"斗争),也需要突破我们一般的"具象"空间概念,而将其与"想象"空间、"抽象"空间联系起来。也就是说,空间不仅是我们能够耳闻目见的建筑形式、雕塑、道路与居室以及各种地点围成的范围等"具象"空间,也是人们的思想和精神的范围与力量表示的"想象"空间,更是不同社会群体生产出来又受其制约的"抽象"空间。正如列斐伏尔所说,"这个空间既是抽象的也是具体的,既是均质的又是断离的。它存在于新兴城市之中,存在于绘画、雕塑和建筑之中,也存在于知识中"。[1]

运用社会—空间辩证法,借助地理学中的尺度概念,我们可以将空间的生

---

〔1〕 亨利・列斐伏尔.空间与政治[M].李春,译.上海:上海人民出版社,2008:33.

产理论应用于大学城问题的分析,并简要总结和提炼出仙林大学城空间生产的机制(图9-4)。由此,可将晦涩难懂的社会空间辩证法和空间生产理论"翻译"和转化为容易理解的"流程图",实现了外来理论的本土化、具体化和清晰化。

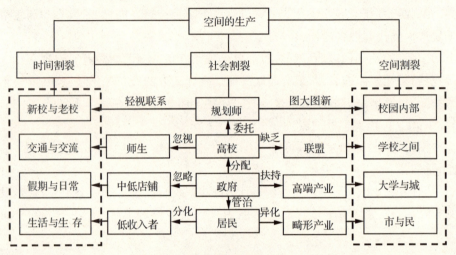

图9-4　仙林大学城空间生产的机制

将尺度的概念与社会空间辩证法结合起来分析,仙林大学城的空间生产具体可体现为时间、空间和社会三个尺度的割裂。这三个尺度下又可细分若干分支。在时间割裂尺度上,既有跨越时间较长的"老"校区与"新"校区之间的割裂,又有反映师生和中低收入者日常生活(时间)被割裂从而呈现碎片化的状况。在空间割裂层面,大致上形成校园→校际→大学与城市→城市与市民的从小到大的尺度顺序。广义的社会概念是列斐伏尔强调的重点,它在这个图中居于核心轴线的地位,主要通过不同阶层或组织这个关键词来体现。值得注意的是,时间、空间、社会三大尺度并不是分离的和孤立的,通过表示作用方向的箭头表明了三者之间是一种基本对应的、交错的联系。而互相联系的时间、空间、社会三大尺度最后统一于或表征为空间的生产。

第四节　权力、话语与仙林大学城的空间生产

仙林是南京市"一城三区""一主三副"的新城之一,仙林大学城则是南京市的三个大学城之一,在南京未来的发展中有着重要地位。在仙林的空间生产中,权力、话语一直都是关键词。江苏省和南京市的领导曾对仙林的建设做出

过反映了许多现代性诉求的政策和指示,而仙林相应的建设也随之发生变化。

从2002年到2012年,在关于仙林的政策变化中(表9-2),重要的或代表仙林发展定位变化的关键节点有四个,分别是:2002年大学城成立,省委书记李源潮指示要把仙林建设为"传世之作";2005年,时任市长的蒋宏坤来到仙林,指示仙林要由单一的教育功能向教育与高科技产业并重的综合型功能转变,以及实现向建设仙林新市区这一更高层次转变;2009年,栖霞区四大政府组织集体搬迁至仙林,使得仙林成为"多年没有中心"的栖霞区的新一轮发展中心;2012年,仙林的建设进入了第十个年头,管委会提出建设"仙林科学城",得到了相关领导的认可,市委、市政府还特意下发了《关于加快仙林大学城向仙林科学城转型提升的意见》。这些发展政策或话语反映了权力对于仙林空间发展的决定作用。

表9-2 仙林发展政策或话语的变化

年份	事件	政策或指示
2002	大学城成立 省委书记李源潮指示	要留下"传世之作"和"惊叹"
2004	市长罗志军做政府工作报告	"建一流大学城"为今后5年工作重要目标
2005	市长蒋宏坤在仙林调研	向教育与高科技产业并重综合功能转变,向仙林新市区转变
2006	市委书记罗志军 在仙林大学城调研	规划先行、完善配套,建设成全国一流大学城
2007	制定《南京市2007年国民经济和社会发展奋斗目标》	积极推进中心商务区建设
2008	市长蒋宏坤在仙林调研	加快综合功能提升,在创新驱动、科学发展上走在全市前列
2009	区委区政府迁址仙林	仙林成为"多年没有中心"的栖霞区的新一轮发展中心
2012	仙林科学城发展联盟成立	建设"仙林科学城",市委正式批复同意增挂"仙林科学城管理委员会"牌子

资料来源:作者根据仙林大学城管委会主页(http://www.njxl.gov.cn/)及《南京日报》等相关报道整理。

将土地建设面积同政策变化进行对照,可以发现与仙林的建设强度基本相符。通过引入政策变化强度的变量(将年政策变化较大的定为200,将有政策指示的定为100,将没有指示的定为50),然后与年建设总面积进行比较,可以发现它们的高峰期和低谷期是非常重合的(图9-5)。这也说明了仙林的空间生产受政府或话语权力的影响非常之大。从土地利用类型变化角度来看,在2001年大学城还未开始建设之时,非农用地面积很少且集中在以南京师范大学为中心的很小一部分地区。大学城建设后,首先主要吸收大学入驻形成大学城,到2005年时主要大学基本上都已入驻,大学城主体架构已经形成。为了达到蒋宏坤说的"向综合性转变",仙林又开始大量建设基础设施。到2009年时各类基础设施基本完善,建设范围也蔓延到九乡河东岸。之后,住宅区和商业区用地范围也逐渐扩展。在2012年"科学城"目标确定之后,仙林的产业用地也大幅增长。由此可见,权力及其话语在大学城空间的生产中占据着重要的地位。这也在一定程度上反映了当前中国城市空间生产的普遍特点。

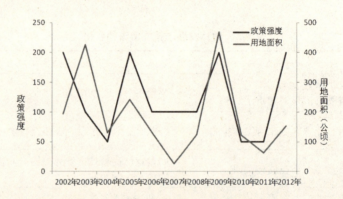

图9-5 政策强度和建设总面积变化比较

中国的大学城不仅反映了高等教育发展状况,而且成为城市化的主要内容和社会发展的缩影。从城市的象征到真的变成一座城市,反映了大学发展变化之大。要在一片没有大学历史和文化积淀的土地上开展"百年树人"的教育事业,难度和风险是极大的。对仙林大学城的空间生产分析表明,割裂时间、空间和社会联系已经成为大学城最突出的问题。大学主要是生产知识的,但这种知识生产脱离不了特定的时空。相反,这种或被沿袭、或被忘却、或被生产出来的时空以及由在其中的人群构成的社会在很大程度上决定着知识的生产。

作为一个交叉领域,马克思主义地理学值得马克思主义研究者、城市和地理学者以及其他哲学社会科学研究者关注和重视。它在国内还是一个新的研究方向。在马克思主义地理学研究中,应该探索将晦涩的社会空间辩证法或空间的生产理论应用于大学城这样的实际问题的路径。如果难懂的社会空间辩证法和空间生产理论能被"翻译"和转化为容易理解的现实事例,进而实现外来理论的具体化、清晰化和本土化,其思想就会得到更广泛的传播。

　　大学城的空间生产提示我们深入反思大学文化和精神这一重要问题。目前,国内外关于大学发展趋向和高等教育市场化底线的争论不断。问题的核心在于大学的精神和文化。大学文化的缺失,在中国尤为严重。大学文化及其精神,概而言之有三个方面:多元主义、理性批判、人文主义。一座割裂了时间、空间、社会联系的大学城,其实就是一个丧失文化底蕴和精神追求的空壳。因为,时间和空间不是虚无的、随意抛却的概念。时间流传精神,空间承接文化。一个社会(或群体),忘却乃至抛弃时间和空间,就是在根本上抛却了精神和文化,它所建筑的也就是空中楼阁。

第十章 多维视角下的新型城镇化内涵解读

2008年欧美发达国家金融危机对世界发展产生了深刻的影响,它预示着全球经济进入新一轮结构调整中,而调整过程不是短期能够结束的,因此,我国建立在出口和投资驱动基础上的外向型发展模式面临着严峻的挑战。支撑出口导向型发展模式的土地、劳动力和环境容量等传统要素的稀缺性表现得越来越突出。内外双重倒逼机制迫使我国城镇化必须转型,转型的实质就是寻找城镇化的新动力和新模式,走出一条具有中国特色的新型城镇化道路。新型城镇化内涵与传统城镇化相比,体现在六个方面的不同,即城镇化的新机制、新阶段、新模式、新动力、新格局、新目标。

一、从发展机制上来讲,新型城镇化应实现政府主导型城镇化向社会主导型城镇化的转型

"世界经济论坛"在《全球竞争力报告(2006—2007)》中,将世界各国划分为三个特定的阶段:要素驱动、效率驱动和创新驱动,这是具有洞见性的战略判断。[1]第一个阶段是经济自由化阶段,也就是要素驱动阶段。在这个发展阶段,政府起重要作用,政府通过压低要素价格力争竞争优势。刘守英认为:"土地的宽供应和高耗费来保障高投资,通过压低地价来保证高出口,以土地的招商引资保证工业化,靠土地的抵押和融资来保证城镇化推进的过程。土地在这里其实是起着一个非常关键的作用,在我看来就是一个发动机的角色。"要素驱动虽说是经济发展的必经阶段,但从长远来看,要素驱动的发展模式是不可持续的。吴敬琏指出,中国城镇化最大的问题就是效率太低,对土地的严重浪费。[2]要应对中国城镇化的低效率,必须改变土地制度,依靠市场对土地资源

---

[1] 田国强.中国经济发展中的深层次问题[J].学术月刊,2011(3).
[2] 吴敬琏.中国城镇化的最大问题[N].人民日报,2012-10-24(12).

进行合理配置。随着人口红利、资源红利、环境红利等内部要素红利的衰减,我国经济发展进入效率化和创新化的阶段,传统政府主导的低效率的城镇化模式必须转向市场主导的城镇化模式,这是经济发展和城镇化规律使然。如果没有政府主导的城镇化向市场主导的城镇化转型,其他所有的转型只能是一句空话。

我国传统城镇化可以界定为政府主导型的城镇化,政府对资源特别是土地资源起到重要的支配作用。在这个过程中,权力和资本构成一种增长联盟,对中国城镇化发展起到重要的作用,忽视这样一种权力和资本的增长联盟无法科学地解释中国城镇化的空间演变。但这种模式的弊端越来越多地表现出来,导致很多社会问题和资源环境问题出现。我们提出由政府主导向市场主导转型,并不是否认政府的作用,而在于打破权力与资本的增长联盟,使得政府回归其本位,为发展提供公共产品和公平的发展环境。可以看到,尽管在改革开放三十多年中,我们取得了令世界瞩目的经济奇迹,但这个奇迹主要表现在私人产品上,在公共产品的提供上我们严重短缺。如果未来中国发展将由满足人们生存阶段进入全面发展阶段,那么公共产品的提供就显得特别地重要了,政府的职能转型也自然是面临的首要重任务了。城镇化涉及政府、市场和社会的问题,因为我们社会的力量还是比较微弱的,未来城镇化应该是一种基于政府、市场和社会相互作用达到均衡的城镇化,不存在谁主导的问题,但就特定的阶段来讲,我们认为,仍然有必要提出由政府主导的城镇化向市场主导的城镇化转型,等到我们的社会力量逐步培育成熟后,再提出均衡的城镇化战略就水到渠成了。

二、从发展阶段上来讲,新型城镇化应实现由"化地"到"化人"的重大转变

我国传统城镇化主要表现在"化地"方面,即"土地城镇化"严重超前于"人口城镇化"。长期以来,城镇化处于快速发展阶段,特别是在"九五"和"十五"期间,城镇化出现了"冒进"态势。[1]这种冒进城镇化带来了严重的资源环境问题,并引发了严重的社会问题,改变了我国传统的城乡地域社会结构,这是"社会—空间"辩证法在我国的具体体现。许多地方政府过分追求城镇化率,利用

[1] 陆大道,等.2006中国区域发展报告——城镇化进程及空间扩张[M].北京:商务印书馆,2007:1-4.

行政力量,片面做大城市规模,使土地城镇化远远快于人口城镇化。一些地方"要地不要人"的问题非常严重。1996—2008年,全国城市用地和建制镇用地分别增长了53.5%和52.5%,但农业户籍人口仅减少了2.5%。2000—2008年,21个省(自治区、直辖市)城镇用地增长率快于城镇非农人口增长率。部分地方为了扩大新增建设用地指标,背离城乡建设用地"增减挂钩"政策,擅自扩大挂钩规模,导致强拆强建、逼农民上楼等恶性事件时有发生。

"化地"不仅表现在空间的蔓延和扩张上,也包括附着在其上的政府办公大楼、宽马路、立交桥、高速公路、高速铁路等交通基础设施的超前建设。我国著名经济地理学家陆大道院士将其称为"空间失控"。[1]远程城际高铁、大城市的城郊铁路系统的盘子过大,大项目上得过快。超大规模的交通规划和建设,导致交通投资占GDP的比重上升到7%~9%,这是很不正常的比例。[2]

由"化地"到"化人"的转变,是矫正我国资源配置扭曲的重要选择。天平偏向"化地",势必要投入大量资金,基础设施的超前建设导致了大量资源的浪费。我们需要矫正这种资源的不合理配置,需要将资源投入到"化人"中来,要加快社会保障制度建设,加快收入分配制度改革,提高城乡居民收入水平。须加快农民工市民化进程,农民工市民化必然会带来内需的增加,我们可以将之称为"第二次人口红利"。"第二次人口红利"开发将有利于我国内需的扩大、经济发展方式的转变;同时,也有利于促进我国城市和区域发展内生型模式的形成。

由"化地"到"化人"的转变,是实现经济可持续发展的重要基础。"化地"主要建立在投资和出口的基础上,而"化人"则需要建立在消费的基础上,只有实现了"人的城镇化",不断地满足人的需求,才能为经济可持续发展提供动力源泉。人的需求不仅仅是物的方面,还包括大量精神需求,这是促进产业结构提升的重要源泉。我国城市和区域产业结构极为不合理,第二产业特别是重化工业的比重过大,这与"化人"的滞后存在着必然的联系。人们社会保障不完善,收入过低,必然导致消费难以启动。但投资驱动必然带来大规模低水平的产业扩张,也必然带来一种高耗能的发展模式,2011年全国钢产量在8.86亿吨,占全球总量的45.5%。近年来,除个别年份外,每年钢增量在7000~8000

---

[1] 陆大道,等.2006中国区域发展报告——城镇化进程及空间扩张[M].北京:商务印书馆,2007:1-4.

[2] 刘卫东,等.2011中国区域发展报告——金融危机背景下的区域发展态势[M].北京:商务印书馆,2011:1-11.

万吨。2011年全国水泥产量为20.99亿吨,约占全球总量的60%,水泥产量每年攀升,仅2011年就比2010年增加2.17亿吨。2011年全国能源消费总量达到34.80亿吨标准煤,以煤为主的能源消费结构没有变化。固定资产投资的弹性系数,在2004—2011年均为2.42,2009年高达3.6。这就是说,经济高速增长在很大程度上是投资拉动的。

最后,由"化地"到"化人"的转变,是回归城镇化本质要求。经过长期城镇化的快速发展,我们需要从价值层面回答城镇化的本质到底是什么的问题,即城镇化是"人的城镇化"还是"物的城镇化"? 由"化地"到"化人",实际上是将人的需求进行优先考虑。根据马斯诺的需求理论,人的需求是分层次的。当人们的物质需求满足以后,人们的精神需求包括最高层面的自我实现的需求将成为最重要的追求,所以,由"化地"到"化人"的转变,是城镇化的重大战略转变。未来的需求将由传统集体大规模大批量的需求转变为个性化、多样化的需求,依靠政府刚性化的体制无法满足这样的多样化需求,只有依靠市场才能满足。所以,新型城镇化应尽快实现由"化地"到"化人"的转变,这是新的阶段推动我国城镇化和社会经济可持续发展的重要动力基础。

三、从发展模式上来讲,新型城镇化应实现由外生城镇化模式到内生城镇化模式的转变

城镇化不能再简单地理解为规模型的城镇化,城镇化转型是一个重大的课题并包含丰富的内涵,但首先需要考虑的是经济发展战略和城镇化发展模式的转型。"后发优势"是我们长期以来坚持的重要战略,在相当长时期内确实支撑了我国经济的快速发展,但现在"后发优势"变成一种"后发劣势",人们养成一种心理的依赖性,缺乏一种制度创新的动力。"后发优势"本质上是一种外向型经济发展模式。这种模式存在严重弊端,尽管"世界工厂"带来了发展的机遇、外汇盈余和就业,但也导致了"全世界污染中国"的局面,加剧了我国资源环境问题。我国城镇化模式是建立在"后发优势"战略和外向型经济发展模式的基础上的,也具有典型的外生型特点。

著名城市规划专家约翰·弗里德曼将城市发展划分为"城市营销"与"准城市国家"两种模式。第一种模式是一种无情的零和游戏。他说奉献在跨国资本祭坛上的祭品通常是低廉的工资、温顺的劳动力、"灵活和敏感"的地方政府以及各种优惠政策——减免税收、免费土地、津贴等。第二种模式是"准城市国家",城市—区域不可能期望从自身外部获得一种可持续发展的动力。要获得

可持续发展,就必须牢固地给予它们自身的天赋资源。城市—区域的发展要想具有"可持续性",就必须牢固地根植于它们自身的综合资源,它是不能够进口的。

我国为欧美发达国家市场所做的大批量的生产面临着严峻的挑战,这种大批量的生产主要依靠低成本竞争的产业集群支撑,并且这种集群在全球产业链中获取了极其微薄的利润。我国大多数城市的产业区都是依靠逐底的低成本竞争的。在1996年,美国《洛杉矶时报》对芭比娃娃玩具的全球生产与价值分配体系所做的一项调查显示:一个在美国市场上售价9.9美元的"芭比娃娃"玩具,其海运、仓储、营销、批发、零售和利润环节就占了7.99美元;在余下仅仅2美元的分配结构中,中国香港管理和运营中心占1美元,从中国台湾地区、日本、美国、沙特阿拉伯进口和中国内地市场采购的原材料占0.65美元,剩下的0.355美元才是中国工人的加工费——在全球玩具产业的价值链上,加工制造环节的附加值仅为3.5%。但随着中国劳动力等生产要素的不断上涨,这种低附加值的产业链在我国东部发达地区已经面临着严重瓶颈问题。新型城镇化必须通过新型的产业集群提升发展的内生性,要从供应链型的GVC走向基于区域的NVC,实现全球化和本地化的辩证统一,摆脱代工—出口—微利化—品牌、销售终端渠道与自主创新能力缺失—价值链攀升能力缺失的非意愿恶性循环的发展路径。[1] 同时,作为城市和区域要高度重视城市和区域的财富创造的内循环,只有这样才能支撑全球贸易大循环可持续发展。

从外生的城镇化模式到内生的城镇化模式转变,根本上是要重视城镇化的创新驱动。工业化时代,区域发展的空间结构更多的是基于大型物质空间的建设,从而促进要素的集聚,并产生巨大的集聚效应,其逻辑仍然遵循着规模经济和集聚经济的思维。比如江苏的"三沿"战略等("沿江""沿东陇海""沿沪宁"),这些都是依托大型的公路、铁路和港口,以及沿海、沿江的轴线形成的产业轴,这是工业化时代的必然选择。进入以创新驱动的阶段更强调"知识空间"的重要性,即强调不同主体之间的互动性。知识空间的建立对城市发展和转型具有重大意义,有利于形成城市和区域的创新增长极。创新增长极的建立可以很好地解决知识、信息等要素的集聚和辐射问题。另外,创新不是孤立的事件,它本质上是一种生态。所以,指导创新的基本理论应该是生态学的理论。世界各地的实践充分印证了创新生态系统建设的重要性。我国要实现城镇化内生

---

[1] 刘志彪,于明超. 从 GVC 走向 NVC:长三角一体化与产业升级[J]. 学海,2009(5):59-67.

第十章 多维视角下的新型城镇化内涵解读

的发展模式,就要创立多层次多领域的创新生态系统,这是由出口导向型发展模式转型为内生发展模式的关键。

四、从需求层面上来讲,新型城镇化应实现由投资出口驱动到消费驱动的转变

城镇化由投资、出口驱动转变为消费驱动,这是国内外经济形势变化和社会经济发展到新阶段的必然要求。过去我们一直提启动内需,但内需一直启动不起,根本的原因在于广阔的外需市场空间支撑,我们没有一种倒逼机制来推动内需消费市场的启动。而且在时间点上存在着一种巧合,每当外部出现经济危机,我们都会把内需启动作为一种战略选择。比如 1997 年东南亚金融危机后,当时提出要启动内需,其中最重要的举措就是房地产开发和一些重大基础设施的建设。在当时特定的历史条件下,这一战略举措起到了积极的作用,内部投资弥补了外需的不足,一方面使我国摆脱了外部市场的影响,同时,投资驱动的城镇化也在一定程度上支撑了我国经济相对快速的发展。2008 年后的欧美发达国家的金融危机宣告我国传统出口导向型发展模式已经已近尾声,如果再以基础设施和房地产投资来启动内需,只能进一步加剧一种结构型矛盾。所以,发展模式转型的根本就在于启动一种由消费驱动的城镇化新模式,这涉及以下两方面的问题。

一是收入分配制度的改革问题。根据陈志武的研究,从 1995 年到 2007 年的 12 年里,政府财政税收年均增长 16%(去掉通货膨胀率后),城镇居民可支配收入年均增长 8%,农民纯收入年均增长 6.2%。[1] 这期间国内生产总值的年均增幅为 10.2%。我国政府财政收入高速增长所导致的一个结果是,从 1995 到 2007 年,去掉通货膨胀成分后,财政收入增加了 5.7 倍,呈现一种高速增长的态势,城镇居民人均可支配收入只增长了 1.6 倍,农民的人均纯收入才增加了 1.2 倍。近年来,在经济高速增长的同时,劳动者报酬所占比例下降更快。所以,如何改变"国富民穷"的现状,提高城镇和农村居民的收入,成为我们改革的重要议题。

二是建设消费社会的问题。从国际比较来看,目前我国消费率太低,而固定资产投资率太高,积累与消费比例已经严重失衡。按照当年的价格计算,2011 年我国最终消费率为 49.1%,资本形成率为 48.3%,其中固定资本形成率

---

[1] 陈志武.陈志武说中国经济[M].太原:山西出版集团,2010.

为 45.7%。近年来,在中国经济高速增长的时期,最终消费率却不断下降。2000 年,我国最终消费率为 63.2%,此后十年间最终消费率一路下降了 14.1 个百分点,2010 年为 49.1%。按照世界银行统计,目前全球平均消费率约 77%(美国消费占国内生产总值的份额为 86%,德国为 78%,日本为 75%),固定资产形成率为 23%。2011 年,我国的消费率比世界平均水平低近 30 个百分点,固定资本形成率比世界平均水平高 30 多个百分点。我国消费率不仅远远落后于欧美一些发达国家,甚至和印度等发展中国家比较也有相当大的差距。根据对日本和"亚洲四小龙"的发展研究,我们可以看到日本和"亚洲四小龙"在二十年的快速发展过程中,不仅创造了经济奇迹,而且创造了以中产阶级为主的合理的社会结构,也就是说在发展的一个恰当时点其开始重视社会建设,社会建设涉及深层的制度变革,需要一个长期的过程,但这种社会建设为其经济可持续发展奠定了良好的基础,同时,也为未来的政治改革奠定了良好的社会基础。因此,未来城镇化发展尽管仍然具有强大的经济效应,但我们必须把社会建设作为我们最重要的目标。[1]

五、从空间上来讲,新型城镇化要由"非均衡型"的城镇化转为"均衡型"的城镇化,加快中小城市、小城镇发展,优化城镇体系空间格局

在今后一段时间内,城市空间扩张蔓延应转变为以协调城乡空间结构为主的均衡的城镇化模式。以 2008 年市政公用设施建设固定资产投资为例,城市人均投资分别是县城的 2.26 倍、建制镇的 4.48 倍、乡的 7.27 倍和行政村的 20.16 倍。城镇等级体系和规模结构出现严重失衡。2000—2009 年,我国特大城市和大城市数量分别由 40 个和 54 个骤增到 60 个和 91 个,城市人口占全国城市人口的比例由 38.1% 和 15.1% 增加到 47.7% 和 18.8%,而同期中等城市和小城市的数量分别由 217 个和 352 个变化为 238 个和 256 个,城市人口比例由 28.4% 和 18.4% 下降到了 22.8% 和 10.7%。另外,快速的城镇化,在很大程度上是建立在对农村生产要素的吸附的基础上的,导致我国农村的快速空心化和农村人口主体的老弱化。近 10 年来,我国城镇年占用耕地在 300～400 万亩。因此,城市化的空间均衡是中国城市化进行过程中的发展方向,对于促进城市化健康、可持续发展具有重要作用。中国城市化的"非均衡"突显、"城市病"出现以及农村"空壳村"问题是"均衡型城镇化"的现实动因,在城市进程中

---

[1] 张明斗,等.均衡型城市化:模式、动因及发展策略[J].兰州商学院学报,2011,(6).

以及城市化模式抉择的形势下，实现城市的网络化、寻找最佳城市规模、实行农村"就地城市化"和优化产业空间、促进产业升级，已经成为我国实现均衡型城市化的现实策略选择。

在未来城镇化的过程中，要改变城镇化的空间模式，不能将所有的资源都投入到大城市和特大城市，忽视中小城市和小城镇的发展。要不断地优化大城市的发展，加快中小城市和重点小城镇的基础设施建设，积极构建以特大和大城市—中等城市—小城市（包括县城）—小城镇—农村新型社会为框架的城镇等级体系。要科学推进农村新型社区及中心村的建设，特别是中小城市、小城镇在城乡统筹发展中发挥的重要作用，以县域城镇化作为未来 10~15 年中国城镇化发展的重要环节。在城镇化发展进入新的阶段，我们要提出城镇化新的内涵，传统城镇化主要是"化城"，忽视了农村的发展。城镇化进入新的阶段，要把"四农一村"（即农村、农民、农业、农民工和城中村）作为城镇化的最重要内涵。传统城镇化被称为"半城镇化"，现在需要一个完整的城镇化，要把"四农一村"作为城镇化的重要任务。十八届三中全会的《中共中央关于全面深化改革若干重大问题的决定》提出，要健全城乡发展一体化体制机制，形成以工促农、以城带乡、工农互惠、城乡一体的新型工农城乡关系，让农民享受到现代化和城镇化的好处。所以，城镇化有两大任务：一是城市本身的发展问题，在相当长时间内表现为转型升级。另外，就是农村的发展问题。农村发展必须依靠城市实现由传统农业向现代农业的转型，注重对农村生态和文化功能的挖掘。在今天我们需要重新思考当年费孝通提出的"小城镇，大战略"的内涵。经过长期发展，我国东部很多发达地区，比如苏南地区，要将城乡一体化作为新型城镇化的重要内容，在城乡之间的关系上必须要有全新的发展理念，追求城市和乡村的"均衡性、等值性、城市性和共生性"。这四个"性"体现了一种新型的城乡关系，即实现城乡关系相对的均衡性，城市和农村在价值层面的等值性，要把城市的文明或者"城市性"向农村进行辐射，最后实现城市和农村的共生。

六、从发展目标上来讲，新型城镇化应实现由"一维"经济目标到经济、社会和生态等"多维目标"的转变

城镇化作为我们最重要的战略，并不意味着城镇化成为实现 GDP 和政绩的工具。近几年我国城市规划界对城市规划学科性质的争辩其实就是对这种空间工具性所带来的负面效应的反思。其争论的实质反映出在城市发展过程中人文主义和科学主义、价值理性和工具理性之间的哲学争辩。[1]一些人强调"城市规划是一门科学",与此同时,另一些人强调"城市规划是公共政策",国家城市规划行政主管部门应积极推进城市规划的政策建构。这两种对城市规划的表述体现了城市规划思想史上的人文主义和理性主义。反思这些年城镇化战略,实质上是把城镇化作为一种工具,作为取得GDP的工具,作为资本获取利润的工具,还没有从实现人的价值层面深入认识城镇化。现在提出"人的城镇化",要求我们认识城镇化内涵必须由"工具理性"上升到"价值理性",由"理性主义"回归到"人文主义"。要高度重视城市发展的"人文性"和城市公共政策的重要性,实现科学性和人文性的辩证统一。

从发展目标上来讲,新型城镇化应实现由"一维"经济目标到经济、社会和生态等"多维目标"的转变。无论是"一维"还是"二维"的城镇化,对城镇化的理解都有失偏颇。长期以来,我们对城镇化的认识是从简单的一维角度去认识的,追求城镇化的"大跃进",是一种典型的GDP主义主导下的城镇化,也是政府主导下的土地城镇化,以牺牲社会和生态环境为代价。这种大规模的城镇化强烈地改变了我国的自然和社会结构。但当其发展到一定阶段,必然受到资源环境和社会结构的限制。郑永年曾指出[2],GDP主义导向对于社会发展具有极大的破坏性。第一,错误地把社会政策领域"经济政策化"。第二,GDP主义盛行,社会政策就不可能建立起来。正是这种GDP主要导向使得我国城镇化进程的维度过于单一,对于城镇化空间的认识更多的是基于一种冰冷的科学主义和工具理性的认识,忽视了基于人文主义和价值理性的认识。这种认识观已经面临着越来越大的挑战,我们必须转变我们城镇化进程中的空间观。

城镇化进程中经济结构、社会结构和自然生态结构具有相互制约性和相互促进性。合理的经济结构必须要有合理的社会结构来支撑,同时合理的经济结构和社会结构也受到合理的自然生态结构的支撑。畸形的经济结构必然伴随着畸形的社会结构和生态环境结构。新型城镇化必须要实现社会、经济和生态之间的协调发展,这是一种在三维目标下的一种高级协调。这种高级的协调是通过社会的作用才能实现的,通过权力和资本的联盟只能带来经济结构、社会结构和自然结构等大系统的失衡性。所以,在这个大系统中我们首先需要考虑的是社会结构的完善。这也是我们从更高层面上提出社会建设和社会改革的

---

[1] 陈锋. 城市规划理想主义和理性主义之辩[J]. 城市规划,2007(2).
[2] 郑永年. 保卫社会[M]. 杭州:浙江出版联合集团,2011.

第十章 多维视角下的新型城镇化内涵解读

重要原因。

七、从研究方法上来讲,由重视实证主义到对新马克思主义研究方法的重视

西方城镇化和社会经济的发展也经过了由"一维"的经济目标到"多维"目标的转变。特别是西方城镇化理论创新在很多方面值得我们去借鉴和反思,城市空间不是一个容器,空间与社会具有根本上的统一性,空间具有多维性,我们需要从社会空间辩证法的视角去认识城市空间的转型和演变。"社会—空间辩证法"的视角使我们重新认识城市转型和城市空间的多维性和深层的本质性。单一的实证主义空间观无法科学地解释中国城市空间的演变和转型。

列斐伏尔认为,已有的城市理论及其所支持的城市规划把城市空间看成一种纯粹的科学对象,并提出一种规划的"科学",这是一种技术统治论。因为在城市规划中,空间形式被作为既定的东西加以接受,在科学理解空间逻辑的基础上,规划只是一种能带来特定效果的技术干预。也就是说,城市理论及其所支持的城市规划是建立在否定空间的内在政治性的前提下的,完全忽视了形塑城市空间的社会关系、经济结构及不同团体间的政治对抗。政治被他们认为是非理性的因素,是从外部强加给空间的,并不构成空间的固有成分。列斐伏尔认为这样的理论就是意识形态,因为它通过空间问题及对空间的非政治化维持了现状。所以,列斐伏尔指出:有关城市与城市现实的问题并没有被很好地了解或认识,因为不论它是存在于思想还是实践中,均没有意识到政治的重要性。列斐伏尔这段话是对他所处时代的城市问题研究的深刻批判,其实把这运用到今天中国的城镇化问题研究也是恰当的。我们必须突破实证主义的研究方法,从社会—空间辩证法的角度去研究中国的城镇化,深入批判权力和资本主导下的城镇化空间,推动社会建设,推动被动的空间向能动的空间转型。

主要参考文献

论文类

1. 戈特曼.大城市连绵区:美国东北海岸的城市化[J].李浩,陈晓燕,译.国外城市规划,2007(6).

2. 郭巧华.拯救中心城市的尝试——从"开放郊区"到"没有郊区的城市"[J].国外城市规划,2011(1).

3. 顾朝林,胡秀红.中国城市体系现状特征[J].经济地理,1998(1).

4. 倪方钰,段进军.基于区域视角下对江苏城镇化模式创新的思考[J].南通大学学报(社会科学版),2012(5).

5. 柴彦威,周一星.大连市居住郊区化的现状、机制及趋势[J].地理科学,2000(2).

6. 吴骏莲,等.南昌城市社会区研究——基于第五次人口普查数据的分析[J].地理研究,2005(24).

7. 刘长岐.北京居住空间结构的演变研究[D].中国科学院地理研究所,2003.

8. 李志刚,吴缚龙,卢汉龙.当代我国大都市的社会空间分异——对上海三个社区的实证研究[J].城市规划,2004(28).

9. 王莹,冯宗宪.基于住宅消费偏好的西安城市居住空间分异机制的研究[J].当代经济科学,2009(31).

10. 黄莹,等.基于GIS的南京城市居住空间结构研究[J].现代城市研究,2011(4).

11. 南颖,等.吉林市城市居住空间结构研究[J].地域研究与开发,2012(31).

12. 杜德斌,崔斐,刘小玲.论住宅需求、居住选址与居住分异[J].经济地理,1996(16).

13. 张文忠,等.交通通道对住宅空间扩展和居民住宅区位选择的作用——以北京市为例[J].地理科学,2004(24).

14. 焦华富,吕祯婷.芜湖市城市居住区位研究[J].地理科学,2010(30).

15. 柴彦威.以单元为基础的中国城市内部生活空间特征结构——兰州市实证研究[J].地理研究,1996(1).

16. 孙峰华,王兴中.中国城市生活空间及社会可持续发展研究现状[J].地理科学进展,2002(21).

17. 陶静娴,王仰麟,刘珍环.城市居住空间生态质量评价——以深圳市为例[J].北京大学学报(自然科学版),2012(48).

  18. 约翰·弗里德曼.世界城市的未来:亚太地区城市和区域政策的作用[J].国外城市规划,2005(5).

  19. 梁爽.土地非农化及其收益分配与制度创新[D].中国科学院,2006.

  20. 陈锋.关于我国城镇化的非主流视角[J].城市规划,2005(12).

  21. 张明斗.均衡型城市化:模式、动因及发展策略[J].兰州商学院学报,2011(6).

  22. 邹广文.让城镇化多些文化记忆[N].新华日报,2014-02-06.

  23. 孔翔,杨帆."产城融合"发展与开发区的转型升级术——基于对江苏昆山的实地调研[J].经济问题探索,2013(5).

  24. 孙玲霞.河南省产业发展与城市化关系研究[J].科技创业,2011(10).

  25. 刘增荣,王淑华.城市新区的产城融合[J].城市问题,2013(6).

  26. 陈云."产城融合"如何拯救大上海[J].决策,2011(10).

  27. 林华.关于上海新城"产城融合"的研究——以青浦新城为例[J].上海城市规划,2011(5).

  28. 张道刚."产城融合"的新理念[J].决策,2011(1).

  29. 陈云."产城融合"如何拯救大上海[J].决策,2011(10).

  30. 裴汉杰.浅议十二五期间产城融合的新理念[J].中国工会财会,2011(7).

  31. 李秀伟,张宇.从规划实施看北京市"产城融合"发展[J].北京规划建设,2014(1).

  32. 郑秉文.西方经济学20世纪百年发展历程回眸[J].中国社会科学,2001(3).

  33. 王丽莉.新公共管理理论的内在矛盾[J].南京社会科学,2004(11).

  34. 张京祥,赵丹,陈浩.增长主义的终结与中国城市规划的转型[J].城市规划,2013(1).

  35. 王秀强.中国单位GDP能耗达世界均值2.5倍[N].21世纪经济报道,2013-12-02.

  36. 罗小龙,沈建法.中国城市化进程中的增长联盟与反增长联盟——以江阴经济开发区靖江园区为例[J].城市规划,2006(3).

  37. 吴敏.英国著名左翼学者大卫哈维论资本主义[J].国外理论动态,2001(3).

  38. 顾朝林.论城市管治研究[J].城市规划,2000(24).

  39. 陈振光,胡燕.西方城市管治:概念与模式[J].城市规划,2000(24).

  40. 曹海军,霍伟桦.城市治理理论的范式转换及其对中国的启示[J].中国行政管理,2013(7).

  41. 张伟琛.对主体及主体哲学的批判[J].河南师范大学学报(哲学社会科学版),2007(2).

  42. 吴巧瑜.转型期民间商会组织的角色与功能——从合作主义的理论视角分析[J].学术研究,2007(8).

43. 胡鞍钢,魏星. 治理能力与社会机会:基于世界治理指标的实证研究. 河北学刊,2009(1).

44. 张秀兰,徐晓新. 社区:微观组织建设与社会管理——后单位制时代的社会政策视角[J]. 清华大学学报(哲学社会科学版),2012(1).

45. 张秀兰,徐月宾. 和谐社会与政府责任[J]. 中国特色社会主义研究,2005(1).

46. 虞蔚. 城市社会空间的研究与规划[J]. 城市规划,1986(6).

47. 郑静,许学强,陈浩光. 广州市社会空间的因子生态再分析[J]. 地理研究,1995(14).

48. 顾朝林,等. 北京社会极化与空间分异研究[J]. 地理学报,1997(52).

49. 冯健,周一星. 北京都市区社会空间结构及其演化(1982—2000)[J]. 地理研究,2003(22).

50. 顾朝林,王法辉,刘贵利. 北京城市社会区分析[J]. 地理学报,2003(58).

51. 李志刚,吴傅龙. 转型期社会空间分异研究[J]. 地理学报,2006(61).

52. 宣国富,徐建刚,赵静. 上海市中心城社会区分析[J]. 地理研究,2006(25).

53. 徐昀,等. 南京城市社会区空间结构[J]. 地理研究,2009(28).

54. 吴骏莲,顾朝林,黄瑛. 南昌城市社会区研究[J]. 地理研究,2005(24).

55. 王志弘. 多重的辩证——列斐伏尔空间生产概念三元组演绎与引申[J]. 地理学报,2009(55).

56. 叶超,柴彦威,张小林. 空间的生产的理论、研究进展及其对中国城市研究的启示[J]. 经济地理,2011(31).

57. 叶超,蔡运龙. 地理学思想变革的案例剖析:哈维的学术转型[J]. 地理学报,2012(67).

58. 刘云刚,王丰龙. 城乡结合部的空间生产与黑色集群——广州M垃圾猪场的案例研究[J]. 地理科学,2011(5).

59. 江泓,张四维. 生产、复制与特色消亡——"空间生产"视角下的城市特色危机[J]. 城市规划学刊,2009(4).

60. 张京祥,等. 大事件营销与城市的空间生产与尺度跃迁[J]. 城市问题,2011(1).

61. 张晓虹,孙涛. 城市空间的生产——以近代上海江湾五角场地区的城市化为例[J]. 地理科学,2011(31).

62. 杨宇振. 焦饰的欢颜:全球流动空间中的城市美化[J]. 国际城市规划,2010(25).

63. 黄晓星. "上下分合轨迹":社区空间的生产——关于南苑肿瘤医院的抗争故事[J]. 社会学研究,2012(1).

64. 大卫·哈维. 列菲弗尔与《空间的生产》[J]. 黄晓武,译. 国外理论动态,2006(1).

65. 杨宇振. 围城中的政治经济学:大学城现象[J]. 二十一世纪,2009(1).

66. 毛丽萍,魏特琳——南京人的"华小姐",金陵永生[N]. 现代快报,2007-12-13.

67. 侯锦阳.栖霞发布仙林大学城法制状况报告,黑车日租房成隐患[N].南京日报,2013-03-27.

68. 田国强.中国经济发展中的深层次问题[J].学术月刊,2011(3).

69. 吴敬琏.中国城镇化的最大问题[N].人民日报,2012-10-24.

70. 刘志彪,于明超.从GVC走向NVC:长三角一体化与产业升级[J].学海,2009(5).

71. 张明斗,等.均衡型城市化:模式、动因及发展策略[J].兰州商学院学报,2011(6).

72. 陈锋.城市规划理想主义和理性主义之辩[J].城市规划,2007(2).

73. 虞蔚.城市环境地域分异研究——以上海中心城为例[J].城市规划汇刊,1987(6).

74. 宣国富,等.基于ESDA的城市社会空间研究——以上海市中心城区为例[J].地理科学,2010(30).

75. 侯百镇.转型与城市发展[J].规划师,2005(1).

76. 叶超,柴彦威,张小林."空间的生产"的理论、研究进展及其对中国城市研究的启示[J].经济地理,2011(31).

77. 陈锋.城市规划理想主义和理性主义之辩[J].城市规划,2007(2).

78. 陈鹏.从规模控制到制度建设[J].城市规划,2005(2).

79. 刘志彪.发展战略、转型升级与"长三角"转变服务业发展方式[J].学术月刊,2011(11).

80. 迟福林.以转型改革破题新型城镇化[N].社会科学报,2014-08-14.

81. 庄友刚.空间生产与资本逻辑[J].学习与探索,2010(1).

82. 吴得文,等.中国城市土地利用效率评价[J].地理学报,2011(8).

83. 段进.多维视角下的新型城镇化内涵解读[J].苏州大学学报,2014(5).

84. 段进军,胡火金.发展主义空间观的批判与空间观的转型[J].哲学动态,2011.

85. 李文明,滕玉成.企业化政府理论及其对中国政府改革的启示[J].理论学刊,2005(6).

86. 何显明.市场化进程中地方政府角色及其行为逻辑——基于地方政府自主性视角[J].浙江大学学报(人文社会科学),2007(6).

87. 李志刚,吴缚龙,卢汉龙.当代我国大都市的社会空间分异——对上海三个社区的实证研究[J].城市规划,2004(06).

88. 沈正平,邵明哲,曹勇.我国新旧城区联动发展中的问题及对策探讨[J].人文地理,2009(3).

89. 段进军.基于区域视角下对中国城镇化空间转型的思考[J].苏州大学学报,2011(4).

90. 陈佑启.试论城乡交错带及其特征与功能[J].经济地理,1996(3).

91. 蔡禾.都市社会学研究范式之比较[J].学术论坛,2003(3).

92. 顾朝林,熊江波.简论城市边缘区研究[J].地理研究,1989(9).

93. 何雪松.新城市社会学的空间转向[J].华东理工大学学报,2007(1).
94. 孔翔.开发区建设与城郊社会空间的分异:基于闵行开发区周边社区的调查[J].城市问题,2011(5).
95. 李世峰.大城市边缘区地域特征属性界定方法[J].经济地理,2006(5).
96. 李志明.空间、权力与反抗:城中村违法建设的空间政治解析[D].东南大学,2008.
97. 荣玥芳,郭思维,张云峰.城市边缘区研究综述[J].城市化规划学刊,2011(4).
98. 王海英,等.基于多准则判断的城市边缘区及其界定特征[J].自然资源学报,2011(4).
99. 夏建中.新城市社会学的主要理论[J].社会学研究,1998(4).
100. 姚晓光.苏州边缘区蔟团发展模式研究[J].苏州科技学院硕士论文,2010.
101. 张建明,许学强.城乡边缘带研究的回顾与展望[J].人文地理,1997(3).
102. 张青.城市化进程中农村居住形态的转变研究:从村落到农民集中居住区[J].华东师范大学,2008.
103. 周文丝.杭州城市边缘区社会空间互动过程研究[J].浙江大学,2013.
104. 叶超.社会空间辩证法的由来[J].自然辩证法研究,2012(28).
105. 杨宇振.权力,资本与空间:中国城市化1908—2008年——写在《城镇乡地方自治章程》颁布百年[J].城市规划学刊,2009(1).
106. 魏开,许学强.城市空间生产批判——新马克思主义空间研究范式述评[J].城市问题,2009(4).
107. 叶超,柴彦威.城市空间的生产方法论探析[J].城市发展研究,2011(18).
108. 叶超.马克思主义与城市问题结合研究的典范——大卫·哈维的《资本的城市化》述评[J].国际城市规划,2011(26).
109. 王丰龙,刘云刚.空间的生产研究综述与展望[J].人文地理,2011(26).
110. 马学广.城中村空间的社会生产与治理机制研究——以广州市海珠区为例[J].城市发展研究,2010(17).
111. 田国强.中国经济发展中的深层次问题[J].学术月刊,2011(3).
112. 吴敬琏.中国城镇化的最大问题[N].人民日报,2012-10-24.
113. 刘志彪,于明超.从GVC走向NVC:长三角一体化与产业升级[J].学海,2009(5).
114. 张明斗,等.均衡型城市化:模式、动因及发展策略[J].兰州商学院学报,2011(6).
115. 陈锋.城市规划理想主义和理性主义之辩[J].城市规划,2007(2).
116. Friedmann J. The world city hypothesis[J]. Development and Change,1986(17).
117. Sassen S. Global inter-city networks and commodity chains: any intersections [J]. Global Networks,2010(1).
118. Chaolin Gu, Jianafa Shen. Transformation of urban socio-spatial structure in socialist

market economies: the case of Beijing[J]. Habitat International,2003(27).

119. Harris C D, Ullman E L. The Nature of cities[J]. Annals of the American Academy of Political and Social Science,1945(242).

120. Le Bourdais C, Beaudry M. The changing residential structure of Montreal:1971—1981 [J]. The Canadian Geographer,1988(2).

121. Harvey L. Molotch. The city as a growth machine[J]. The American Journal of Sociology,1976(82).

122. Tuan Yi-Fu. Geography, phenomenology, and the study of human nature[J]. Canadian Geographer,1971(15).

专著类

1. 屠启宇.国际城市发展报告(2012)[M].北京:社会科学文献出版社,2012.
2. 胡序威,周一星,顾朝林.中国沿海城镇密集地区空间集聚与扩散研究[M].北京:科学出版社,2000.
3. 刘易斯·芒福德.城市发展史——起源、演变和前景[M].宋俊岭,等,译.北京:中国建筑工业出版社,2005.
4. 帕迪森.城市研究手册[M].郭爱军,等,译.上海:格致出版社,2009.
5. 姚士谋,陈振光,朱英明.中国城市群[M].合肥:中国科学技术大学出版社,2006.
6. 柴彦威.城市空间[M].北京:科学出版社,2000.
7. 段进军.城市空间发展论[M].南京:江苏科学技术出版社,1999.
8. 大卫·哈维.正义、自然和差异地理学[M].胡天平,译.上海:上海人民出版社,2010.
9. 冯雷.理解空间[M].北京:中央编译出版社,2008.
10. 理查德·皮特.现代地理学思想[M].周尚义,等,译.北京:商务印书馆,2007.
11. 亨利·列斐伏尔.空间与政治[M].李春,等,译.上海:上海人民出版社,2008.
12. R.J.约翰斯顿.哲学与人文地理学[M].北京:商务印书馆,2001.
13. 吴良镛.建筑·城市·人居环境[M].石家庄:河北大学出版社,2003.
14. 陶文达.发展经济学[M].成都:四川人民出版社,1996.
15. 埃比尼泽·霍华德.明日的田园城市[M].金经元,译.北京:商务印书馆,2006.
16. 岸根卓朗.环境论——人类最终的选择[M].何鉴,译.南京:南京大学出版社,1999.
17. 陆大道.中国区域发展的理论与实践[M].北京:科学出版社,2003.
18. 辜胜阻.新型城镇化与经济转型[M].北京:科学出版社,2014.
19. 马克思,恩格斯.马克思恩格斯选集(第1卷)[M].北京:人民出版社,1995.

20. 曼瑟尔·奥尔森.集体行动的逻辑[M].陈郁,等,译.上海:上海人民出版社,2010.
21. 郑永年.中国模式[M].杭州:浙江人民出版社,2010.
22. 欧文·E.休斯.公共管理导论[M].张成福,等,译.北京:中国人民大学出版社,2002.
23. 戴维·奥斯本,特德·盖布勒.改革政府[M].周敦仁,译.上海:上海译文出版社,1996.
24. 马克·戈特迪纳,雷·哈奇森.新城市社会学[M].黄怡,译.上海:上海译文出版社,2011.
25. 华生.城市化转型与土地陷阱[M].北京:东方出版社,2013.
26. 爱德华·索加.第三空间[M].陆杨,等,译.上海:上海教育出版社,2005.
27. 亚伯拉罕·弗莱克斯纳.现代大学论:美英德大学研究[M].徐辉,陈晓菲,译.杭州:浙江教育出版社,2001.
28. 克尔.大学的功用[M].陈学习,译.南昌:江西教育出版社,1993.
29. 安东尼·史密斯.后现代大学来临?[M].侯定凯,赵叶珠,译.北京:北京大学出版社,2010.
30. 大卫·哈维.巴黎城记:现代性之都的诞生[M].桂林:广西师范大学出版社,2009.
31. 陆大道,等.2006中国区域发展报告——城镇化进程及空间扩张[M].北京:商务印书馆,2007.
32. 刘卫东,等.2011中国区域发展报告——金融危机背景下的区域发展态势[M].北京:商务印书馆,2011.
33. 陈志武.陈志武说中国经济[M].太原:山西出版集团,2010.
34. 郑永年.保卫社会[M].杭州:浙江出版联合集团,2011.
35. 王兴中.中国城市社会空间结构研究[M].北京:科学出版社,2000.
36. 李志明.空间研究[M].南京:东南大学出版社,2009.
37. 爱德华·苏贾.后现代地理学[M].王文斌,译.北京:商务印书馆,2004.
38. Bill Wyckoff.地理学思想经典解读[M].蔡运龙,译.北京:商务印书馆,2011.
39. 武廷海,等.空间共享[M].北京:商务印书馆,2014.1.
40. 保罗·诺克斯史蒂文·平奇.城市社会地理学导论[M].柴彦威,等,译.北京:商务印书馆,2005.
41. 段进军,等.江苏城镇化转型与新型城镇化道路研究[M].苏州:苏州大学出版社,2013.
42. 段进军,等.中国城镇化研究报告[M].苏州:苏州大学出版社,2013.
43. 周牧之.托起中国的大城市群[M].北京:世界知识出版社,2004.
44. 大卫·哈维.希望的空间[M].胡大平,译.南京:南京大学出版社,2006.
45. 武廷海,张能,徐斌.空间共享——新马克思主义与中国城镇化[M].北京:商务印书馆,2014.

46. 孙江."空间生产"——从马克思到当代[M].北京:人民出版社,2008.

47. 丝奇雅·沙森.全球城市——纽约、伦敦、东京[M].周振华,等,译.上海:社会科学院出版社,2005.

48. 张京祥,罗震东.体制转型与城市空间重构[M].南京:东南大学出版社,2007.

49. 顾朝林,陈田.中国大城市边缘区研究[M].北京:科学出版社,1995.

50. 李志刚,顾朝林.中国城市社会空间结构转型[M].南京:东南大学出版社,2011.

51. 童强.空间哲学[M].北京:北京大学出版社,2011.

52. 汪萍.空间重组与社区重建:一项苏州工业园区失地农民聚居区的研究[M].北京:科学出版社,2011.

53. 叶涯剑.空间重构的社会学解释,黔灵山的历程与言说[M].北京:中国社会科学出版社,2013.

54. Castells M. The rise of network society[M]. Oxford: Blaekwell,1996.

55. Hall P. The world cities[M]. London: Heinemann,1966.

56. Castells M. Collective consumption and urban contradictions in advanced capitalist societies[M]. New York: Linderg in Patterns of Advanced Societies,1975.

57. Shevky E, Williams M. The social areas of Los Angeles[M]. Los Angeles: University of Los Angeles Press, 1949.

后　记

苏州大学中国特色城镇化研究中心是教育部人文社科重点研究基地，长期以来我们紧紧围绕着"中国城镇化战略转型"这一国家和区域发展的重大战略需求，积极组织相关研究人员进行集中攻关。本书就是该研究成果的重要组成部分。

《转型期中国城市社会空间重构研究》不同于之前大多研究，主要从实证和规范相结合的角度探讨中国城市社会空间重构的问题，特别是从社会—空间辩证法和空间生产的角度来探讨中国城市社会空间重构问题，并提出空间重构—制度变迁—社会建设这样一条深层线索，以此来组织全书的结构。本书框架结构和主要写作分工安排如下：第一章，中国城市社会空间重构的背景缕析（倪方钰，段进军）；第二章，城市社会空间的理论综述与研究进展（倪方钰，段进军）；第三章，中国城市社会空间重构的理论基础（段进军）；第四章，城镇化进程中的城乡社会空间重构（段进军）；第五章，空间生产与中国城市社会空间重构（殷悦，段进军）；第六章，地方政府企业化与城市社会空间重构（董自光，张晨）；第七章，城市社会空间分异的研究——以苏州为例（曹灿明）；第八章，转型期城市内缘区社会空间重构研究——以苏州工业园区失地农民聚居区为例（汪萍）；第九章，从象征到现实：大学城的空间生产（叶超）；第十章，多维视角下的新型城镇化内涵解读（段进军）。因此，本书是在我具体组织下的一项集体研究成果，在本书的撰写过程中，我们多次通过研讨会的形式进行磋商，制定撰写大纲和逻辑框架，并进行修改和完善。大家带着一种热情和责任按时完成自己负责的章节。在此特别感谢我的师弟南京师范大学叶超副教授的鼎立相助，他在社会—空间辩证法方面的研究在国内算是比较早的，并对其运用到中国城镇化的

后 记

实践中做了诸多研究,在国内产生了一定的影响。他的参加使本书增色不少,也使我们的研究更加具有深度和广度。也感谢苏州大学社会学院汪萍副教授,她颇有哲学思辨的思维,以及对具体微观问题精准把握的社会学思维,也使得从跨学科角度研究城镇化问题的想法在一定程度上得以实现。

在本书出版的过程中,感谢中国特色城镇化中心副主任徐维英老师的支持与帮助!也感谢苏州大学出版社巫洁编辑的认真审阅。最后要感谢我的学生吴胜男、谢杰、费婷怡三位硕士生对书稿的认真校对。

由于时间仓促和水平有限,再加上从社会—空间辩证法视角研究城镇化的复杂性,很多现实难题、制度创新涉及跨学科问题,这不是本书所能解决的,这也是我们后续所需要研究和探讨的重大问题,恳请读者提出宝贵的意见。

段进军

2015.12 于苏州大学凌云楼